大学信息技术基础

崔向平 周庆国 张军儒 主编

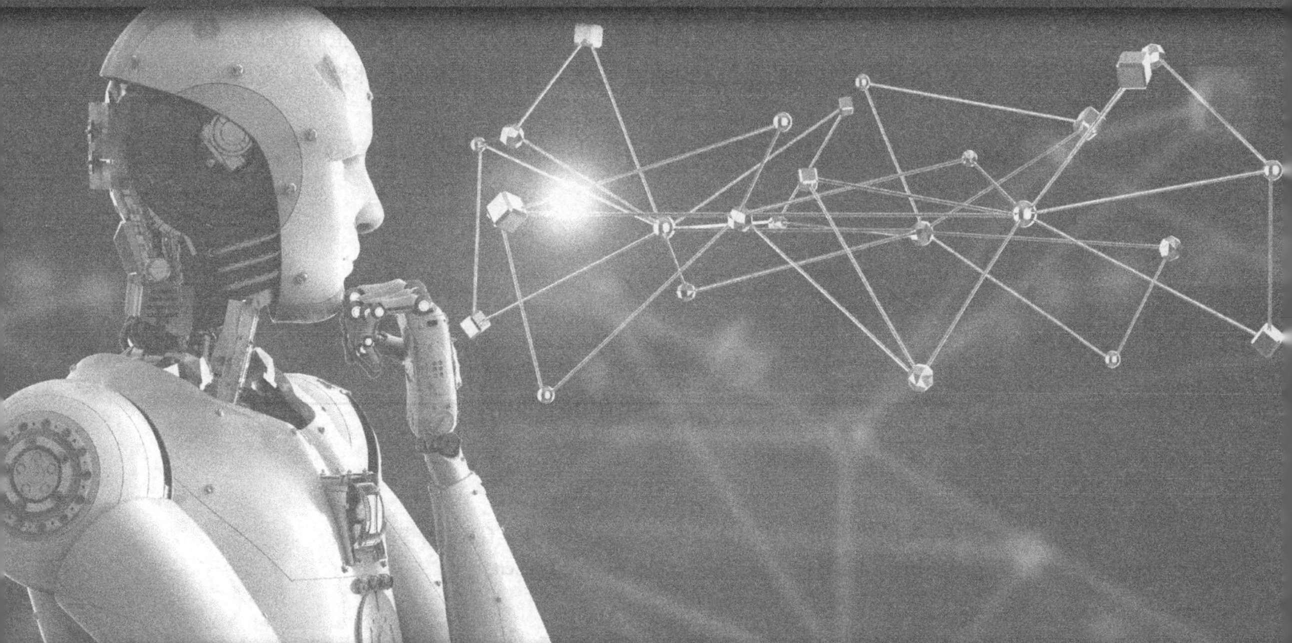

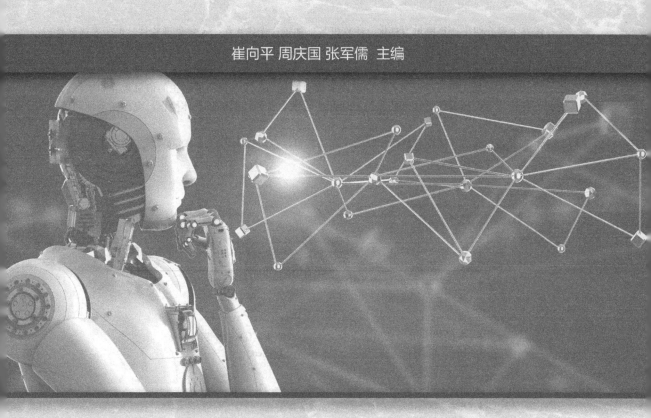

人 民 邮 电 出 版 社
北 京

图书在版编目（CIP）数据

大学信息技术基础 / 崔向平，周庆国，张军儒主编
. -- 北京 : 人民邮电出版社，2021.3（2024.1重印）
ISBN 978-7-115-55550-2

Ⅰ. ①大… Ⅱ. ①崔… ②周… ③张… Ⅲ. ①电子计算机－高等学校－教材 Ⅳ. ①TP3

中国版本图书馆CIP数据核字(2020)第247347号

内 容 提 要

本书主要介绍了计算机与信息化、计算机基础知识、操作系统、文字处理软件、电子表格软件、演示文稿软件、计算机网络应用技术、多媒体应用技术、信息安全技术及新一代信息技术等内容。本书在内容上，一是讲解信息技术相关基础知识以及本学科领域的最新成果，与时俱进地展现科学性、前瞻性的研究成果；二是从大学信息技术教学的全局出发，以培养学生的信息素养和实际操作能力为目标，不仅梳理信息技术的相关概念，还通过丰富的实例讲解具体操作，突出实用性和可操作性。

本书可以作为高等院校信息技术基础课程的教材，也可作为信息技术爱好者的自学参考用书。

◆ 主　　编　崔向平　周庆国　张军儒
　责任编辑　祝智敏
　责任印制　王　郁　马振武
◆ 人民邮电出版社出版发行　　北京市丰台区成寿寺路 11 号
　邮编　100164　　电子邮件　315@ptpress.com.cn
　网址　https://www.ptpress.com.cn
　北京捷迅佳彩印刷有限公司印刷
◆ 开本：787×1092　1/16
　印张：15　　2021 年 3 月第 1 版
　字数：371 千字　　2024 年 1 月北京第 9 次印刷

定价：49.80 元

读者服务热线：(010)81055256　印装质量热线：(010)81055316
反盗版热线：(010)81055315
广告经营许可证：京东市监广登字 20170147 号

本书为 2020 年度甘肃省哲学社会科学规划项目“基于 COOC 平台的创客教育模式构建与应用研究”（项目编号：20YB010）和甘肃省高等教育教学成果培育项目“基于‘COOC+MOOC’的在线课程协同创建与应用”的研究成果。

本书编委会

主　编　崔向平　周庆国　张军儒

副主编　苏　伟　刘　莉　柳春艳　刘　梅

参　编　赵　冲　陆禹文　李东辉　黄肖杰

张子豪　赵　龙　冉竹君

前言

信息化是当今世界发展的必然趋势，是一场充满了未来感的“科技盛宴”。信息技术的应用已经渗透到人类社会的方方面面，当前社会对大学生的信息技术应用能力提出了更高的要求，我国高校的信息技术教育也进入了一个新的阶段。教育部印发的《教育信息化 2.0 行动计划》和中共中央、国务院印发的《中国教育现代化 2035》都指出要充分激发信息技术在日常教学中的深入、广泛应用及革命性影响，从而加快实现我国的教育现代化。尽管各学科对信息技术应用的需求不同，但信息技术不仅为各学科解决专业问题提供了途径，还提供了一种解决问题的思维方式，许多重要的研究都需要先进的信息技术，因此，为大学生开设信息技术基础课程尤为必要。

本书可以帮助大学生了解信息技术的最新发展，掌握基本的信息技术知识，培养大学生的信息技术实践技能和信息素养。本书将理论与实践相结合，从计算机基础知识讲起，并与时俱进，积极展现信息技术相关领域的最新成果；考虑到非计算机专业学生的工作、学习及日常需求，结合基础知识，详细讲解了常用且版本较新的工具软件的使用方法，使学生能够在较高层次上利用信息技术处理问题。

全书共 10 章，各章内容安排如下。

第 1 章主要介绍了计算机的发展历史、分类、特点、应用等知识，同时阐述了信息技术与信息化社会的概念，介绍了信息化的特征、类型、发展趋势等。

第 2 章主要讲述了数制及其转换、信息的编码、硬件系统和软件系统等计算机基础知识。

第 3 章介绍了操作系统的发展和常用的操作系统，并着重介绍了操作系统的功能组成和使用方法。

第 4 章介绍了文字处理软件 Word 2016 的使用方法，对其工作界面、文字处理、文档的编辑与排版、插入对象等内容进行了讲解。

第 5 章介绍了电子表格软件 Excel 2016 的使用方法，主要包括工作界面介绍、电子表格基础知识、数据分析和处理、数据图表化等内容。

第 6 章介绍了演示文稿软件 PowerPoint 2016 的使用方法，主要包括工作界面介绍、演示文稿的创建、幻灯片的编辑、对象的添加、幻灯片的放映、PowerPoint 的高级功能等内容。

第 7 章讲解了计算机网络应用技术，主要介绍了计算机网络的概念与分类、常见的联网设备和传输介质、局域网及其应用、Internet 及其服务、Web 技术及开放教育资源等内容。

第 8 章主要讲解数字图像、数字音频、数字视频和计算机动画的基础知识，并介绍了处理数字图像、音频、视频和动画的软件及其常用操作。

第 9 章介绍了信息安全的相关知识，包括信息安全的基本概念、信息安全面临的威胁、常用的信息安全技术、信息化带来的社会问题、信息化社会的法律法规和道德准则等内容。

第 10 章对大数据、云计算、人工智能、物联网、5G、区块链、量子信息等新一代信息技术的发展历程、概念、发展现状、未来发展趋势及其在不同行业的应用进行了简要介绍。

在编写本书的过程中，兰州大学 2016 级教育技术学本科生参与了资料收集与素材整理工作，在此对他们的辛劳付出表示感谢！另外，本书所用的部分图片来自网络，版权属于原作者所有，在此一并致谢！由于作者水平有限，书中难免存在不足之处，恳请广大读者批评指正。

本书配套有相关教学资源，读者可以访问人邮教育社区（www.ryjiaoyu.com）获取。

编 者

2020 年 12 月

目录

第 10 章 新一代信息技术 205

参考文献 229

第 1 章　计算机与信息化

学习目标

1. 了解计算机的发展历史、分类、特点及应用。
2. 知道信息化的概念、基本特征及类型。
3. 了解信息化与社会发展的关系。

思维导图

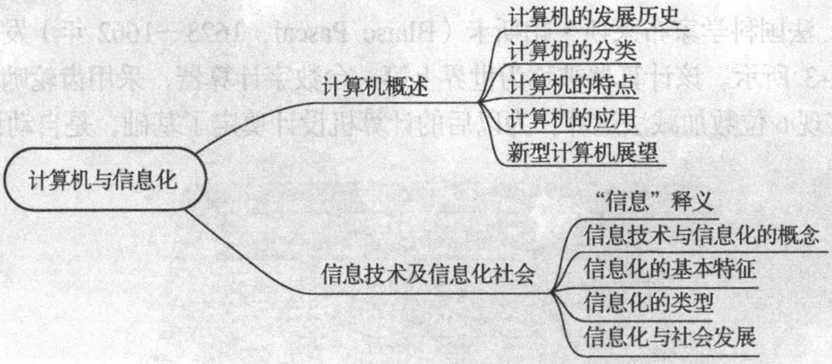

本章导读

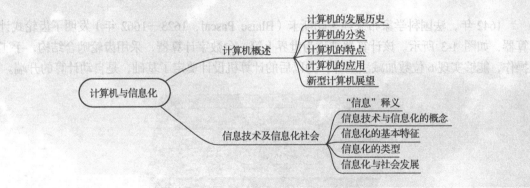

信息化是当今世界发展的大趋势，近年来，我国的信息化水平有了显著的进步，以计算机和网络技术为主的信息技术涉及社会各个领域，对人们的工作、生活、学习产生了深刻影响。在学习信息技术之前，了解计算机与信息化的概念、特征及背景等知识是十分重要的，本章将对这些知识进行系统介绍。

1.1 计算机概述

1.1.1 计算机的发展历史

在人类历史文明的长河中，人类不断地发明创造各类工具进行计算。早期，人类通过在长绳上打结来记事或计数，周朝出现了算筹（见图 1-1），这是最早的人造计算工具，主要使用长短、粗细相同的棍子，通过纵向或横向的排列，达到计数、运算的目的。算盘自宋朝开始流行，由于运算方便快速，成为我国古代劳动人民普遍使用的计算工具，即便是现在的电子计算器，也不能完全取代算盘（见图 1-2）。联合国教科文组织于 2013 年 12 月宣布珠算为人类非物质文化遗产。

图 1-1 算筹

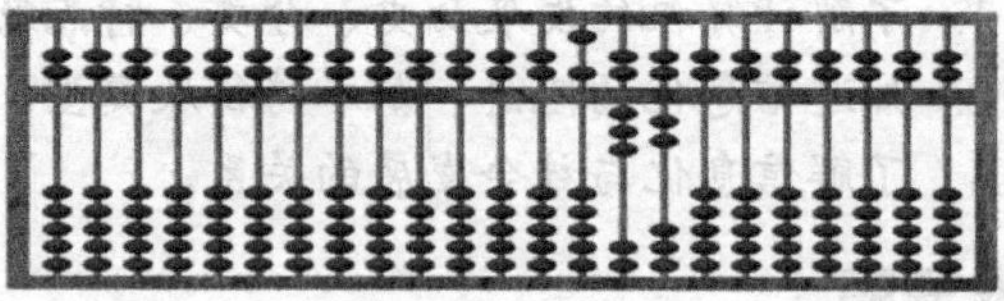

图 1-2 算盘

1642 年，法国科学家布莱斯·帕斯卡（Blaise Pascal，1623—1662 年）发明了齿轮式计算器，如图 1-3 所示。该计算器被称为世界上第一台数字计算器，采用齿轮啮合结构，手工操作，能够实现 6 位数加减法运算，为以后的计算机设计奠定了基础，是自动计算的开端。

图 1-3 齿轮式计算器

1700 年左右，德国数学家和思想家戈特弗里德·威廉·莱布尼茨（Gottfried Wilhelm Leibniz，1646—1716 年）在齿轮式计算器的基础上进行改进，研制出能够进行乘除法运算的莱布尼茨乘法器，如图 1-4 所示。但是，不论是齿轮式计算器还是莱布尼茨乘法器，都缺乏程序控制功能。

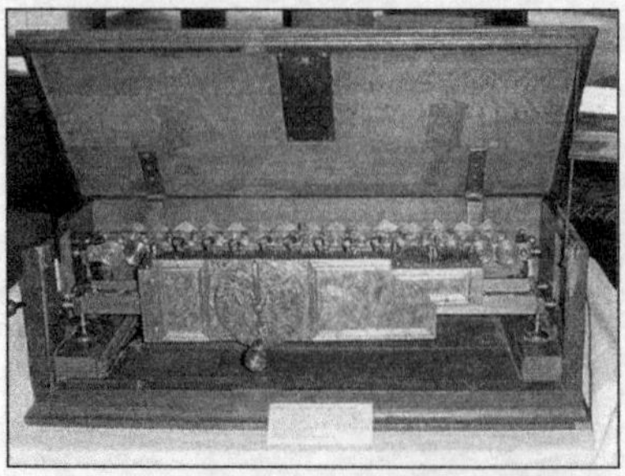

图 1-4 莱布尼茨乘法器

1822 年，英国数学家查尔斯·巴贝奇（Charles Babbage，1792—1871 年）研制成功第一台差分机，它蕴含了程序设计、程序控制的思想，可用于计算数的平方、立方、对数和三角函数，可以进行 8 位数运算，计算精度达 6 位小数，如图 1-5 所示。此外，查尔斯·巴贝奇还发明了解析机，为计算机的诞生扫除了许多理论上的障碍。这些计算机工具主要通过手摇的方式提供动力，并未使用电子元器件，因此，这些机器统称为机械计算机。

1919 年，由于电子管触发器的成功发明，计算机的发展迈入一个新的阶段。1946 年，电子数字积分计算机（Electronic Numerical Integrator and Computer，ENIAC）在美国宾夕法尼亚大学研制成功，如图 1-6 所示。作为世界上第一台电子数字积分计算机，与机械计算机相比，ENIAC 使之前需要 100 多名工程师花费一年才能解决的复杂计算问题，缩短为两个小时完成。但是它的缺点同样明显，体积过于庞大，耗电量大、存储容量小，硬件线路的连接烦琐。

图 1-5　差分机

图 1-6　ENIAC

1946 年 4 月，离散变量自动电子计算机（Electronic Discrete Variable Automatic Computer，EDVAC）研制成功，它主要包括运算器、逻辑控制装置、存储器、输入部分和输出部分。与 ENIAC 不同，EDVAC 采用二进制作为数据存储方式，并按照指令的先后顺序依次执行，大大提高了计算速度。

随着科学技术的迅猛发展，计算机早已摆脱了体积大、运行速度慢等缺点，其电子元器件经历了从电子管、晶体管到大规模和超大规模集成电路的演变。就目前情况而言，计算机已经走进了人们的日常生活。生物计算机、光子计算机、纳米计算机等新型计算机正在研制过程中，未来的新型计算机可能会超越人们现有的认知水平，并在性能、体积、功耗等方面表现得更加优秀。

1.1.2　计算机的分类

计算机有多种不同的类别，分类标准不同，计算机的类别也不同。

1. 按照用途分类

按照计算机的用途进行分类，计算机可分为通用计算机和专用计算机。

通用计算机即人们日常生活中普遍使用的计算机，可以根据实际情况安装各种软硬件，满足人们不同的需求。专用计算机是为解决某一特定问题而研制的计算机，速度快、可靠性高，配有固定的软硬件。

2. 按照性能分类

按照计算机的性能分类，计算机可分为巨型机、大型计算机、小型计算机和微型计算机。

巨型机也称超级计算机，通常由数百、数千甚至更多的处理器组成，造价昂贵，仅有少数国家有能力研制巨型机。巨型机体现了一个国家的经济实力和科研实力，它能够处理大量复杂数据，解决复杂问题，对国家的安全和社会的发展具有举足轻重的意义，目前主要用于天气预报、大型科学运算等领域。

大型计算机允许多用户执行信息处理任务，可以处理大容量数据，运算速度快、存储容量大，但价格比较昂贵，一般用于大中型企业。

小型计算机的软硬件系统规模比较小，相比于大型计算机，其运算速度小、存储容量小，但是价格便宜、结构简单，运行环境要求低，便于维护，比较适合中小型企事业单位使用。

微型计算机由大规模和超大规模集成电路组成，在某一时间内仅能有一位用户使用。微型计算机体积小巧、携带灵活、价格便宜，是人们日常生活工作中使用最广泛的一种计算机，其包括台式计算机、笔记本电脑、平板电脑等。

1.1.3 计算机的特点

计算机作为一种高性能计算工具，其具有以下 5 个特点。

1. 运算速度快

计算机可以高速准确地完成各种运算，解决大量复杂的科学计算问题，例如计算卫星轨道、天气预测等。计算机的运算速度通常用计算机每秒能执行的指令数目或浮点运算数目来衡量。常用的计算机运算速度单位有每秒万亿次浮点运算（Tera Floating Point Operations Per Second，TFLOPS）、每秒千万亿次浮点运算（Peta Floating Point Operations Per Second，PFLOPS）等。2020 年 6 月 22 日，最新一期的全球超级计算机 500 强榜单出炉，我国共有 226 台超级计算机上榜，上榜数量蝉联第一。

2. 计算精度高

在计算机中，数据并不是以人们习惯的形式存在的，例如文字、十进制数等，而是以二进制的形式存在的。计算机精度取决于计算机中表示数据的二进制数的位数，目前计算机的精度非常高，但还有提高的空间。

3. 存储容量大

计算机可以像人类的大脑一样存储各种各样的信息，存储容量是衡量计算机性能的指标之一，计算机存储的数据不仅包括各类数据信息，还包括加工这些数据的程序。目前主存储器和外存储器的容量都在不断地向大容量和超大容量的方向发展。

4. 设备可靠性高

目前生产工艺水平的提高使计算机芯片的稳定性也越来越高，计算机可以进行长时间的连续工作，计算机烧毁、信息丢失的现象越来越少，工作人员的劳动成果得到有效保护。

5. 通用性强

对同一台机器而言，只要搭配不同的软硬件，就可以完成不同的任务，例如数值计算、办公自动化、休闲娱乐等。因此，计算机的通用性非常强，适用于各个领域的工作。

1.1.4 计算机的应用

计算机已经渗透到人类生活的方方面面并发挥重要作用，计算机不仅可以用于科学研究，还可以为人们日常的工作学习提供支持，简化复杂的工作。合理地使用计算机解决问题已经成为现代人必须掌握的技能。

1. 科学计算

科学计算即数值计算，是指在科学研究和工程项目中使用计算机进行数据运算。由于计算机具有高精度的计算能力且可以长时间工作，因此可以解决许多人工无法解决的复杂问题，缺少了计算机的帮助，许多大型项目将无法完成。

2. 信息处理

人类社会传播交互的一切内容都是信息，包括文字、图像、音频、视频等形式。信息在传播的过程中需要加工处理，信息处理是对信息进行收集、存储、整理、加工等一系列活动。目前信息处理主要应用于办公自动化、情报、检索、图书管理等领域。

3. 数据采集与过程控制

数据采集主要是采集设备或装置产生的信号并进行分析处理，目的是对生产过程进行自动调节；过程控制可以控制生产的质量，提高控制的准确率。目前，数据采集与过程控制被广泛应用于各种工业环境中。

4. 计算机辅助技术

计算机辅助技术是以计算机为工具，辅助人在特定应用领域内完成任务的理论、方法和技术，包括计算机辅助设计、计算机辅助制造、计算机辅助教学、计算机辅助质量控制及计算机辅助绘图等。

5. 人工智能

人工智能是研究、开发用于模拟、延伸和扩展人的智能的一门新的技术科学，是计算机科学的一个分支。该领域的研究内容包括图像识别、自然语言处理和专家系统等。

6. 云计算

云计算是对大量的计算资源进行统一的管理和调度，构成一个计算资源池为用户提供按需服务。云计算拥有强大的计算能力，甚至可以让用户体验每秒 10 万亿次的运算能力，可以模拟核爆炸、预测气候变化和市场发展趋势。用户可通过计算机、手机等设备接入数据中心，按照需求进行运算。

7. 休闲娱乐

计算机不仅可以满足人们日常工作学习的需求，还可以为人们提供休闲娱乐的功能。用户可以在计算机上听音乐、玩游戏、看影视剧，还可以通过网络共享资源、传输文件、交友和购物等。

1.1.5 新型计算机展望

从第一台计算机出现至今，随着科技的不断发展，计算机的体积不断减小、功耗不断降低、种类越来越多、功能越来越强。未来的新型计算机可能会颠覆人们的认知，在性能、外观等方面取得革命性突破。目前提出的新型计算机主要有以下 5 种。

1. 光子计算机

光子计算机是一种用光信号进行数字运算、逻辑操作、信息存储和处理的新型计算机。它由激光器、光学反射镜、透镜、滤波器等光学元件和设备构成，以光子代替电子、光运算代替电运算。光子计算机的优点在于并行处理能力很强，具有超高的运算速度，光传输和转换时能量消耗和散发热量极低，对环境条件的要求比电子计算机低得多。此外，光子计算机还具有与人脑相似的容错性，因此，当系统中某一组件出现问题时，最终的计算结果并不会受到影响。

2. 生物计算机

生物计算机的主要原材料是利用生物工程技术产生的蛋白质分子，并以此作为生物芯片来替代半导体硅片，利用有机化合物存储数据。生物计算机的优点在于运算速度极快、能量消耗低，拥有巨大的存储能力，具有很强的抗电磁干扰能力，能彻底消除电路间的干扰，同时还具有生物体的一些特点。

3. 量子计算机

量子计算机是一类遵循量子力学规律进行高速数学和逻辑运算、存储及处理量子信息的物理装置。与传统的电子计算机相比，量子计算机具有速度快、存储量大、搜索功能强和安全性高等优点。

4. 人工智能计算机

人工智能作为计算科学的分支，已然成为世界关注的焦点。人工智能计算机可以模仿人脑进行思考，模仿人类表达自己的情感，创造性地开展工作。如果要使计算机能够根据实际情况做出合理的决定，在与人交流互动的过程中能够理解人的想法，就必须按照人的心理活动设计计算机。

5. 纳米计算机

纳米计算机是一种体积小、运行速度快的计算机，是将纳米技术应用于计算机研发领域而研制出的新型高性能计算机。纳米管元件尺寸小、质地坚固且具有极强的导电性能。采用纳米技术研发芯片成本低廉，不需要专门的生产车间和昂贵的实验设备，在实验室内组合分子即可，大大缩减了成本。

1.2 信息技术及信息化社会

1.2.1 “信息”释义

“信息”一词由来已久，并非是现代词汇。一些古诗词中就出现过“信息”这个词语。唐朝杜牧的《寄远》中有“塞外音书无信息，道傍车马起尘埃”；南宋陈亮的《梅花》中有“欲传春信息，不怕雪埋葬”；北宋毛滂的《浣溪沙》中有“雁过故人无信息，酒醒残梦寄凄凉”；宋代朱淑真的《闻鹊》中有“青鸟已承云信息，预先来报两三声”。这些诗句中都出现了“信息”一词，可以看出古人很早就使用“信息”这个词语。

现代社会中，信息是指加工处理后的数据，可以减少或消除不确定性；而数据是反映客观事物属性、状态的记录。信息与数据相互联系，数据只有经过加工才能成为信息，而信息必须经过数字化转变成数据才能存储在计算机中。信息作为一种重要资源，其具有以下 7 个特征。

1. 依附性

信息作为一种抽象的资源，不能脱离物质和能量而独立存在，必须依赖客观存在的物质载体才能够传播。例如，新闻信息离开了语言文字、报纸等载体就无法传播。

2. 时效性

一般来说，信息越及时越具有价值。例如，我们平时会看天气预报，但报道昨天的天气就没有太大的意义。

3. 可传递性

物质资源被使用后就会消减，信息不同于物质资源，信息可以被传递、共享。传递信息的方式有很多，如口头语言、文字、电信号、光等。

4. 可存储性

信息可以被存储，方便日后使用。存储信息的方法很多，例如，大脑记忆、录音、录像等都可以存储信息。

5. 可压缩性

信息可以被压缩，大量的信息被压缩后可以通过简单的言语表达出来。人们可以对信息进行加工、整理与概括，可以使信息精炼，从而压缩信息。

6. 可预测性

未来的信息形态可以通过当下的信息推导出来。信息对事物有超前反映，可以反映出事物的发展趋势。

7. 真伪性

信息并不一定符合客观事实，比如很多虚假广告传播的就是不符合事实的信息。

1.2.2　信息技术与信息化的概念

信息技术是管理信息和处理信息所采用的各种技术的总称。信息技术革命是指人类社会中信息存在和传递的方式以及人类处理信息的方式所发生的革命性变化。到目前为止，人类社会经历了 5 次信息技术革命，分别是语言的创造、文字的发明、造纸和印刷术的发明、电话等现代通信技术的发明、电子计算机的发明。21 世纪，信息技术应用广泛，在教育、工业等领域都少不了它的身影。信息技术将成为经济全球化的重要推动力量，在一定程度上它打破了地域的限制，将世界各国联系在一起。

信息化是当今全球的发展趋势，随着我国经济的飞速发展，我国的信息化有了显著的进步。信息化改变人们的生产方式、工作方式、学习方式、生活方式等，使人类社会发生极大的变化。信息化是由日本学者梅棹忠夫首次提出的，他在《论信息产业》的文章中指出："信息化是通信现代化、计算机化和行为合理化的总称"。其中，通信现代化是指社会活动中基于现代通信技术的信息交流过程；计算机化是指各种信息的产生、存储、处理、传递等活动广泛采用先进计算机技术的过程；行为合理化是指人类按照公认的合理准则与规范进行活动。

1.2.3　信息化的基本特征

信息化主要有以下 6 个特征。

1. 数字化

数字化的基本过程是将许多复杂多变的信息转变为可以度量的数字、数据，再把这些数字、数据转变为二进制代码，输入计算机内部进行统一处理。最初只能对数据和文字进行数字化处理，之后发展到图片、语音和视频的数字化，并在此基础上发展出各种各样的信息采集、处理、存储、传播和利用的信息系统。

2. 网络化

网络化使信息的利用从封闭到开放，网络的构建也从局域走向广域，由固定网络走向移动通信网络。网络技术发展迅速，有互联网、物联网及各种嵌入式系统的网络。网络带宽的不断扩展，使信息的传递更快、质量更高。网络化是人类信息交流方式的一次飞跃，不仅带来了信息传播方式的变革，而且使整个经济与社会的运行方式以及人们的工作方式、生活方式产生了深刻的变革。

3. 智能化

智能化是指事物在网络、大数据、物联网等技术的支持下，能够能动地满足人类的各种需求。智能化的目标是实现真正意义上的人机交互，通过以逻辑为基础的符号推理来实现智能化的设计、管理、调度以及决策等活动。

4. 全球化

全球化是一种概念，指的是全球联系不断增强，人类生活在全球规模的基础上发展及全球意识的崛起，同时也是一种人类社会发展的现象过程。信息技术正在淡化时间和距离的概念，大大加速了全球化的进程。

5. 非群体化

信息时代，信息与信息之间的交换遍及各处，信息交换除了在社会之间、群体之间进行，个人之间的信息交换也日益增加，今后可能成为主流。

6. 泛在化

随着泛在网络，特别是无线通信技术和数字传感技术的发展，人们开始在区域甚至全球范围内部署传感器、控制器和信息系统，使泛在化成为一个重要的特征。

1.2.4 信息化的类型

信息化的类型有以下 5 种。

1. 产品信息化

产品信息化主要包括两个方面。一是产品所含信息量日益增加。在产品中，相对于物质，信息所占的比重不断变大。产品逐渐由物质产品的特征转变为信息产品的特征。二是出现越来越多的智能化产品，它们的信息处理能力越来越强。

2. 企业信息化

企业信息化是指企业以业务流程的优化和重构为基础，在一定的深度和广度上利用计算机技术、网络技术和数据库技术，将管理企业生产经营活动中的各种信息集成化，实现企业内外部信息的共享和有效利用，以提高企业的经济效益和市场竞争力的过程。

3. 产业信息化

产业信息化与企业信息化不同，它指农业、工业、服务业等传统行业广泛地利用信息技术，大力开发和利用信息资源，以提高劳动生产效率和经济效益的过程。

4. 国民经济信息化

国民经济信息化是指在经济和社会活动中，通过普遍采用信息技术和电子信息装备，更有效地开发和利用信息资源，推动社会进步，使利用了信息资源而创造的劳动价值在国民生产总值中的比重逐步上升直至占主导地位的过程。

5. 社会生活信息化

社会生活信息化是指在计算机、通信和网络等现代信息技术应用的推动下，信息技术、信息产业和信息网络服务于社会生活的各个领域，并逐渐影响人类精神生活和社会发展的过程。

1.2.5 信息化与社会发展

20 世纪 90 年代以来，信息资源日益重要，世界范围内出现了信息化浪潮。随着信息技术的不断发展，信息化已成为全球一股不可抗拒的潮流，不断推动人类社会进步。在 21 世纪，信息化使人类经济社会的发展进入了一个新阶段，无论是生产力的构成，还是生产组织形态，都在发生巨大的变化。信息技术与信息网络的结合产生了一大批新兴产业，也使很多传统行业优化升级。

1. 信息化与国民经济发展

信息化对社会各个领域都产生了重大影响，尤其对国民经济的影响更深入：信息化可以优化经济增长模式，改善和提高生产性能，减少资源消耗和优化资源的配置；同时，信息化可以推动社会均衡发展，改善人民生活质量，缓解发展不平衡、不充分的矛盾；信息化有利于经济增长方式从粗放型向集约型发展。

2. 信息化与工业化

工业化是农业主导经济向工业主导经济演变的过程，信息化则是工业主导经济向信息主导经济演变的过程。一般情况下，先有工业化后有信息化，工业化是信息化的基础，信息化是工业化的延伸和发展。作为发展中国家，我国与其他国家不同，信息化是在工业化未完成的情况下进行的。我国提出的“以信息化带动工业化”战略，由于信息化的推动，工业化也进入了一个新阶段，传统的工业手段、设备、技术、市场经过信息技术的改造，生产力得到了质的飞跃和提升。

3. 信息化与知识经济

知识经济以知识为基础，它与农业经济、工业经济相对应，是一种新型的富有生命力的经济形态。信息在知识经济时代尤为重要，知识是影响经济的重要因素，信息化为信息共享提供了技术支持，大量信息可以方便地传递、共享，使人们能够高效率地产生新的知识。因此，信息化是导致社会由工业经济向知识经济发展的直接诱因。

4. 信息化与网络经济

随着信息技术的发展，网络将整个世界连在了一起，拉近了人们的距离。网络经济建立在国民经济信息化基础之上，各类企业利用信息和网络技术整合各式各样的信息资源，并依托企业内部和外部的信息网络进行动态的商务活动。网络经济建立在信息流、物流和资金流的基础之上，依靠网络实现经济。信息化为网络经济提供了技术支撑，网络经济是信息化时代的标志。

现在，人类社会的各个方面都离不开信息化。在社交领域，人们常常使用 QQ、微信和电子邮箱等工具，4G 的出现使我们可以用手机进行高质量的视频通话。在教育领域，线上家教、慕课等新型教育方式都依赖现代信息技术。电子政务在提高行政效率、改善政府职能等方面的作用日益显著。很多企业和机构建立了自己的信息管理系统和办公自动化系统。人们平时可以在网上买到自己想要的东西。支付宝与微信支付使我们不需要带现金就可以购物。在 5G 时代，极快的网速与超低的时延为 3D 视频通话、无人驾驶与大数据的收集等提供了技术支持。总而言之，信息技术作为先进生产力的代表，其对人类社会的经济效率与精神文明都产生深远的影响。

本章小结与知识延伸

本章主要介绍了计算机的一些基础性知识以及信息技术与信息化社会。计算机按照用途可分为通用计算机和专用计算机，按照性能则分为巨型机、大型计算机、小型计算机和微型计算机；同时，计算机具有运算速度快、计算精度高、存储容量大、设备可靠性高、通用性强 5 个典型特点；并且计算机常被应用于科学计算、信息处理、数据采集与过程控制、计算机辅助技术、人工智能、云计算和休闲娱乐等多个方面。光子计算机、生物计算机、量子计算机、人工智能计算机、纳米计算机等不同领域高精度计算机进一步扩展了计算机的使用范围。信息技术与信息化社会中的信息有依附性、时效性、可传递性、可存储性、可压缩性、可预测性和真伪性特征。信息技术是管理信息和处理信息所采用的各种技术的总称，信息化是通信现代化、计算机化和行为合理化的总称。信息化主要有数字化、网络化、智能化、全球化、非群体化及泛在化特征，且包括产品信息化、企业信息化、产业信息化、国民经济信息化及社会生活信息化 5 种类型。信息化促进了国民经济、工业、知识经济和网络经济等多个领域优化升级，为人们的生活带来极大的便利。

在计算机已被普遍采用的今天，古老的算盘不仅没有被废弃，反而因它的灵便、准确等优点，在许多国家方兴未艾。算盘包括算具（硬件）和算法（软件、口诀、歌诀）两个方面，它是我国古代劳动人民发明创造的一种简便的计算工具。我国历史上有多种算具、算法，《数术记遗》中就列有 14 种。伴随着算盘的使用，人们总结出许多计算口诀，使计算的速度更快了，而这种用算盘计算的方法叫珠算。论述算盘的著作也随之产生，流行最久的珠算书是明代程大位编撰的《算法统宗》，书中记载了算盘图式和珠算口诀，并举例说明了如何按口诀在算盘上演算，其中开平方和开立方的珠算法是程大位首先提出来的。由于珠算口诀便于记忆，运用又简单方便，对于一般运算，熟练的珠算不逊于计算器，尤其在加减法方面，因而在计算器及计算机普及前，算盘是我国商店普遍使用的计算工具，并且算盘陆续传到了日本、朝鲜、印度、美国等国家。算盘运算方便、快速，几千年来一直是我国古代劳动人民普遍使用的计算工具，即使是现代最先进的电子计算器，也不能完全取代算盘的作用。在我国，各行各业都有一群打算盘高手。除了运算方便，算盘还有锻炼思维的作用，它需要脑、眼、手密切配合，是锻炼大脑的一种好方法。

第 2 章　计算机基础知识

学习目标

1. 掌握不同进制间转换的方法。
2. 了解计算机中信息的编码。
3. 熟悉计算机的硬件系统与软件系统。
4. 了解计算机系统的发展趋势。

思维导图

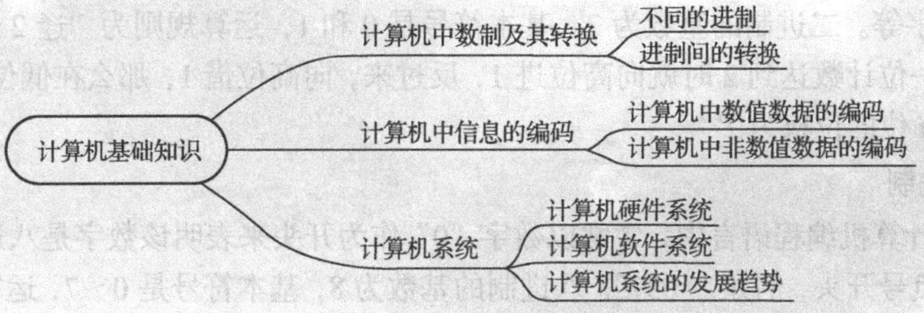

本章导读

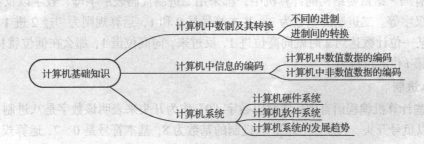

计算机的发明对人类的生产活动和社会活动产生了巨大影响，它是一种能够按照程序设计运行的可自动、高速处理海量数据的现代化智能电子设备。目前，计算机的应用已经渗透人类社会的方方面面，同时也对人们的思维方式产生了巨大的影响。本章主要介绍常用进制的表示方法、不同进制间的转换、计算机中信息的编码以及计算机硬件系统和软件系统等内容。

2.1 计算机中数制及其转换

在日常生活中，人们通常使用十进制数，但在计算机内部采用二进制编码，为书写及使用方便，还引入了八进制数和十六进制数。

2.1.1 不同的进制

进位计数制是目前广泛使用的一种计数方法，我们日常生活中最常用的是十进制，计算机世界里各种类型的信息均采用二进制编码进行表示和存储，如图像、音频、视频等。除此之外，为了表示方便，有时也会使用八进制、十六进制等表示数据。关于进位计数制，我们首先应该了解基本符号、基数及位权。基本符号是指用来表示某种数制的基本符号，如二进制的基本符号为 0 和 1；基数表示某数制可以使用的基本符号的个数，如二进制的基数为 2，因为二进制只能用 0 和 1 两个基本符号；位权表示某个数制的一个数值中每个数字符号的权值大小，如十进制数 234 可以写成 $2\times10^2+3\times10^1+4\times10^0$，那么 2 的位权为 10^2，3 的位权为 10^1，4 的位权就为 10^0。不同的进制有不同的运算规则和表示方法，此处介绍 4 种常用的进制。

1. 二进制

在具有冯·诺依曼结构的计算机中，都采用二进制代码表示字母、数字以及各种各样的符号、汉字等。二进制的基数为 2，基本符号是 0 和 1，运算规则为“逢 2 进 1、借 1 当 2”，即当某一位计数达到 2 时就向高位进 1，反过来，向高位借 1，那么在低位就相当于 2。二进制中第 i 位的位权为 2^{i-1}。

2. 八进制

在一些计算机编程语言中，常常以数字“0”作为开头来表明该数字是八进制，如果是负数，则以负号开头，例如“−057”。八进制的基数为 8，基本符号是 0～7，运算规则为“逢 8 进 1、借 1 当 8”，八进制中第 i 位的位权为 8^{i-1}。

3. 十进制

十进制形式是我们最熟悉的表达形式，十进制的基数为 10，基本符号是 0～9，运算规则为“逢 10 进 1、借 1 当 10”，十进制中第 i 位的位权为 10^{i-1}。

4. 十六进制

十六进制的表示方式有很多，其中最常用的表示方式是将“0x”加在数字前，或在数字后加上下标 16。例如“0x3E6”和“$3E6_{16}$”。十六进制的基数为 16，基本符号是 0～9、A～F，运算规则为“逢 16 进 1、借 1 当 16”，十六进制中第 i 位的位权为 16^{i-1}。

可以将上述内容归纳为表 2-1，以方便读者查阅，其中位权的表示方法仅适用于整数部分。

表 2-1 不同的进制

进位制	运算规则	基数	基本符号	位权
二进制	逢 2 进 1、借 1 当 2	2	0,1	2^{i-1}
八进制	逢 8 进 1、借 1 当 8	8	0,1,2,3,4,5,6,7	8^{i-1}

续表

进位制	运算规则	基数	基本符号	位权
十进制	逢 10 进 1、借 1 当 10	10	0,1,2,3,4,5,6,7,8,9	10^{i-1}
十六进制	逢 16 进 1、借 1 当 16	16	0,1,2,3,4,5,6,7,8,9,A,B,C,D,E,F	16^{i-1}

2.1.2　进制间的转换

不同进制之间可以相互转换，但转换方法有所不同，初学进制转换可以参考表 2-2 所示的二进制、八进制、十进制与十六进制之间的进制转换对应关系。

表 2–2　进制转换对应关系

二进制	八进制	十进制	十六进制
0000	0	0	0
0001	1	1	1
0010	2	2	2
0011	3	3	3
0100	4	4	4
0101	5	5	5
0110	6	6	6
0111	7	7	7
1000	10	8	8
1001	11	9	9
1010	12	10	A
1011	13	11	B
1100	14	12	C
1101	15	13	D
1110	16	14	E
1111	17	15	F

1. 二进制数与十进制数的相互转换

（1）二进制数转换为十进制数

二进制数转换为十进制数相对比较简单，只要将二进制数的各位数字与其相对应的位权相乘，然后累加所有乘积，那么得到的结果就是该数的十进制形式。确定各位数字的位权时，应把小数点作为分界点，小数点往左应从 2^0 开始，依次为 $2^0,2^1,2^2,2^3,\cdots$，小数点往右应从 2^{-1} 开始，依次为 $2^{-1},2^{-2},2^{-3},2^{-4},\cdots$。

例如，将二进制数 1101.01 转换为十进制数，转换方法如下。

$1101.01=1\times2^3+1\times2^2+0\times2^1+1\times2^0+0\times2^{-1}+1\times2^{-2}=8+4+0+1+0+0.25=13.25$，结果为 $(1101.01)_2=(13.25)_{10}$。

（2）十进制数转换为二进制数

十进制数转换成二进制数，由于整数和小数的转换方法不同，一般会将整数部分和小数部分分别进行转换，然后拼接在一起。

① 整数部分的转换。整数部分的转换可采用“除 2 取余法”，基本思想是将需要转换的十进制数除以 2，得到商和余数，商作为被除数除以 2，再次得到商和余数，重复此步骤，直到商为 0。将所得余数按照逆序排列就得到了该数的二进制形式。

例如，将十进制数 37 转换为二进制数，转换方法如下。

除数	被除数/商		余数
2	37		
2	18	……	1
2	9	……	0
2	4	……	1
2	2	……	0
2	1	……	0
	0	……	1

得到的余数按逆序排列为 100101，因此，$(37)_{10}=(100101)_2$。

② 小数部分的转换。小数部分的转换可采用“乘 2 取整法”，基本思想是将小数部分乘以 2，并取出所得乘积的整数部分，将剩余的小数部分再次乘以 2，并取出整数部分，重复此步骤，直到小数部分为 0 或者达到要求的精确度为止，最后将所取整数按顺序排列就是该数小数部分的二进制形式。

例如，将十进制数 19.75 转换为二进制数，转换方法如下。

除数	被除数/商		余数
2	19		
2	9	……	1
2	4	……	1
2	2	……	0
2	1	……	0
	0	……	1

运算		整数
0.75 × 2 = 1.50	……	1
0.50 × 2 = 1.00	……	1

结果为 $(19.75)_{10}=(10011.11)_2$。

2. 二进制数与八进制数的相互转换

（1）二进制数转换为八进制数

由于八进制数的基数 8 是 2 的 3 次方，因此，二进制数转换为八进制数时，可以从小数点开始向左或向右，每 3 位二进制数为一组，若小数部分最后一组不足 3 位则在末尾补 0，将每组二进制数转为其对应的八进制数，然后拼接在一起即可。

例如，将二进制数 10101.11 转换为八进制数，转换方法如下。

二进制数　10　101　.　110

八进制数　2　　5　 .　 6

即 $(10101.11)_2=(25.6)_8$。

（2）八进制数转换为二进制数

八进制数转换为二进制数，从小数点开始向左或向右，将每 1 位八进制数用 3 位二进制数表示出来，然后拼接在一起，就将该数转换成了它的二进制形式。

例如，将八进制数 74.6 转换为二进制数，转换方法如下。

八进制数　　7　　4　.　6

二进制数 111 100 . 110

即（74.6）$_8$=（111100.110）$_2$。

3. 二进制数与十六进制数的相互转换

（1）二进制数转换为十六进制数

由于十六进制数 16 为 2 的 4 次方，因此，二进制数转换为十六进制数时，可以参照二进制向八进制转换的方法，从小数点开始向左或向右，每 4 位二进制数为一组，若小数部分最后一组不足 4 位则在末尾补 0，将每组二进制数转为其对应的十六进制数，然后拼接在一起即可。

例如，将二进制数 11011010.101 转换为十六进制数，转换方法如下。

二进制数 1101 1010 . 1010

十六进制数 D A . A

结果为（11011010.101）$_2$=（DA.A）$_{16}$。

（2）十六进制数转换为二进制数

十六进制数转换为二进制数，可以参照八进制向二进制转换的方法，从小数点开始向左或向右，将每 1 位十六进制数用 4 位二进制数表示出来，然后拼接在一起，就将该数转换成了它的二进制形式。

例如，将十六进制数 8D.A3 转换为二进制数，转换方法如下。

十六进制数 8 D . A 3

二进制数 1000 1101 . 1010 0011

结果为（8D.A3）$_{16}$=（10001101.10100011）$_2$。

4. 十进制数与十六进制数的相互转换

（1）十进制数转换为十六进制数

十进制数转换为十六进制数，可以参考十进制数转换为二进制数的方法，整数部分可采用“除 16 倒取余法”，小数部分可采用“乘 16 取整法”。还有一些相对比较简便的方法，比如，先将十进制数转换为二进制数，然后再将二进制数转换为十六进制数。

（2）十六进制数转换为十进制数

参考二进制数转换为十进制数，将其按权展开求和即可。

例如，将十六进制数 12C.A 转换为十进制数，转换方法如下。

（12C.A）$_{16}$=$1\times16^2+2\times16^1+12\times16^0+10\times16^{-1}$=（300.625）$_{10}$，

结果为（12C.A）$_{16}$=（300.625）$_{10}$。

2.2 计算机中信息的编码

在计算机中，各种信息都是以二进制编码的形式存在的。也就是说，不管是文字、数字、图形、音频、动画，还是视频等信息，在计算机中都是用 0 和 1 组成的二进制代码表示的。本节将介绍计算机怎样利用 0 和 1 进行信息的编码。

2.2.1 计算机中数值数据的编码

1. 数值的表示

生活中很多应用场合只需用正数表达，如表示年龄、身高。但在绝大多数应用场合中，我们既需要考虑数的值，又要考虑数的符号，才能正确处理问题。所以，在计算机中，将只需要表示值的数据称为无符号数；将需要同时表示值和符号的数称为带符号数。表示无符号数时，所有的二进制位都可用来表示数的值。表示带符号数时，我们取二进制位的最高位来表示数的符号，其他位表示数的值。最高位为“0”表示正数，反之表示负数。符号和数一起进行存储和运算，如果用一个字节存储表示带符号的整数，则最高位为符号位，具体表示数值的只有 7 位，其最小数为 $(1111111)_2=(-127)_{10}$，最大数为 $(01111111)_2=(+127)_{10}$。例如，用 8 位二进制数表示+50 和-50，分别为 $(00110010)_2$ 和 $(10110010)_2$。

我们把用“0”和“1”表示符号的数称为机器数，将其所表示的带有正、负号的实际数值称为真值。例如，机器数 10000111 的真值为-0000111。

2. 常见的编码方式

（1）原码

原码是一种机器数表示方式，若用一个字节存储，则需要补满 8 位，若用两个字节存储，则需要补满 16 位……以此类推。例如，78 如用一个字节存储，则其原码为 $(01001110)_2$，-78 的原码为 $(11001110)_2$。用原码表示的数在进行全正数的加法运算时结果正确，但若有负数参与，则运算结果不正确。例如，使用一个字节存储数据，考虑十进制数的运算 3+5 和 3+（-5）：

$$
\begin{aligned}
(3)_{10}+(5)_{10} &= (00000011)_2+(00000101)_2 \\
&= (00001000)_2 \\
&= (8)_{10},
\end{aligned}
$$

运算结果正确，然而

$$
\begin{aligned}
(3)_{10}+(-5)_{10} &= (00000011)_2+(10000101)_2 \\
&= (10001000)_2 \\
&= (-8)_{10},
\end{aligned}
$$

显而易见，这并不是正确的运算结果。这说明仅使用原码无法正确完成含有负数的运算。为解决这一问题，人们引入了反码表示形式。

（2）反码

正数的反码与该数的原码相同，负数的反码是将原码中符号位以外的其他各位都取反，即 1 变为 0，0 变为 1，如 3 的原码为 $(00000011)_2$，反码为 $(00000011)_2$；-5 的原码为 $(10000101)_2$，-5 的反码为 $(11111010)_2$。利用反码计算 3+（-5）的步骤如下：

$$
\begin{aligned}
(3)_{10}+(-5)_{10} &= (00000011)_2+(11111010)_2 \\
&= (11111101)_2 \\
&= (-2)_{10}.
\end{aligned}
$$

（3）补码

正数的补码与该数的原码相同，负数的补码是将其反码的最低位加 1。例如，-5 的原码为 $(10000101)_2$，反码为 $(11111010)_2$，补码为 $(11111011)_2$。数值数据在计算机中都是以二进制补码形式存储的，反码只在求补码的中间过程中使用。

2.2.2 计算机中非数值数据的编码

随着时代的发展，计算机不仅限于处理数值数据，字符、图像、音频、视频等数据也是计算机处理的对象。我们知道无论什么类型的数据在计算机中都是以二进制的形式表示的，计算机之所以能够区分这些数据，是因为它们采用的编码规则不同。

1. 西文字符编码

由于构成西方单词的字母并不繁多，所以西文字符的编码比较简单。目前，通常采用美国标准信息交换码（American Standard Code for Information Interchange，ASCII）来对西文字符进行编码。每个 ASCII 码用 1 个字节储存，但 ASCII 码只用到了后 7 位，即 $b_6b_5b_4b_3b_2b_1b_0$，最高位一般记为 0，数值范围为 0～127，可表示 128 个不同的字符，如表 2-3 所示。

表 2–3　　ASCII 码

$b_6b_5b_4$ 符号 $b_3b_2b_1b_0$	000	001	010	011	100	101	110	111
0000	NUL	DLE	SP	0	@	P	`	p
0001	SOH	DC1	!	1	A	Q	a	q
0010	STX	DC2	"	2	B	R	b	r
0011	ETX	DC3	#	3	C	S	c	s
0100	EOT	DC4	$	4	D	T	d	t
0101	ENQ	NAK	%	5	E	U	e	u
0110	ACK	SYN	&	6	F	V	f	v
0111	BEL	ETB	'	7	G	W	g	w
1000	BS	CAN	(	8	H	X	h	x
1001	HT	EM	)	9	I	Y	i	y
1010	LF	SUB	*	:	J	Z	j	z
1011	VT	ESC	+	;	K	[	k	{
1100	FF	FS	,	<	L	\	l	|
1101	CR	GS	-	=	M	]	m	}
1110	SD	RS	.	>	N	^	n	~
1111	SI	US	/	?	O	_	o	DEL

ASCII 码是美国国家标准学会（American National Standard Institute，ANSI）制定的，最初是美国国家标准，规定了计算机在通信时须遵守的编码标准，后被国际标准化组织定为国际标准。在这 128 个字符中，有 96 个可打印字符、32 个控制字符。每个字符都有与之对应的 ASCII 码值，如大写字母“A”对应的二进制码为 1000001，十进制码为 65，所以“A”的 ASCII 码值就是 65。目前除了 ASCII 码，还有通用字符集（Universal Character Set，UCS）、统一码（Unicode）等常用的编码标准。

2. 汉字编码

从输入汉字到计算机存储汉字再到屏幕显示、打印输出汉字，会涉及汉字的输入码、机内码、字形码、地址码等一系列编码，计算机对汉字信息的处理过程就是各种汉字编码间的转换过程，如图 2-1 所示。

图 2-1　汉字在计算机中的编码

（1）汉字输入码

为将汉字输入计算机，利用计算机标准键盘上按键的不同排列组合来对汉字的输入进行编码。输入编码方案用程序实现即为输入法，可分为音码、形码、音形码等。

（2）国标码

我国于 1980 年发布了编号为 GB2312—80 的国家汉字编码标准《信息交换用汉字编码字符集——基本集》，确定的编码称为国标码。该标准收入了进行一般汉字信息处理时所用的 7 445 个字符编码。国标码使用两个字节表示一个汉字的编码。

（3）汉字机内码

汉字机内码又称汉字内码或内码，与国标码有简单的对应关系，是计算机内部对汉字进行存储、处理和传输的编码。汉字机内码用两个字节表示一个汉字，且最高位均为 1。

（4）汉字地址码

汉字地址码是汉字库中存储汉字字形信息的逻辑地址码。

（5）汉字字形码

汉字字形码是用 0 和 1 编码无亮点和有亮点像素，形成汉字字形的一种编码。依据字形码通过显示器或打印机输出汉字。

3. 声音编码

人能听到的声音包括语音、音乐、其他声音（环境声、音效声、自然声等）。声音是由振动产生的，并以声波形式在传播介质中传播，属于模拟信号。而计算机无法处理模拟信号，所以需将声音信号转换为计算机可以处理的数字信号，即将声波进行周期性的采样并将样本数据以有限位的二进制数字形式存储，这个过程就是声音的数字化。常见的数字音频文件格式有 CD-DA、WAVE、MP3、RealAudio、WMA、APE、FLAC、MIDI 等。其中 MIDI 格式不是数字化的音频波形数据，而是演奏乐器的各种指令和数据信息，主要用于计算机作曲领域、游戏音轨以及电子贺卡。

4. 图像编码

图像具有直观、表现力强、包含信息量大等特点，计算机中的图像可以分为位图图像和矢量图像。

位图图像又称光栅图，通过描述图像中各个像素点的亮度与颜色信息来表示图像。像素、分辨率和颜色深度是位图图像的 3 个基本要素。像素是构成位图图像的最小单位，以矩阵的方式排列成图像，像素越多，图像的质量就越好；分辨率用来度量位图图像内数据量的多少，分辨率越高，占用的硬盘空间越大，图像的质量越好；像素的颜色信息用若干二进制位来表示，这里的二进制位数称为图像的颜色深度（或图像深度）。常见的位图图像格式有 JPEG、GIF 等。

矢量图像也称矢量图形或向量式图形，用计算机指令来表示构成图像的基本元素。与位图图像相比，矢量图像文件较小，不易失真，但不易制作色调丰富或色彩变化太多的图像，绘制出来的图像不够逼真。常见的矢量图像格式有 WMF、SVG 等。

2.3　计算机系统

计算机诞生后，世界因为计算机而发生了巨大的变化，我们的生活也被计算机深深地影响着。计算机是由硬件系统和软件系统两部分组成的，就像是人类的躯体和灵魂。硬件系统是组成计算机系统的物理设备的总称，软件系统包括系统软件、应用软件等。

2.3.1　计算机硬件系统

自第一台计算机 ENIAC 诞生以来，计算机的外形、性能等不断更新，从笨重硕大到小巧易携带，从简单运算到模拟人类的逻辑思维。尽管计算机的发展变化迅速，但计算机硬件系统的基本结构仍属于冯・诺依曼结构，主要由运算器、控制器、存储器、输入输出设备构成。下面对这几部分进行详细介绍，最后还将介绍总线的相关知识。

1. 运算器

运算器又称算术逻辑单元，主要由累加器、状态寄存器、通用寄存器组等组成。运算器可以进行加、减、乘、除等算术运算和与、或、非等逻辑运算，处理的数据来自存储器，处理后的结果数据通常送回存储器，或暂时寄存在运算器中。

2. 控制器

人类大脑中的神经中枢，指挥和控制各器官有条不紊地协调工作。控制器作为计算机的指挥中心，就如同人类的神经中枢，它发出各种控制信号，协调和指挥整个计算机硬件系统的工作。控制器的具体工作过程：首先控制器从存储器中读取并分析一条指令，然后依据指令指挥各部分完成相应的操作，此条指令执行完毕后，接着读取下一条指令，不断重复上述步骤。

我们通常把运算器和控制器制作在一块芯片上，称为中央处理器（Central Processing Unit，CPU），如图 2-2 所示。CPU 的功能主要是解释计算机指令以及处理计算机软件中的数据。CPU 内部可分为控制单元、逻辑单元和存储单元。它的工作流程：获取第一条指令，控制器对该条指令进行分析，按照分析结果执行这条指令，比如执行逻辑运算或算术运算，最后把执行结果写入存储器中；不断重复上述步骤，直到接收到结束指令。

CPU 的工作流程大致可以分为获取指令、分析指令、执行指令和存储结果等步骤。前两步是由控制器完成的，后两步则由运算器完成。控制器获取并分析第一条指令时，运算器处于休息状态，在运算器接手工作之后，控制器则处于休息状态。为提高 CPU 的处理性能，借鉴工业生产广泛采用的流水线模式，即当运算器开始处理第一条指令时，控制器不休息，直接处理第二条指令；当把第二条指令交给运算器时，控制器处理第三条指令，以此类推，形成了流水线，最大限度地利用了 CPU 资源。

图 2-2　CPU

3. 存储器

存储器是计算机中存储各种信息的记忆装置。它可以实现“读”“写”操作，即存储器可以从输入设备或其他地方读取数据但不破坏或改变原来的数据，也可以覆盖之前保存的数据，记录新数据。按照存储器的作用和分工不同，可以将其分为内存储器和外存储器两大类。

（1）内存储器

内存储器简称内存，由许多存储单元构成，每个存储单元可以存放若干位二进制数据，为方便区分，我们按照一定的顺序对各个存储单元进行编号，这个编号称为地址码，简称地址。计算机存取数据时，必须知道存储单元的地址，之后才能对该地址对应的存储单元进行存取操作，这与我们找人类似，要知道目标人物的位置，才能找到他。计算机运算之前，输入设备把数据送入内存，运算时，内存会保存运算的中间结果和最终结果，以便和其他部件及时进行数据交换。因此，内存能够进行快速的存取操作是计算机拥有快速运算能力的关键。从内存储器的使用功能来看，可以分为随机存取存储器和只读存储器。

① 随机存取存储器（Random Access Memory，RAM）又称读写存储器，可以读出数据，也可以写入数据。由于随机存取存储器利用电路的状态表示信息，所以断电后，其存储的内容会立即消失，即具有易失性。目前，计算机大多采用动态随机存储器（Dynamic RAM，DRAM）作为主存。DRAM 的特点是集成度高、成本低，以电荷的形式将数据保存在电容器当中，通过周期性刷新电容器来保持数据。内存条就是利用动态随机存储器制作而成的，如图 2-3 所示。我们通常说的计算机内存就是指内存条的总容量，常见的内存条容量有 4GB、8GB、16GB 等。计算机工作时，CPU 会频繁地与内存储器进行数据交换，若 CPU 从 RAM 中读取数据信息，就暂时进入了等待状态，运行速度大大降低，计算机的性能也会受到影响。因此，为节省 CPU 资源，在 CPU 与主存之间设置了高速缓存。它采用静态随机存取存储器（Static RAM，SRAM）技术，速度与 CPU 相当，可以实现 CPU 在零等待状态下快速存取数据；它的工作原理是保存 CPU 最常用的数据，当 CPU 需要时可直接在缓存中提取，若缓存中没有 CPU 需要的数据，那么 CPU 访问主存获取数据。

图 2-3 内存条

② 只读存储器（Read Only Memory，ROM）利用内部电路的结构表示信息，因此，信息不会因断电而丢失。但它只能读出原有的信息内容，不能再写入新的内容，一般用来存放固定的程序和数据，这些程序和数据一般由计算机制造厂商一次性写入并进行固化处理。如计算机基本的输入/输出系统（Basic Input Output System，BIOS）就固化在 ROM 中，如图 2-4 所示，它不会因断电而丢失，系统启动时可被加载到 CPU 中。BIOS 芯片中保存着重要的输入/输出程序、系统自启动程序、系统自检程序以及系统信息的设置等。可擦除

可编程 ROM（Erasable Programmable ROM，EPROM）芯片可以重复写入，解决了 ROM 芯片只能写入一次的弊端，但 EPROM 芯片在写入资料后，为防止紫外线照射而使资料受损，必须用不透光的胶布封住。电可擦除可编程 ROM（Electrically Erasable Programmable ROM，EEPROM）解决了 EPROM 的不便，可以满足厂商便捷地升级 BIOS。

图 2-4　BIOS 芯片

（2）外存储器

在计算机系统中，除了上面介绍的内存储器，还有与之对应的外存储器，简称外存。由于它是主存储器的后备，因此也称为辅助存储器。一般情况下，外存储器用来存储一些近期不会使用的数据或文件，因此，对它的存取速度没有过高的要求。外存储器能长期保存信息，并且不依赖于电来保存信息，且价格与内存相比非常低廉。下面简单介绍 3 种外存储器。

① 硬盘。硬盘是由一个或多个磁性圆盘组成的，如图 2-5 所示，圆盘的两面分别称为 0 面和 1 面，各面都有一个读写磁头，且每个面上都有磁道，这些磁道呈同心圆状，规格不同，磁道数也不同，一般把磁道划分成对应圆心角相同的弧段，称为扇面，各扇面上磁道号相同的磁道合称为一个柱面。硬盘工作时，磁头在圆盘上做径向移动，找到相应的磁道。磁头是硬盘中最为昂贵的部件，为避免圆盘与磁头相互磨损，在圆盘高速旋转时，磁头是悬浮的，并不接触盘面。传统的磁头是读写合一的电磁感应式磁头，而硬盘的读取与写入是两种不同的操作，这种磁头兼顾了读写需求的同时也造成了设计上的遗憾。还有一种采用磁阻磁头（Magneto – Resistive Head，MR）技术制作而成的磁阻磁头，不同于传统的磁头，它采用分离式的磁头结构，写入磁头依旧采用传统的电磁感应，而读取磁头采用 MR 技术进行制作，这样使硬盘的读写性能得以优化。随着科技的发展，存储介质也发生了变化，根据存储使用的介质不同，硬盘可分为固态硬盘、机械硬盘和混合硬盘 3 类，固态硬盘采用闪存颗粒来存储信息，机械硬盘采用磁性碟片来存储信息，混合硬盘则是把磁性碟片和闪存颗粒集成在一起的一种硬盘。

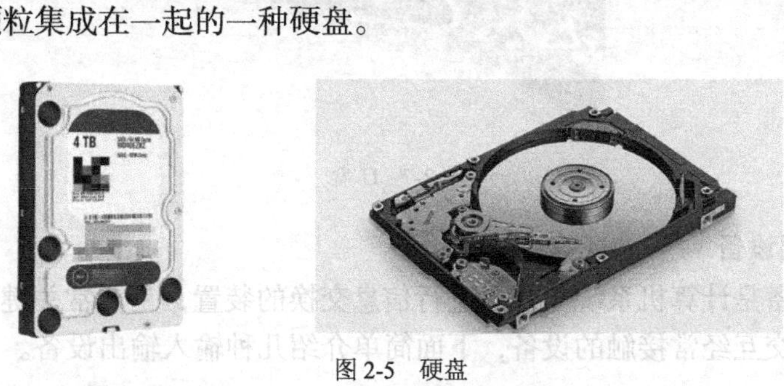

图 2-5　硬盘

② 光盘。光盘是利用激光来完成读取或写入操作的设备，如图 2-6 所示。根据是否可以写入，光盘可以分为两种：一种是不可擦写光盘，只能写入一次，写入的信息不能擦掉，如 CD-ROM、DVD-ROM 等；另一种是可擦写光盘，可以多次写入，能重复使用，如 CD-RW、DVD-RAM 等。常见的光盘读取技术有 3 种：一是恒定线速度（Constant Linear Velocity，CLV）读取方式，它保持数据传输速率不变，而随时改变旋转光盘的速度；二是恒定角速度（Constant Angular Velocity，CAV）读取方式，采用这种方式，光盘上的内沿数据比外沿数据传输速率要慢；三是区域恒定角速度（Partial CAV，PCAV）读取方式，它是融合了 CLV 和 CAV 的一种新技术，读取外沿数据时使用 CLV 技术，读取内沿数据时使用 CAV 技术，从而提高整体数据的传输速率。

图 2-6 光盘

③ U 盘。U 盘全称为 USB 闪存盘，如图 2-7 所示，是一种无须驱动器和外接电源的移动存储设备。通用串行总线（Universal Serial Bus，USB）是连接计算机系统与外部设备的一种标准，也是一种输入输出接口的技术规范，目前被广泛地应用于计算机和移动设备等信息通信产品。USB 3.1 是由英特尔等公司发起的最新的 USB 规范，数据传输速率可达 10Gbit/s，与 USB 3.0 技术相比，USB 3.1 技术使用了更高效的数据编码系统，并提供一倍以上的有效数据吞吐率。U 盘通过 USB 接口可与计算机连接，具有即插即用和热插拔功能，即带电插拔，允许用户在不关闭系统、不切断电源的情况下取出或插入 U 盘，从而提高系统的扩展性和灵活性。U 盘体型小巧便于携带，仅大拇指般大小且重量极轻，但是存储容量并不小且性能可靠，常见的 U 盘容量有 16GB、32GB、64GB、128GB、256GB 和 512GB 等。

图 2-7 U 盘

4. 输入输出设备

输入输出设备是计算机系统与外界进行信息交换的装置，是非常关键的外部设备，也是人们与计算机交互经常接触的设备，下面简单介绍几种输入输出设备。

（1）输入设备

输入设备是外界向计算机输入数据和信息的设备，是用户和计算机系统之间进行信息交换的主要装置之一，常用的输入设备有键盘、鼠标、触摸屏等。

① 键盘。键盘是常见的输入设备之一，由数字键、字母键、符号键、功能键和控制键等组成，如图 2-8 所示。每个按键都有它的唯一代码，当按下某个按键时，键盘接口会将该键的代码告诉计算机，因此，通过这些按键可以向计算机发出命令、输入数据或进行其他操作。如果输入字符的速度过快，主机来不及处理，那么会将输入的代码暂存在缓冲区，等待主机处理。

图 2-8　键盘

② 鼠标。鼠标是道格拉斯·恩格尔巴特发明的，因形似老鼠而取名为鼠标，是一种比较常见的计算机输入设备，主要通过按键和滚轮装置对屏幕上的元素进行操作，如图 2-9 所示。鼠标的出现使计算机操作更加便捷，用户不用再输入烦琐的指令，而只需轻轻一点便可实现相关操作。

图 2-9　鼠标

③ 触摸屏。触摸屏是一种比较新的计算机输入设备，又称为触控屏、触控面板，如图 2-10 所示。触摸屏主要由触摸检测部件和触摸屏控制器组成，触摸检测部件用于检测用户触摸的位置，并将其传送给触摸屏控制器；触摸屏控制器接收到触摸信息后会将它转换成触点坐标并传输给 CPU，同时触摸屏控制器也能执行 CPU 发来的命令。触摸屏可以替代按钮面板完成相应的操作，实现方便、简单的人机交互，这促使它被广泛应用于教育、通信等领域。

图 2-10　触摸屏

（2）输出设备

输出设备是将计算机的运算结果或者中间结果以人或其他设备可以接受的形式显示出来的设备的总称。常用的输出设备有显示器、打印机、投影仪等。

① 显示器。显示器是常见的输出设备之一，可以将一定的文件或数据显示在屏幕上，如图 2-11 所示。常见的显示器有阴极射线管（Cathode Ray Tube，CRT）显示器、液晶显示器（Liquid Crystal Display，LCD）和发光二极管（Light Emitting Diode，LED）显示器。不同的显示器拥有不同的优势，CRT 显示器具有色度均匀、色彩还原度高以及响应时间非常短等优势；LCD 显示器机身比较薄，具有占地小、辐射小等优势；LED 显示器具有色彩鲜艳、亮度高、工作稳定可靠、寿命长等优点。

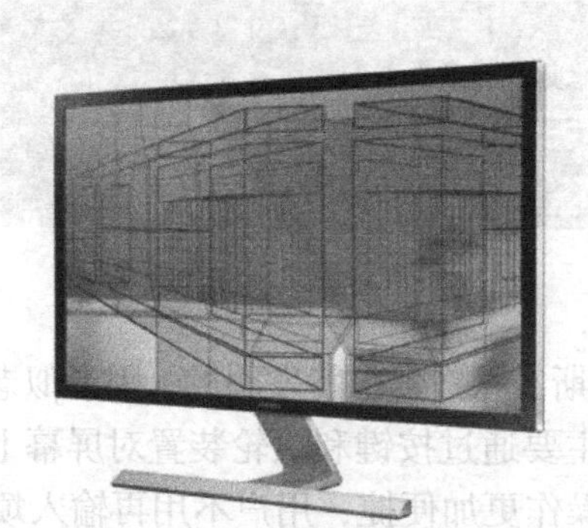

图 2-11 显示器

② 打印机。打印机是比较重要的输出设备之一，可将计算机处理的信息打印在相关介质上。我们通常把打印分辨率、打印速度和噪声作为衡量打印机好坏的指标。根据工作方式不同，可将打印机分为针式打印机、喷墨式打印机、激光打印机等。针式打印机是通过打印头中的 24 根针击打纸张，从而形成字体，它可以实现多联纸一次性打印；喷墨式打印机通过喷嘴将油墨变成细小微粒，这些微粒在纸上形成字符或图像，目前大多数喷墨式打印机都可以进行彩色打印；激光打印机主要利用激光扫描技术和电子照相技术来完成打印，具有打印速度快、成像质量高等优点。图 2-12 从左到右分别为针式打印机、喷墨打印机、激光打印机。

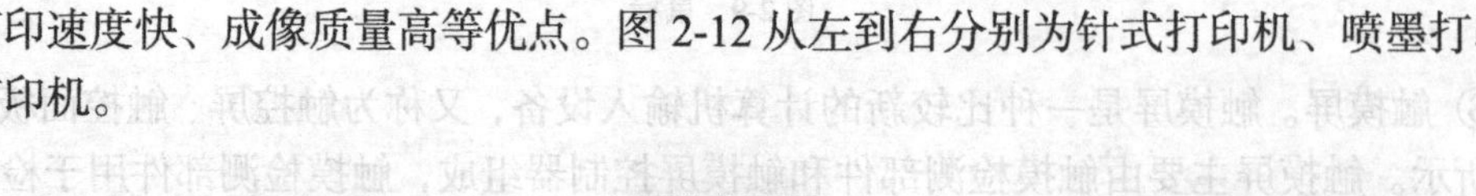

图 2-12 针式打印机、喷墨打印机、激光打印机

③ 投影仪。投影仪是一种可以将图像或视频放大并投射到幕布上的光学仪器，如图 2-13 所示，它利用光线照射到图像显示元件来产生影像，之后再用镜头实现投影。目前，投影仪被广泛应用于家庭、办公室、学校及娱乐场所等。

图 2-13　投影仪

5. 总线

总线能为多个部件的通信服务，主机的各个部件通过总线相连接，外部设备通过相应的接口可以与总线连接，这简化了系统结构，使各部件之间复杂的关系变成了各部件面向总线的单一关系。按照传送的信息种类不同，计算机总线可以分为数据总线、地址总线和控制总线。数据总线用于传送数据信息，它可以在 CPU 和存储器或输入输出接口等部件之间双向传输数据，常见的数据总线有 ISA、EISA、VESA、PCI 等。地址总线是专门用来传送地址的，它的位宽决定了 CPU 可直接寻址的内存空间大小。与数据总线不同，地址总线是单向的，只能从 CPU 传向外部存储器或输入输出接口。控制总线用来传送控制信号，信号的传送方向由具体的控制信号决定，可以由 CPU 传向其他部件，也可由其他部件传向 CPU。

总线常用的性能指标有总线的带宽、总线的位宽和总线的工作频率。总线的带宽是指单位时间内可以传输的数据量，即人们常说的每秒传送多少字节的最大稳态数据传输速率；总线的位宽是指总线上可同时传输的二进制数据位数；总线的工作频率是指单位时间内总线上传输了多少次数据，它以 MHz 为单位。总线的带宽、位宽、工作频率关系密切，我们可以把总线比作高速公路，那么总线的带宽、位宽和工作频率就是高速公路的车流量、车道数和车辆行驶速度，当车道数越多、车辆行驶速度越快时，那么单位时间内的车流量就越大，同样，总线的位宽越宽、工作频率越高，总线的带宽就越大。

2.3.2　计算机软件系统

计算机的软件系统是指计算机运行的各种程序、数据等，它拥有友好的界面并且可以满足用户的各种需求。计算机软件系统通常被分为系统软件和应用软件两大类。

1. 系统软件

系统软件一般是在购买计算机时携带的，也可以另行安装，它是担负控制计算机运行、协调计算机与外部设备工作、支持应用软件开发等的一类软件。系统软件一般包括操作系统、语言处理程序、数据库管理系统和常用服务程序等。

（1）操作系统

操作系统（Operating System，OS）是管理计算机软硬件的计算机程序，它是裸机上最基本的系统软件，计算机上所有软件的运行都需要操作系统的支持。计算机能够有条不紊地完成各种指令、操作，与操作系统协调、管理计算机软硬件密切相关。操作系统的分类没有单一的标准，按照其工作方式可以分为批处理操作系统、分时操作系统、实时操作系统、网络操作系统和分布式操作系统等；按照其运行的环境，可以分为桌面操作系统、嵌入式操作系统等。常见的操作系统有 Windows、UNIX、Linux、Android、macOS 与 iOS 等。操作系统具有处理器管理、内存管理、设备管理和文件管理等功能，处理器管理主要负责处理器的调度、分派和回收等工作，处理器的资源有限，当计算机并发执行多个程序时，处理器就要调度这些程序有序地使用处理器资源；内存管理主要负责内存的分配和回收等工作；设备管理主要负责分配、读写外围设备等工作，各种外围设备之间存在较大的差异，设备管理则尽可能地为用户或程序提供一致的设备控制方式；文件管理是对系统中的文件进行存储、保护、访问等操作。

（2）语言处理程序

计算机只能直接识别和执行机器语言，因此需要为计算机配备语言处理程序。语言处理程序一般包括汇编程序、编译程序、解释程序等。汇编程序输入和输出的分别是用汇编语言书写的源程序和用机器语言表示的目标程序，汇编语言是一种面向机器的语言，且汇编出的程序占用内存较少；编译程序也称为编译器，可以把高级程序设计语言书写的源程序翻译成等价的机器语言格式的目标程序；解释程序在语义分析等方面与编译程序基本相同，但运行程序时，它直接执行源程序，不产生目标程序。

（3）数据库管理系统

数据库管理系统（Data Base Management System，DBMS）是一种管理和操纵数据库的大型软件，具有建立、使用和维护数据库的功能，它可以同时满足多个应用程序或用户的需求，如用不同的方法建立、修改和询问数据库等。依据数据模型的不同，数据库管理系统可以分为层次型、网状型和关系型 3 种类型。常用的数据库管理系统有 SQL Server、Oracle、Access、DB2 等。

（4）常用服务程序

常用服务程序是指方便用户对计算机进行管理和使用的工具性程序，常用的服务程序有卸载程序、测试诊断程序、编辑程序、文件压缩程序等。

2. 应用软件

应用软件是为满足不同领域的用户、解决不同的问题而提供的软件，它涉及的领域、内容比较广泛。常用的应用软件有文字处理软件、电子表格软件、计算机辅助设计软件、图形图像处理软件、网站制作软件和网络通信软件等。文字处理软件用来编辑各类文本，如 Word、WPS 等；电子表格软件具有统计表格、绘制图表等功能，如 Excel、Multiplan 等；计算机辅助设计软件用于建立图形、输出图形、对图形进行各种处理等，如 AutoCAD、3ds Max 等；图形图像处理软件被广泛应用于广告制作、平面设计、影视后期制作等领域，如 Photoshop、美图秀秀等；网站制作软件是用于制作 Web 页面的工具软件，如 FrontPage、Dreamweaver 等；网络通信软件用于用户间的交流沟通、传输文件等，如微信、QQ 等。

2.3.3 计算机系统的发展趋势

随着科技的快速发展，计算机的性能越来越优越，应用领域也越来越广泛，更新升级的速度更是迅猛，目前，计算机正朝着巨型化、微型化、网络化、智能化的方向发展。

1. 巨型化

巨型化是指速度迅猛、存储量巨大和功能超强的巨型计算机，主要应用于天文、气象、地质、航天飞机和卫星轨道计算等尖端科学技术领域。巨型计算机对国家安全、经济和社会发展具有十分重要的意义，它的技术水平是衡量一个国家科技发展水平和综合国力的重要标志。

2. 微型化

微型化是计算机发展的重要方向，近 10 年来，微型计算机的发展可谓日新月异。微型化是指利用微电子技术和超大规模集成电路技术进一步提高集成度，把计算机的体积进一步缩小，质量进一步提升，价格进一步降低。各种品牌的适应普通大众需要的笔记本电脑、平板电脑和智能手机等，可以看作计算机微型化的标志。

3. 网络化

从单机走向网络可以说是计算机发展的必然结果，网络化就是把相互独立的计算机用通信线路连接在一起，进一步扩大计算机的使用范围，实现计算资源、存储资源、数据资源、信息资源等全面共享，使计算机的宝贵资源可以被充分利用，同时为用户提供灵活、智能、可靠、方便的服务。

4. 智能化

智能化是指计算机可以模拟人的感觉和思维过程，具有解决问题和逻辑推理的能力，人类可以用文字、声音、图像等与计算机进行自然对话。智能化的研究包括物形分析、自然语言的生成和理解、博弈、自动程序设计、专家系统、学习系统等。智能化使计算机突破了“计算”的原始含义，改变了人们生活、学习、工作的方式，未来计算机的智能化程度一定会不断提高。

本章小结与知识延伸

本章详细介绍了计算机的基础知识，包括计算机中的数制及其转换、计算机中信息的编码、计算机系统这 3 部分内容。本章首先介绍了二进制、八进制、十进制、十六进制的基本概念以及不同进制间相互转换的方法；其次介绍了计算机中数值数据的计算机数值表示方法和常见的原码、反码、补码 3 种编码方式，以及非数值数据中西文字符、汉字、声音、图像等的编码方式；最后着重介绍了计算机硬件系统、软件系统以及计算机系统的发展趋势，其中计算机硬件系统主要由运算器、控制器、存储器、输入输出设备构成，计算机软件系统包括操作系统、语言管理程序、数据库管理系统、常用服务程序等系统软件以及文字处理软件、电子表格软件、计算机辅助设计软件、图形图像处理软件、网站制作软件、网络通信软件等适用于不同领域、解决不同问题的应用软件，同时计算机系统朝着巨型化、微型化、网络化、智能化方向加速发展，全方位地渗透到人们生活的各个方面，影响着人们生活、学习和工作的各个领域。

进位制是人类计数史上最伟大的创造之一。我国古代人民很早就开始使用十进制的计数方法，其数字符号有一、二、三、四、五、六、七、八、九、十、百、千、万、亿、兆等。此外，还有与我国传统思想、文化和生活具有密切关系的符号体系——天干、地支和八卦。八卦或许是最古老和神秘的符号，是我国所独有的一种符号体系，是我国古代人们记录卜筮结果的符号。其基本结构成分是形似卜筮工具蓍草的“爻”，一个爻有“阳”和“阴”两种形态，3 个爻放在一起就组成一个“卦”，所以总共有 2^3=8 种卦，称为八卦。八卦出现时还没有文字，因此起初卦没有名称。文字出现以后，为了便于使用，人们又补上了卦名：乾、兑、离、震、巽、坎、艮、坤。把八卦两两重叠就组成了六十四卦。流传至今的《周易》就是一部专门解释六十四卦的古书，它是由孔子和他的弟子整理而成的。而二进制数由 1 和 0 排列而成，与十进制数一样，它也能表示任何整数。若把阳爻当作“1”，把阴爻当作“0”，八卦则可与 3 位二进制数相对应，而六十四卦则可与 6 位二进制数相对应。1679 年，德国哲学家、数学家莱布尼茨写了一篇文章——《二进制算术》，对二进制及其运算首次给出了比较完整的描述。后来，他拜访一位曾经到过我国的欧洲传教士，了解了我国的周易八卦，他对其与二进制数的相似之处极为惊叹。八卦是利用符号的二元形态来表示事物的，这一点与二进制颇为相同，因此说八卦是我国古代人民提出的二进制思想。

第3章 操作系统

学习目标

1. 了解操作系统的发展。
2. 熟悉常用的操作系统。
3. 了解操作系统的功能组成。
4. 掌握操作系统的使用方法。

思维导图

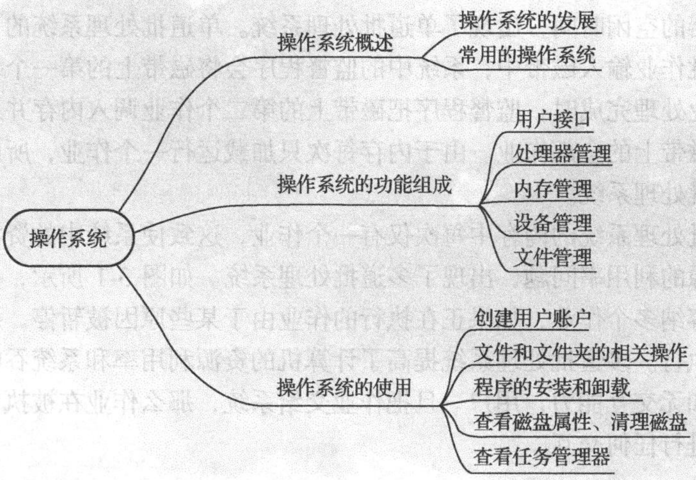

本章导读

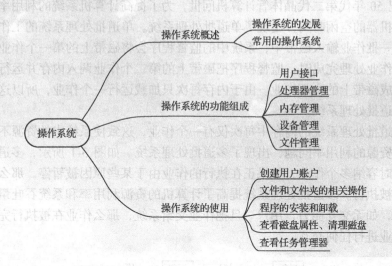

操作系统是计算机系统的内核与基石，管理着计算机的硬件资源与软件资源。操作系统的主要设计目标就是方便用户使用、管理计算机中的各种资源。目前，操作系统的类型多种多样，分别适用于不同的硬件环境。本章主要介绍操作系统的基础知识、功能组成以及使用方法等内容。

3.1 操作系统概述

操作系统是计算机系统中最重要的软件系统，由于计算机拥有繁多的硬件资源和软件资源且要同时运行不同的程序，若由用户来管理这些资源，可能会阻碍计算机的普及，因此，计算机中需要有一个可以帮助用户管理各种资源的特权软件，在计算机系统中扮演管家的角色，这个管家就是操作系统，它主要负责管理计算机中的硬件和软件资源。

3.1.1 操作系统的发展

纵观计算机的发展历史，操作系统伴随计算机硬件系统经历了从无到有、从简到繁的发展过程。起初，操作系统只提供简单的工作排序服务，后因硬件设施不断更新，而渐渐发生演化。发展至今，操作系统已种类繁多，可以满足不同硬件环境的需求。

1. 20 世纪 50 年代

将作业按照一定的特点进行分批，之后成批地提交给计算机系统，由计算机处理这一批作业并输出结果，这样的操作称为批处理。批处理可以有效减少作业建立和结束过程中的时间浪费。按照内存中可以存放、处理的作业数，批处理系统可以分为单道批处理系统和多道批处理系统。

20 世纪 50 年代第二代晶体管计算机问世，为了提高计算机系统的利用率，使其连续运行以减少机器的空闲时间，出现了单道批处理系统。单道批处理系统的工作方式是计算机操作员把一批作业输入磁带中，系统中的监督程序会将磁带上的第一个作业装入内存并运行，当该作业处理完成时，监督程序把磁带上的第二个作业调入内存并运行，重复上述步骤直至完成磁带上的全部作业。由于内存每次只加载运行一个作业，所以这种批处理系统被称作单道批处理系统。

由于单道批处理系统的内存中每次仅有一个作业，这致使系统中的资源不能被充分利用，为解决资源的利用率问题，出现了多道批处理系统。如图 3-1 所示，多道批处理系统的内存可同时容纳多个作业，如果正在执行的作业由于某些原因被暂停，那么内存中的另一个作业会被执行。多道批处理系统提高了计算机的资源利用率和系统吞吐量，但也存在一定的局限，如无交互能力，用户一旦把作业交给系统，那么作业在被执行完成之前，用户不能对作业进行任何交互。

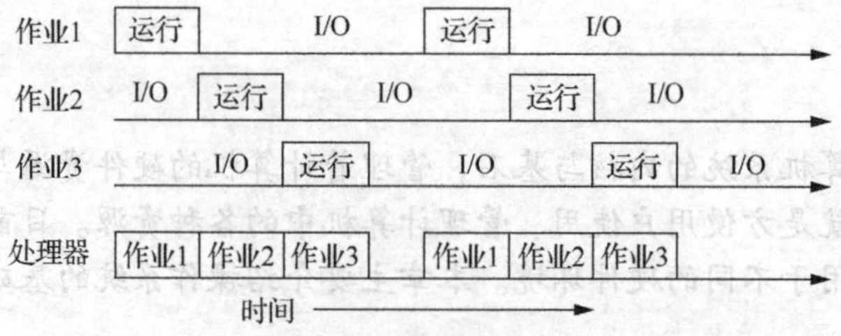

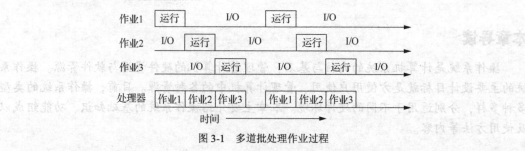

图 3-1 多道批处理作业过程

2. 20 世纪 60 年代

随着计算机硬件系统的性能不断提高，20 世纪 60 年代出现了分时系统，即一台主机上连接多个终端，允许多个用户共享主机资源，内存中也可同时装入多个作业。分时系统的工作方式是将 CPU 的时间划分成若干个时间片，当连接主机的多个用户终端提出请求时，系统采用时间片轮转的方式处理用户请求，并通过交互方式向用户显示运行结果。若作业在划分的时间片内无法执行完成，那么处理器会暂停执行该作业并开始执行下一个作业，未执行完成的作业会在下一轮继续执行。

实时系统是指系统能及时响应外部事件的请求，在一定时间范围内处理好该事件，并控制协调所有实时任务的运行。实时系统在生活中比较常见，主要包括实时信息处理系统和实时过程处理系统，我们常用的订票系统、银行事务处理系统都是实时信息处理系统，这类系统在保密性、安全性等方面的要求较高；航天控制、交通控制、工业生产自动控制等系统都是实时过程处理系统，这类系统对安全性、可靠性等方面的要求极高。

3. 20 世纪 80 年代

20 世纪 80 年代家用计算机开始普及，之后用户不同的需求使操作系统更加多样化，同时操作系统的能力也越来越强大，出现了个人计算机操作系统、嵌入式操作系统和分布式操作系统等。个人计算机操作系统伴随个人计算机的出现而诞生，这类操作系统给用户提供了较多的支持和较方便的使用接口。嵌入式操作系统是用于嵌入式智能芯片的操作系统，它的用途十分广泛，具有系统内核小、专用性强、系统精简、高实时性等特点。分布式操作系统主要负责管理分布式系统资源处理和控制分布式程序运行，它通过网络将计算机连接在一起以实现对分散资源的管理等，因此，分布式操作系统具有极高的运算能力。

3.1.2　常用的操作系统

1. DOS

磁盘操作系统（Disk Operation System，DOS）是由微软公司开发的单用户单任务操作系统，部分 Windows 系统是以 DOS 为基础开发的，如 Windows 95、Windows 98 和 Windows Me 等。之后 DOS 的概念包含了与 MS-DOS 兼容的系统，如 PC-DOS、DR-DOS。目前随着开放源代码的兴起，越来越多的爱好者和程序员参与到 DOS 软件的设计和开发当中，这使 DOS 软件的功能更加强大。

2. UNIX

1969 年美国 AT&T 公司贝尔实验室的工作人员研发了 UNIX，起初研发者只是对 UNIX 比较感兴趣，关于 UNIX 的第一篇文章发表后，引起了学术界的广泛关注，各个大学、公司开始尝试基于 UNIX 源码进行各种改进和拓展，UNIX 逐渐开始流行。20 世纪 70 年代，AT&T 公司注意到了 UNIX 的商业价值，便开始采取一些手段来保护 UNIX。UNIX 属于支持多用户、多任务的分时操作系统，具有易读、易修改、易移植且安全性、保密性和可维护性较高的特点。只有符合单一 UNIX 规范的 UNIX 系统才可以称为 UNIX，否则只能称为类 UNIX。

3. Linux

Linux 属于类 UNIX 操作系统，是由林纳斯·托瓦兹及其团队开发完成的。Linux 拥有图形界面和字符界面，支持多用户、多任务，保证各用户之间互不影响且多个程序可同时独立运行。Linux 可以在多种硬件平台上运行，如手机、平板电脑、台式计算机、大型机和超级计算机。

4. Windows

Windows 系统问世于 1985 年，是由微软公司研发的基于图形用户界面的操作系统，相比于 DOS 操作系统，它的操作方式更具人性化，深受大众喜爱，这使其很快成为个人计算机上使用比较广泛的操作系统。目前个人计算机上所使用的操作系统主要包括 Windows 7、Windows 8、Windows 8.1、Windows 10，服务器上主要安装的是 Windows Server 2003、Windows Server 2008、Windows Server 2012。微软公司也开发了用于嵌入式设备的 Windows CE 和用于智能手机的 Windows Phone，图 3-2 所示是 Windows Phone 的界面。

图 3-2 Windows Phone 的界面

5. macOS 与 iOS

macOS 是首个在商用领域获得成功的图形用户界面操作系统，突出了形象的图标和人机对话，它运行于苹果计算机上。

iOS 是苹果公司开发的移动操作系统，属于类 UNIX 操作系统，最初是设计给 iPhone 使用的，后来陆续应用到了 iPod touch、iPad 以及 Apple TV 等产品上。

6. Android

Android 是基于 Linux 的操作系统，最初是由安迪 · 鲁宾（Andy Rubin）开发的，主要用于手机。随后谷歌公司收购注资，继续开发此系统，并公布了 Android 的源代码。随着程序员的不断开发更新，Android 逐渐扩展到了其他领域上。2011 年 Android 在全球的市场份额首次跃居全球第一，目前 Android 是基于 Linux 移动平台的主流操作系统。

3.2 操作系统的功能组成

操作系统是一个非常复杂的系统，负责管理计算机的硬件资源和软件资源，用户通过操作系统可以方便地使用这些资源。操作系统主要具有用户接口、处理器管理、内存管理、设备管理和文件管理 5 大功能。

3.2.1 用户接口

用户接口（User Interface，UI）是系统和用户之间进行交互的手段，操作系统管理着计算机系统的各种硬件资源和软件资源，用户想要使用计算机的各种资源就必须有一个供用户使用资源的接口，即用户接口。用户接口接受用户请求后，将其解释给操作系统，操作系统按照请求执行相关操作，这样用户就使用了计算机资源，获得了操作系统提供的相关服务。这方便了用户与操作系统之间的双向交互。用户接口一般包括命令接口、程序接口、图形接口 3 种，最初的操作系统使用命令接口，现在的操作系统大多使用图形接口。命令接口是由用户输入命令，后台执行完成命令后将结果呈现在前台界面上；图形接口采用易于识别的各种图标来表示系统的各项功能、应用程序和文件等，用户无须输入命令，仅利用鼠标就可以完成部分操作。对比命令接口与图形接口，命令接口资源利用率高、作业运行效率高，但容易出错；图形接口使用起来方便、直观、生动，但实现的代码规模大，对内外存容量、CPU 速度和显示器要求较高。图 3-3 和图 3-4 所示分别为命令接口和图形接口。

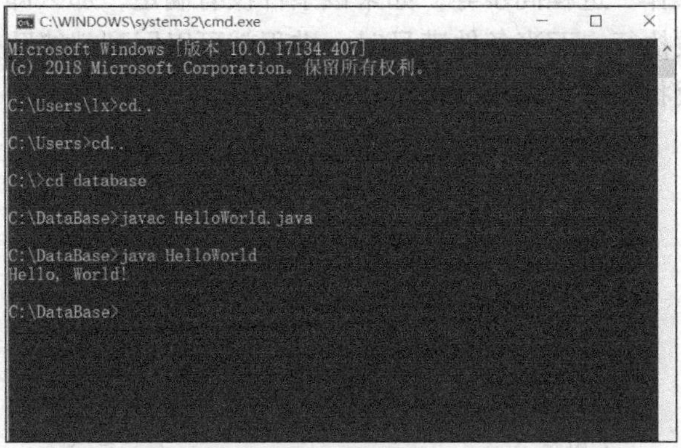

图 3-3 命令接口

图 3-4 图形接口

3.2.2 处理器管理

处理器管理主要负责处理器的调度、分派、回收等工作。最初计算机在一段时间内只能运行一个程序，而现在计算机可以支持多个程序并发执行，这就需要处理器调度这些程序有序地使用处理器资源。了解进程、线程以及调度的含义和工作原理才能更好地理解处理器管理的过程。

1. 进程

程序是对代码和数据的描述，而进程从广义上来看是一个程序关于某个数据集合的一次运行，从狭义上来看是正在运行的程序。操作系统引入进程就是为了有效管理计算机中运行的程序。程序是静态的，可以把它看作一种长期存在的软件，同一程序可以对应多个进程，即一个程序可以同时在多个数据集合上运行；进程是动态的，具有一定的生命周期，能更真实地描述并发。

系统执行一个程序就要先创建对应的进程，由于进程执行时存在一定的间断，因此进程存在 3 种状态，即就绪状态、运行状态和阻塞状态。就绪状态是指除了处理器资源，进程所需的其他资源都已准备就绪，只要按照系统的调度策略分配处理器，进程就可以马上执行；运行状态是指进程占用了处理器，正在执行过程中；阻塞状态是指进程等待某个条件的发生，如 I/O 操作、进程同步等，如果该条件没有满足，那么即使分配给进程处理器资源，进程也无法被执行，而当条件满足时，进程就可以回到就绪队列等待被执行。进程的 3 个基本状态以及状态之间的相互转化如图 3-5 所示。

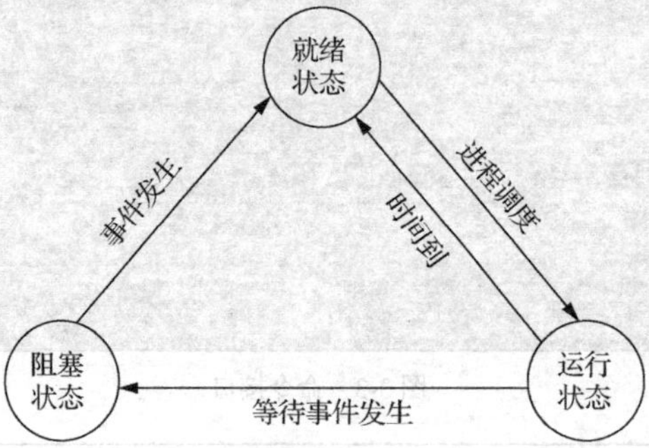

图 3-5 进程状态及相互转化

2. 线程

线程是进程中的实际运作单位，在线程的生命周期内，存在新线程状态、可运行状态、阻塞状态和死亡状态共 4 种状态。一个进程可以并发多个线程，每个线程都是进程中的一个单一顺序控制流，且与其他线程执行的任务不同。图 3-6 是某时刻“Windows 任务管理器”窗口中显示的进程和线程的相关信息，从图中可以看到，此时的“任务管理器”进程包含 24 个线程，“金山 PDF”进程包含 18 个线程。

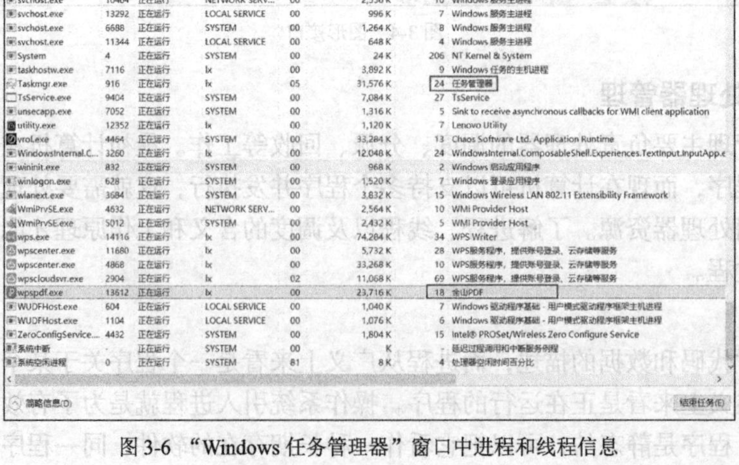

图 3-6 “Windows 任务管理器”窗口中进程和线程信息

3. 调度

调度的实质是一种资源分配。当进程数目小于处理机数目时，每个进程都能分配到处理器资源，但实际情况是进程数目往往大于处理机数目，那么选择将处理器资源分配给哪个进程就需要依据调度策略，处理器的调度策略大概可以分为先来先服务策略、时间片轮转策略和最高优先级策略3种。先来先服务策略是按照进程进入就绪队列的先后次序分配处理器，一个进程一旦被调度，就会一直执行下去，直到执行完毕或阻塞才释放处理器资源。时间片轮转策略是按照一定的时间间隔把处理器资源分配给就绪队列中的进程，使每个进程都可以被执行一个时间片，所有进程轮流占用处理器资源。最高优先级策略是指具有最高优先级的进程会优先得到处理器资源，若新进入就绪队列的进程的优先级高于正在运行的进程，那么系统会强行剥夺正在运行进程的处理器资源，并将处理器资源分配给具有更高优先级的进程使用。在实际生活中，调度策略往往是综合使用的，这样可以使整体的组织安排更合适、更优化。

3.2.3 内存管理

内存管理的主要目的是快速高效地分配内存资源，并在恰当的时候释放和回收内存资源。内存管理对于多任务系统是非常重要的，因为在同一时刻多任务系统中可能运行多个应用程序，它们共享内存，如果存在一些原因使某个应用程序需要更多的内存时，系统可能会改变其他应用程序所分配的内存。计算机的内存空间有限，但用户的需求需要系统同时运行更多更大的程序，虚拟内存管理的出现缓和了用户需求与系统性能之间的矛盾。

虚拟存储技术就是将内存空间和外存空间结合成一个远大于实际内存空间的虚拟存储空间。虚拟存储空间的工作原理是将内存划分为大小相同的若干块，称为页帧；同样将进程划分为大小相同的块，称为页。进程运行时需要用到的页会被调入内存，暂时不用的就保存在外存中，需要时可调入内存；同样内存中暂时用不到的页会被调出内存，存放到外存中。这样就为用户提供了一个远大于实际内存空间的虚拟内存。图3-7是虚拟内存管理的示意图。

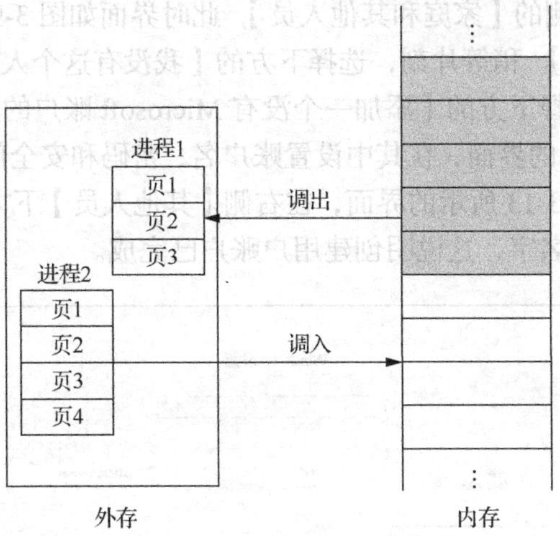

图3-7 虚拟内存管理示意图

3.2.4 设备管理

设备管理的主要职责是分配、控制、读写外围设备等。外围设备是计算机系统中的重要组成部分，包括输入设备、输出设备、外存储器等，可以传输、存储数据和信息。外围设备扩充了计算机系统，但外围设备种类繁多，且性能方面存在较大的差异，控制也较为复杂，这不利于操作系统充分利用各种设备资源，不便于用户对设备的控制和访问。设备管理可以较好地缓和上述问题，它可以完成外围设备的分配、读写等工作以及缓冲区管理工作等，如外围设备的读写速度较慢，设备管理会将数据提前读到内存并延迟写回设备。

3.2.5 文件管理

文件的范畴很广，公文书信、各种软件都可以称为文件。计算机文件也是文件的一种，它以计算机硬盘为载体，集合了已命名的相关信息，可以是文本、音乐、图片、视频等。文件名是操作系统进行存取文件的依据，不同的操作系统有不同的文件命名规则，一般情况下文件名中都含有扩展名，通过扩展名可以识别不同的文件格式。用扩展名来辨别文件格式的方式使用在 CP/M 操作系统中，后来 DOS 操作系统和 Windows 操作系统都采用了这一方式。

文件管理是操作系统的 5 大职能之一，通过对各种文件进行管理，可以实现文件的存储、访问、操作、共享、保存等功能。操作系统采用目录系统管理文件，这类似书籍的目录，可以方便用户查找和操作文件。

3.3 操作系统的使用

操作系统本身也是程序，需要被加载到内存中才可以被运行。此处以 Windows 10（以下简称 Windows）为例，讲解操作系统的界面和使用方法。

3.3.1 创建用户账户

计算机开机进入操作系统需要一系列的准备工作。系统成功引导后，一般会进入登录界面或 Windows 桌面。Windows 操作系统允许多个用户使用同一台计算机。在登录界面，使用者需要输入账户和密码，登录成功后，即可进入 Windows 桌面。

创建用户账户时，首先通过【开始】菜单打开“Windows 设置”界面，选择【账户】，如图 3-8 所示。单击左侧的【家庭和其他人员】，此时界面如图 3-9 所示，在右侧选择【将其他人添加到这台电脑】。稍等片刻，选择下方的【我没有这个人的登录信息】，如图 3-10 所示。再稍等片刻，选择下方的【添加一个没有 Microsoft 账户的用户】，如图 3-11 所示。此时会出现图 3-12 所示的界面，在其中设置账户名、密码和安全问题，单击【下一步】按钮即可。之后会出现图 3-13 所示的界面，在右侧【其他人员】下方会出现一个新用户，用户名为之前自己设置的名字，这说明创建用户账户已完成。

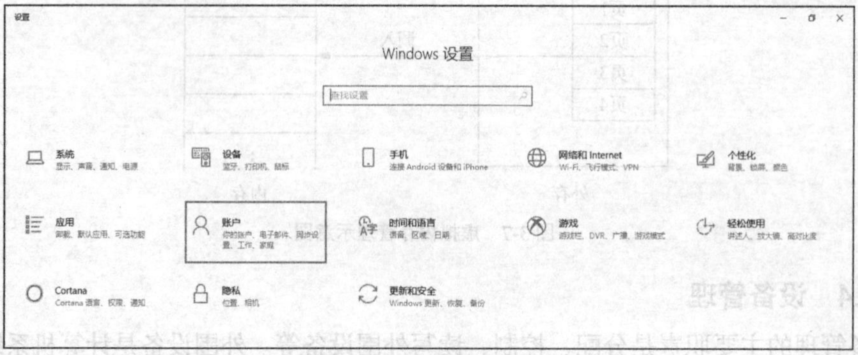

图 3-8 “Windows 设置”界面

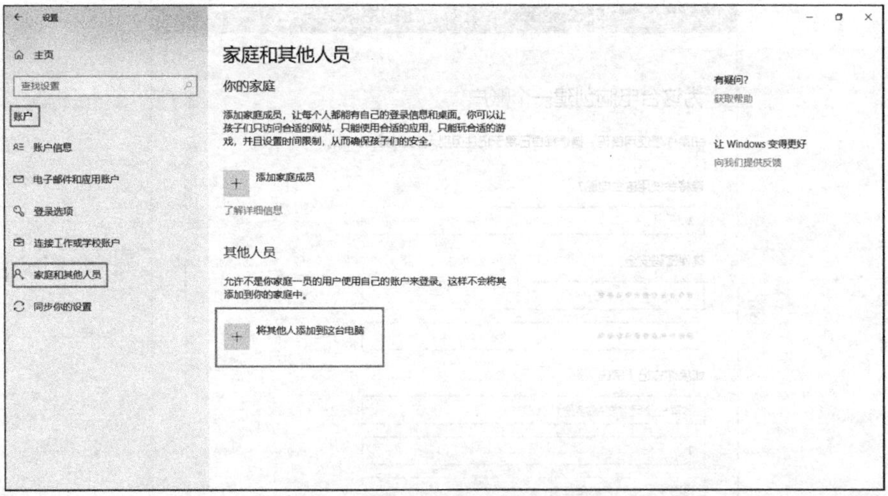

图 3-9　选择【家庭或其他人员】

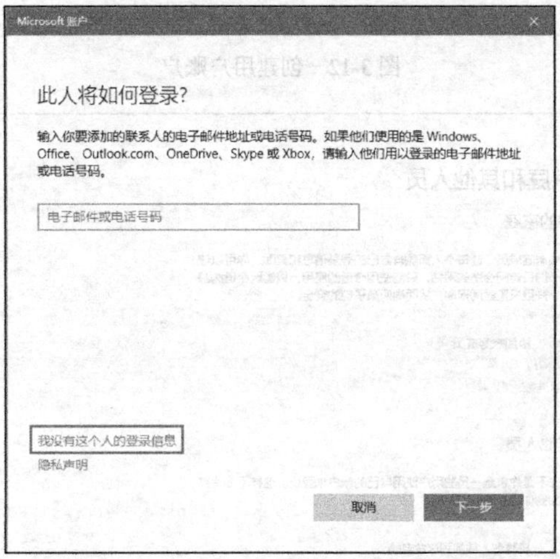

图 3-10　选择【我没有这个人的登录信息】

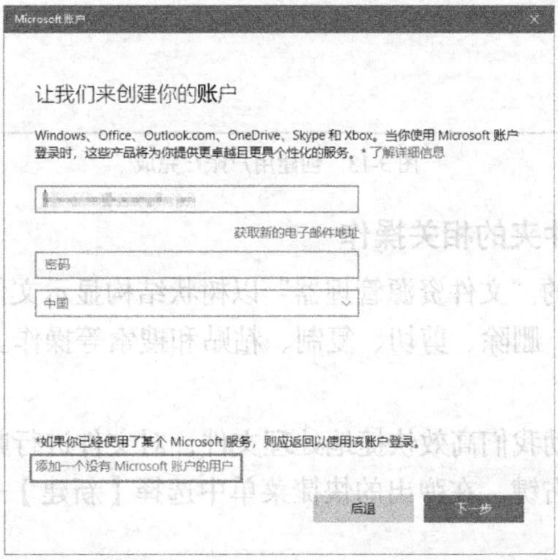

图 3-11　选择【添加一个没有 Microsoft 账户的用户】

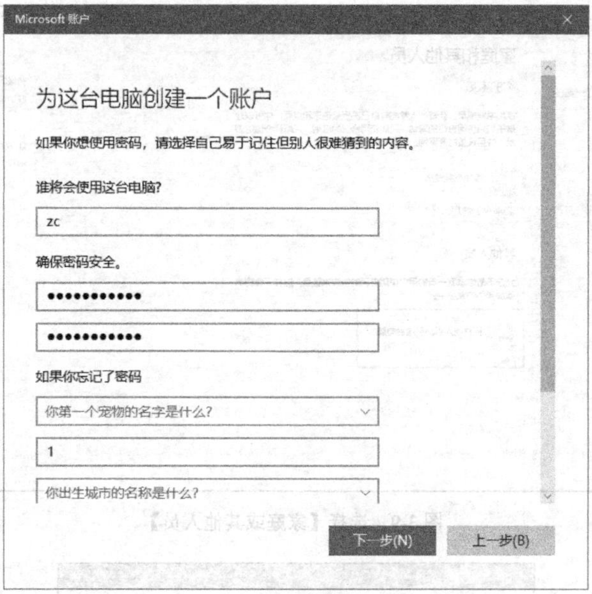

图 3-12　创建用户账户

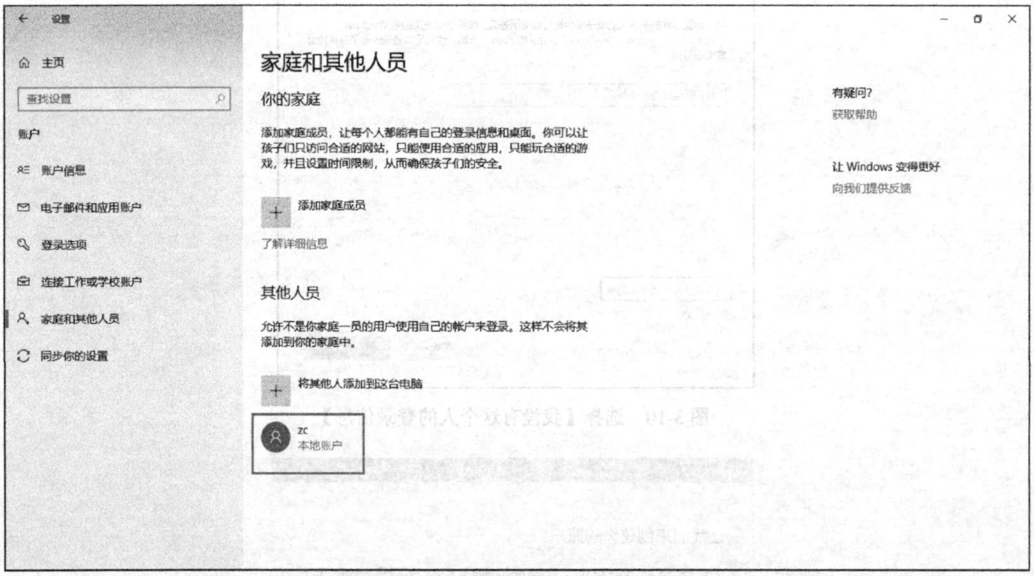

图 3-13　创建用户账户完成

3.3.2　文件和文件夹的相关操作

Windows 操作系统的“文件资源管理器”以树状结构显示文件，用户可以查看磁盘，对文件进行创建、命名、删除、剪切、复制、粘贴和搜索等操作。

1. 新建文件夹

使用文件夹可以帮助我们高效快捷地处理文件，对文件进行归类，如需新建文件夹，可以在空白处单击鼠标右键，在弹出的快捷菜单中选择【新建】→【文件夹】，如图 3-14 所示。

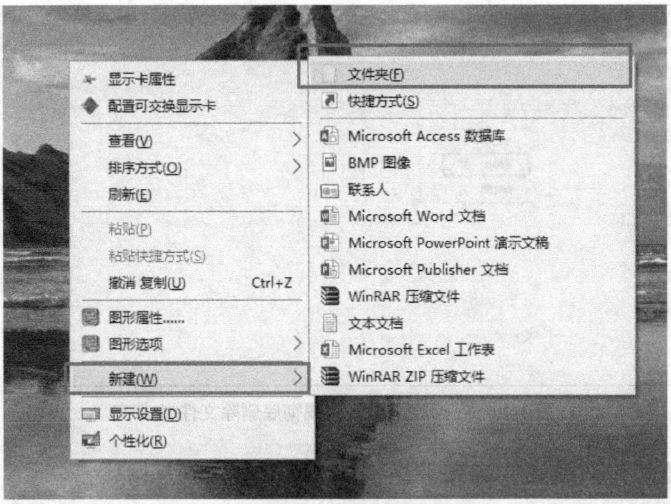

图 3-14 新建文件夹

2. 删除文件或文件夹

当不需要某文件或文件夹时，可以进行删除操作，选中需要删除的文件或文件夹，单击鼠标右键，在弹出的快捷菜单中选择【删除】即可，如图 3-15 所示。被删除的文件或文件夹会暂时存放在回收站中，如果需要恢复被删除的文件或文件夹，可以进入回收站进行还原操作；如若确定此文件或文件夹不再需要，则可以在回收站中将其彻底删除，如图 3-16 所示。

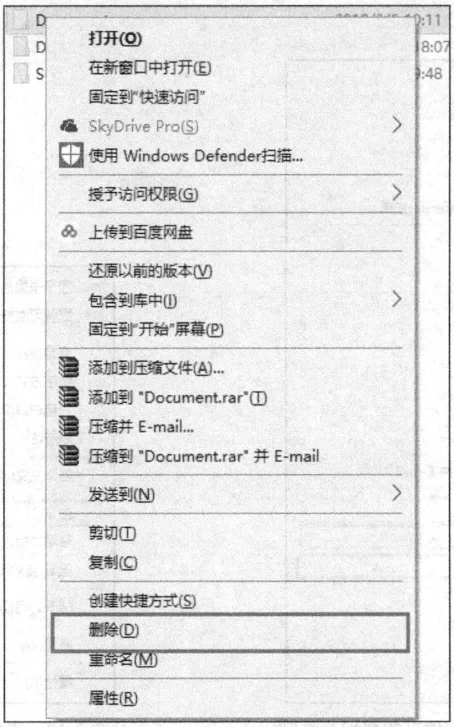

图 3-15 删除文件/文件夹

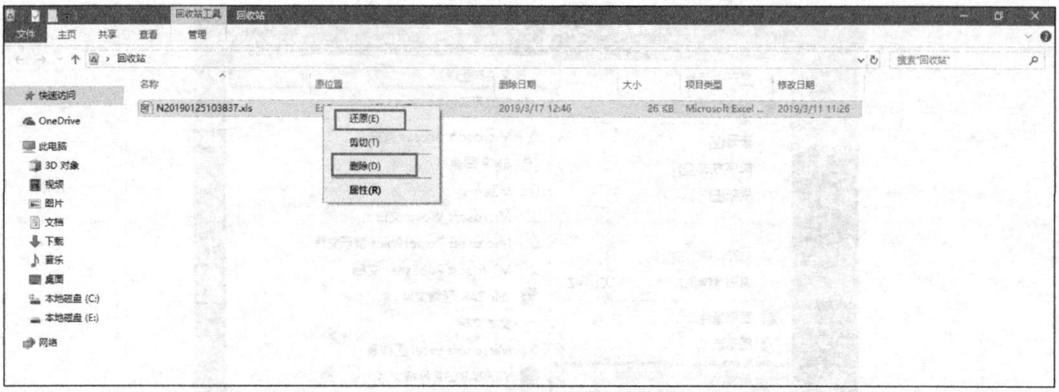

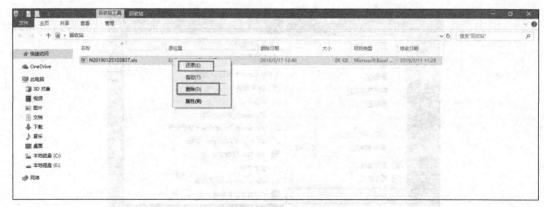

图 3-16 在回收站中还原或彻底删除文件/文件夹

3. 剪切、复制和粘贴文件或文件夹

剪切、复制和粘贴操作可以改变文件或文件夹的存放位置。剪切文件/文件夹时，需要选中该文件/文件夹，单击鼠标右键，在弹出的快捷菜单中选择【剪切】，或选中该文件/文件夹后，按组合键“Ctrl+X”，也可完成剪切；复制与剪切的步骤相似，选中该文件/文件夹，单击鼠标右键，在弹出的快捷菜单中选择【复制】，或选中该文件/文件夹后，按组合键“Ctrl+C”，如图 3-17 所示。剪切和复制的区别在于，剪切后，该文件/文件夹在原地址中消失，复制后，该文件/文件夹在原地址中依然存在。通常剪切或复制后会用到粘贴，在目标位置，单击鼠标右键，在弹出的快捷菜单中选择【粘贴】，如图 3-18 所示，或按组合键“Ctrl+V”，即可完成文件/文件夹位置的移动，这时剪切或复制的文件/文件夹在目标位置中就存在了。

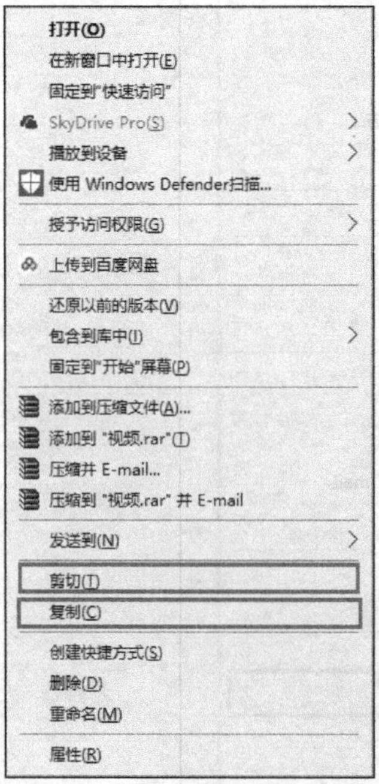

图 3-17 文件/文件夹的剪切与复制

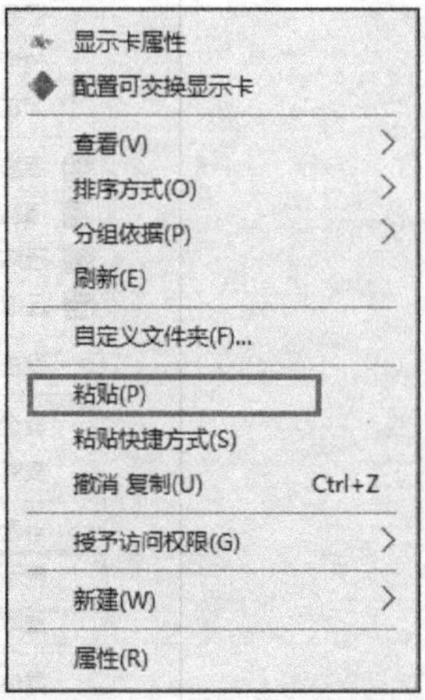

图 3-18 文件/文件夹的粘贴

4. **多选、全选文件或文件夹**

当操作多个文件/文件夹时，需要对文件/文件夹进行全选或多选操作，通过简单的按键组合即可完成全选和多选。

全选组合键为“Ctrl+A”，可以选择当前窗口的所有文件/文件夹。多选连续文件/文件夹时，可以直接按住鼠标左键进行框选，或按“Shift”键的同时单击文件/文件夹列表第一个和最后一个；当多个文件/文件夹不连续时，可以按“Ctrl”键并依次单选需要选择的文件/文件夹。

5. **重命名文件或文件夹**

文件的重命名允许对文件的名字进行更改，需要注意的是，同一文件夹内，文件或子文件夹不能有相同的名字。

Windows 操作系统中文件/文件夹的命名规则如下。

① 路径、文件名或文件夹名可以由西文字符或汉字（包括空格）组成，不能多于 255 个字符。

② 英文字母不区分大小写。

③ 文件名或文件夹名中不能出现\、/、:、*、?、”、<、>、|等字符。

④ 文件名和文件夹名可以由字母、数字、汉字或~、!、@、#、$、%、^、&、()、_、-、{}、’等字符组合而成。

⑤ 不能使用 com1～com9、lpt1～lpt9、aux、con、prn、nul 等作为文件名。

如需重命名文件，可以选中该文件，单击鼠标右键，在弹出的快捷菜单中选择【重命名】即可，如图 3-19 所示。

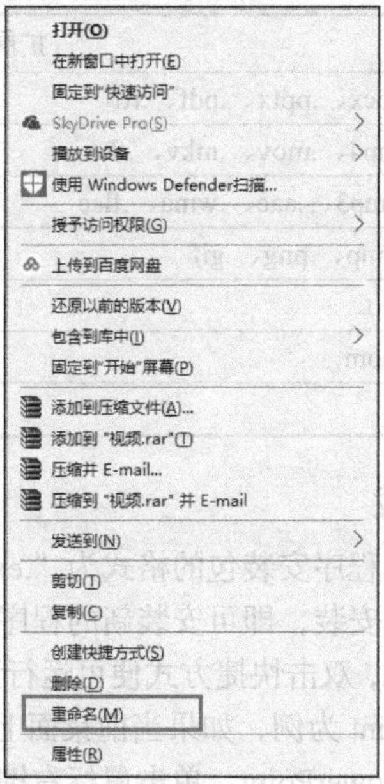

图 3-19　文件的重命名

6. **搜索文件**

Windows 的搜索功能可以帮助我们快速找到所需文件，如图 3-20 所示。在文件名类似、文件格式相同和根本不知道文件名等情况下，可以使用通配符进行搜索，即星号（*）与问号（？）。星号（*）可以代替零个或多个字符，问号（？）只能代替一个字符。以“*.docx”为例，可以搜索到指定位置所有扩展名为“.docx”的文件。

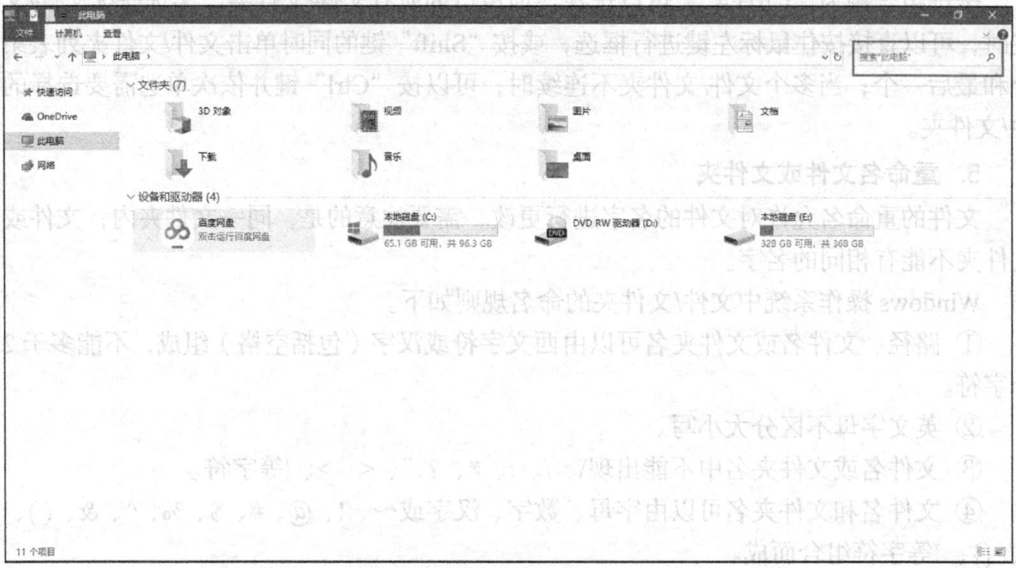

图 3-20 文件的搜索

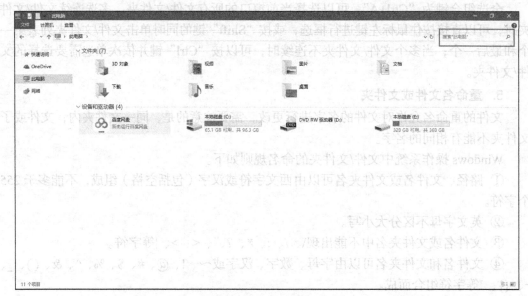

Windows 操作系统中常见的文件扩展名如表 3-1 所示。

表 3–1 Windows 操作系统常见的文件扩展名

文件类型	扩展名
文档文件	.txt、.docx、.pptx、.pdf、.rtf
视频文件	.avi、.mp4、.mov、.mkv、.flv
音频文件	.wav、.mp3、.aac、.wma、.flac
图形文件	.jpg、.bmp、.png、.gif
压缩文件	.rar、.zip
可执行文件	.exe、.com
批处理文件	.bat

3.3.3 程序的安装和卸载

Windows 操作系统中，应用程序安装包的格式为“.exe”。安装程序时，双击程序安装包，根据提示步骤，按顺序进行安装，即可安装新的程序。通常情况下，程序安装好后，桌面上会出现该程序的快捷方式，双击快捷方式便可运行该程序。当桌面没有快捷方式时，则需自行创建。此处以 PowerPoint 为例，如果当前桌面上并没有 PowerPoint 的快捷方式，可以单击【开始】按钮，找到 PowerPoint，单击鼠标右键，在弹出的快捷菜单中选择【更多】→【打开文件位置】，如图 3-21 所示，系统自动定位到文件位置，复制快捷方式到桌面或者右击该快捷方式选择【发送到】→【桌面快捷方式】，即可在桌面创建快捷方式，如图 3-22 所示。

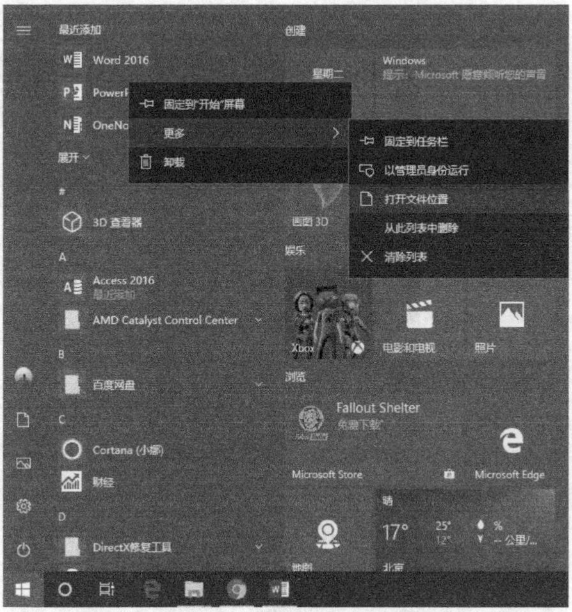

图 3-21　打开文件位置

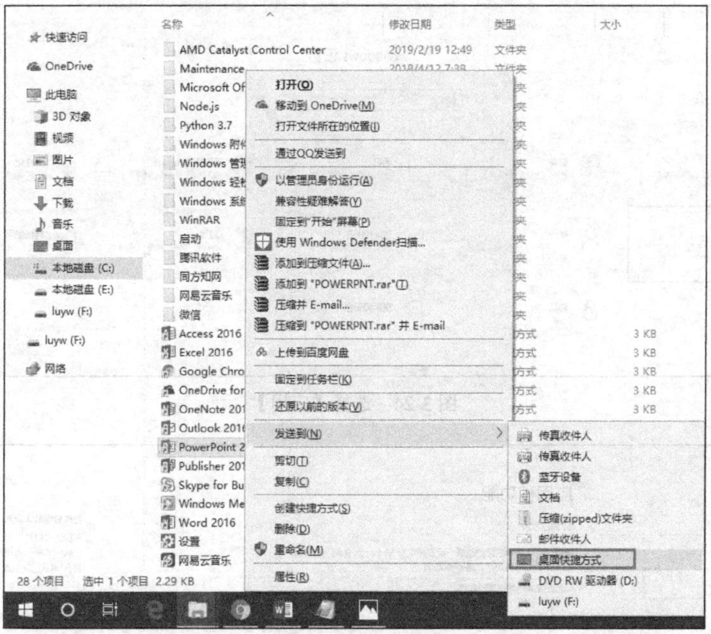

图 3-22　创建桌面快捷方式

如果不需要某一应用程序，可以将其卸载，步骤如下。

步骤 1：将鼠标移至桌面左下角的【开始】按钮处，单击鼠标右键，在弹出的快捷菜单中选择【设置】，如图 3-23 所示。

步骤 2：在“Winsows 设置”窗口中单击【应用】，如图 3-24 所示。

步骤 3：此时打开的窗口中会显示当前计算机已安装的所有应用，单击要卸载的应用，然后单击【卸载】按钮即可，如图 3-25 所示。

图 3-23 选择【设置】

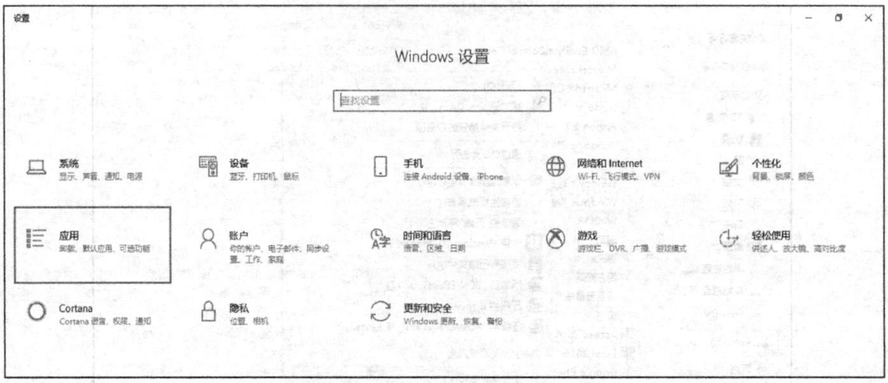

图 3-24 选择【应用】

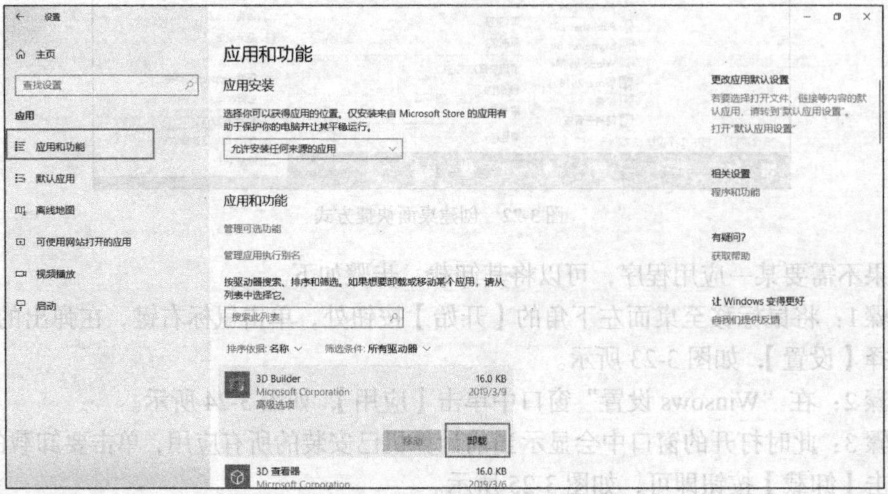

图 3-25 卸载应用

3.3.4　查看磁盘属性、清理磁盘

查看磁盘容量、清理磁盘、磁盘共享、碎片整理、访问权限等操作可以通过磁盘属性面板实现。选择需要查看属性的磁盘，单击鼠标右键，在弹出的快捷菜单中选择【属性】即可查看该磁盘的属性。

计算机在使用的过程中会产生许多文件，清除这些文件可以优化计算机的运行速度，例如已下载的程序文件、日志文件、临时文件等。双击【我的计算机】，选择想要清理的磁盘，单击鼠标右键，在弹出的快捷菜单中选择【属性】，如图 3-26 所示。在弹出的对话框中选择【磁盘清理】，选中需要被清理的文件，单击【确定】按钮即可，如图 3-27 所示。

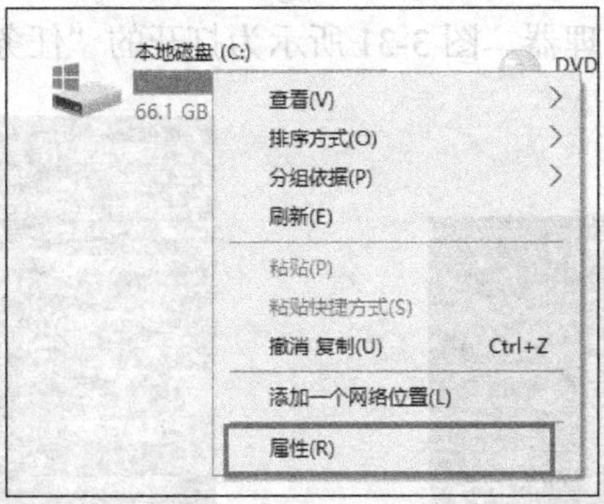

图 3-26　选择【属性】

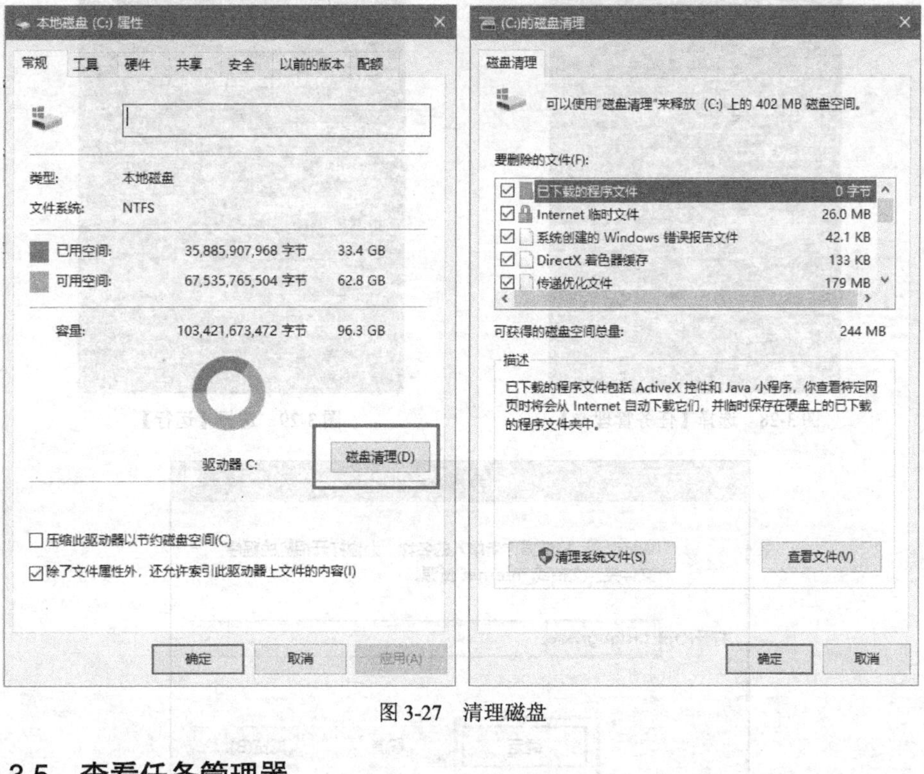

图 3-27　清理磁盘

3.3.5　查看任务管理器

Windows 操作系统的任务管理器可以为用户提供计算机性能的相关信息，并显示计算

机上所运行的程序和进程的详细信息；如果连接到网络，那么还可以查看网络状态并迅速了解网络是如何工作的。其界面提供了文件、选项、查看等菜单，其下还有多个选项卡，界面中间则是状态栏，从这里可以查看当前系统的进程数、CPU 使用比例等数据，默认设置下系统每隔 2s 对数据进行 1 次自动更新，也可以单击【查看】→【更新速度】进行重新设置。用户可以通过以下方法打开任务管理器。

方法 1：右击桌面【开始】按钮，在弹出的快捷菜单中选择【任务管理器】，即可打开任务管理器，如图 3-28 所示。

方法 2：右击桌面【开始】按钮，在弹出的快捷菜单中选择【运行】，如图 3-29 所示。在打开的"运行"对话框中输入命令"taskmgr.exe"，然后单击【确定】按钮，如图 3-30 所示，即可快速打开任务管理器。图 3-31 所示为打开的"任务管理器"界面。

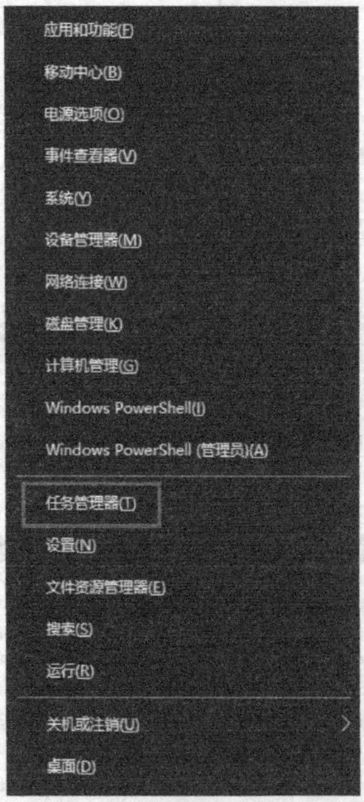

图 3-28 选择【任务管理器】

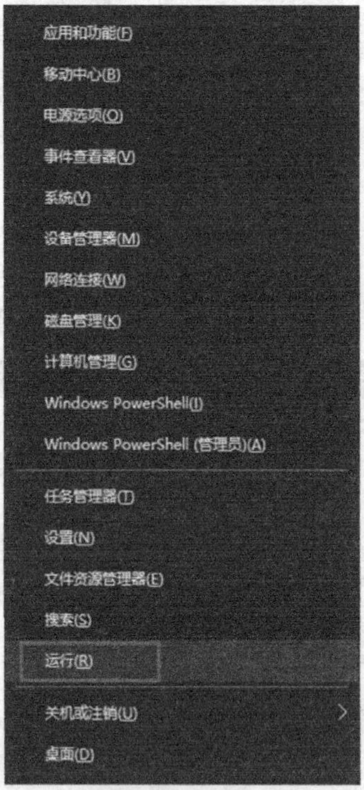

图 3-29 选择【运行】

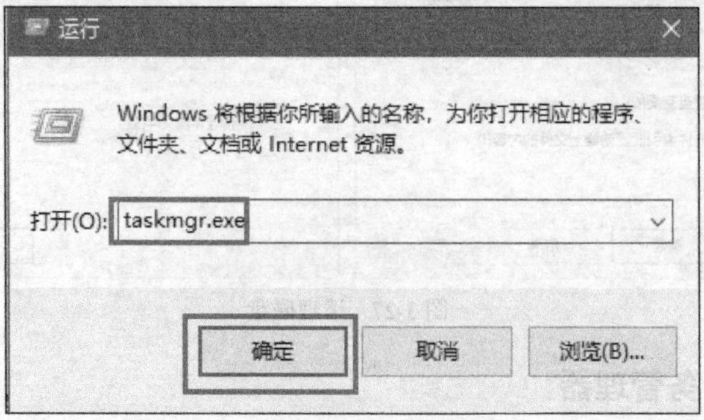

图 3-30 在"运行"对话框中输入命令

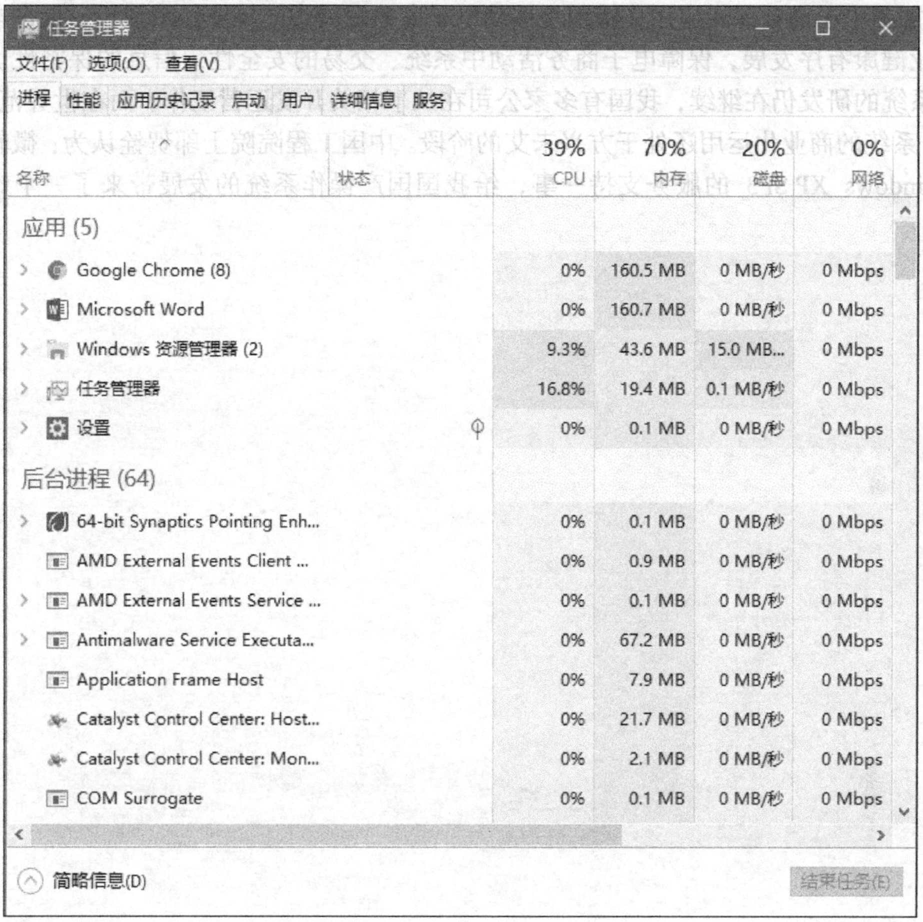

图 3-31 “任务管理器”界面

本章小结与知识延伸

本章系统地介绍了计算机软件中操作系统这一部分内容，包括操作系统概述、操作系统的功能组成和操作系统的使用 3 方面，其中操作系统的使用是本章的重点内容。从 20 世纪 50 年代到 20 世纪 80 年代，操作系统不断更新以满足不同硬件环境的需求，常用的操作系统类型有 DOS、UNIX、Linux、Windows、macOS、iOS、Android；操作系统的功能主要包括用户接口、处理器管理、内存管理、设备管理和文件管理这 5 大层面；我们可以使用操作系统创建用户账户、处理文件和文件夹、安装和卸载程序、查看磁盘属性及清理磁盘、查看任务管理器等操作。

国产操作系统多是以 Linux 为基础二次开发的操作系统。自 2014 年 4 月 8 日起，微软公司停止了对 Windows XP SP3 操作系统提供服务支持，这引起了社会和广大用户的广泛关注及对信息安全的担忧。我国工信部对此表示，将继续加大力度，支持 Linux 的国产操作系统的研发和应用，并希望用户使用国产操作系统。为全面响应国家“互联网+”

战略的提出和深入贯彻落实国家“十二五”规划纲要，帮助传统企业开展“商务智慧转型”，加强电子商务深入应用，特别是移动电子商务发展中的环境保障建设，促进电子商务行业健康有序发展，保障电子商务活动中系统、交易的安全性，信息的保密性。国产操作系统的研发仍在继续，我国有多家公司在从事相关开发运营工作。而在世界范围内，Linux 系统的商业化运用还处于方兴未艾的阶段。中国工程院院士邬贺铨认为：微软停止对 Windows XP SP3 的服务支持一事，给我国国产操作系统的发展带来了一个难得的契机。

第4章 文字处理软件

学习目标

1. 了解文字处理的基础知识。
2. 掌握文档的编辑与排版。
3. 掌握在文档中插入各种对象的方法。
4. 学会长文档排版的方法。

思维导图

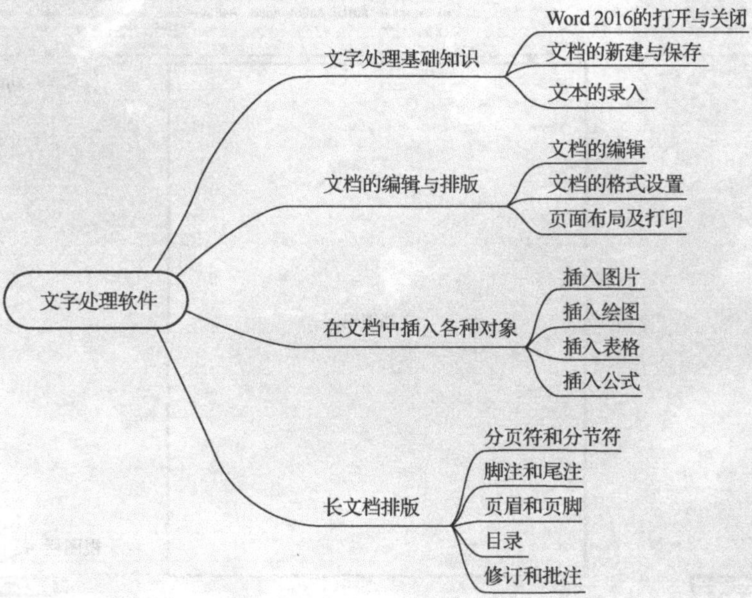

本章导读

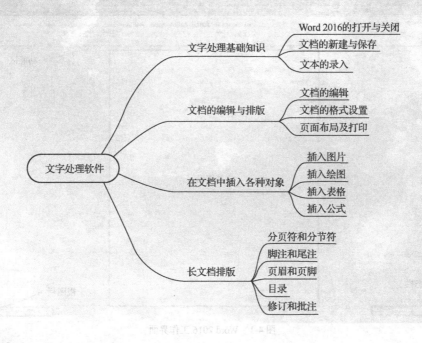

文字处理软件是常用的办公软件之一，主要用于文字的录入、编辑、排版等，也可以插入图片、表格、图形等对象。目前常用的文字处理软件有微软公司的 Microsoft Office Word、金山公司的 WPS 等。本章将以 Microsoft Office Word 2016（以下简称 Word 2016）为例，主要介绍文字处理基础知识、文档的编辑与排版、在文档中插入各种对象、长文档排版等内容。

4.1 文字处理基础知识

4.1.1 Word 2016 的打开与关闭

1. 启动 Word 2016

Word 2016 常用的启动方法有以下 3 种。

方法 1：单击桌面【开始】按钮中的【所有程序】，选择【Word 2016】。

方法 2：双击桌面上的 Word 2016 快捷方式；如果没有 Word 2016 快捷方式，可以通过单击桌面【开始】按钮中的【所有程序】，找到【Word 2016】，单击鼠标右键，在弹出的快捷菜单中单击【发送到】按钮，最后单击列表中的【桌面快捷方式】。

方法 3：通过打开已有的 Word 2016 文件，启动 Word 2016。

2. Word 2016 工作界面

图 4-1 所示是 Word 2016 工作界面，从图中可以看到，Word 2016 工作界面主要包括快速访问工具栏、标题栏、功能区、文档编辑区、状态栏、视图栏等模块。

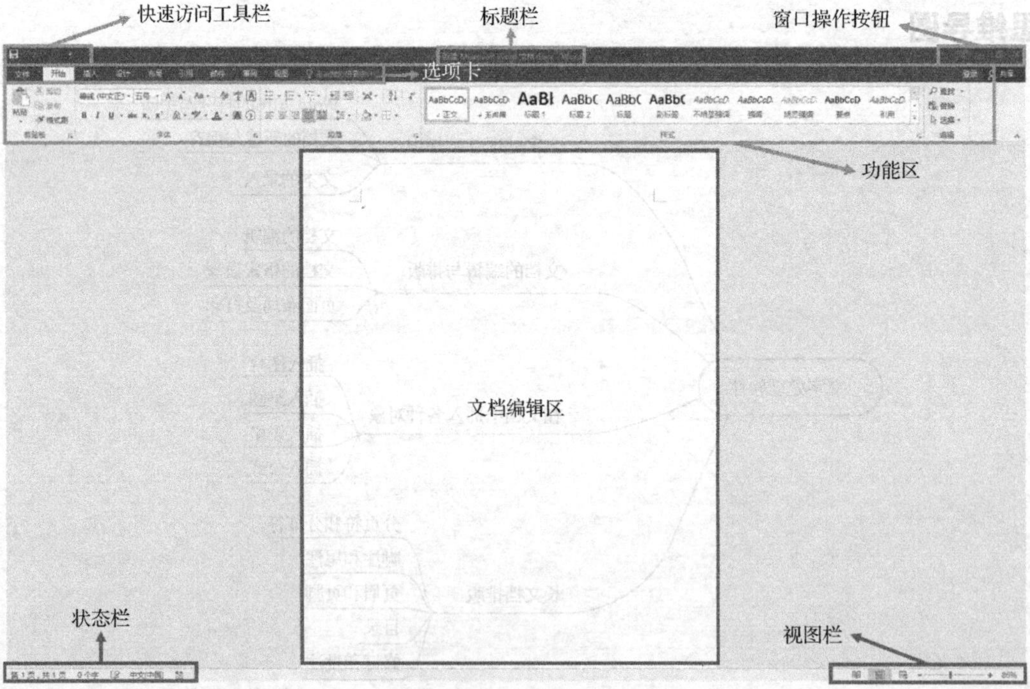

图 4-1　Word 2016 工作界面

（1）快速访问工具栏

快速访问工具栏位于工作界面顶部左侧，包含一组常用命令按钮，是可自定义的工具栏，如需添加命令按钮，可单击最右侧的箭头，在弹出的列表中单击需要添加的命令按钮，该命令按钮就会出现在快速访问工具栏上。

（2）标题栏

标题栏位于工作界面顶部中间，用于显示当前文档的名称，双击标题栏可以调整工作界面大小。通常用户新建的文档，系统会自动命名为“文档 1”“文档 2”……用户保存时可以更改文档名称。

（3）功能区

功能区包含多个选项卡，每个选项卡内分成多个选项组，每个选项组包含具体的功能按钮，单击选项组的功能区按钮就可以执行相关的命令，部分组右下角设有对话框启动器，单击后可显示包含完整功能的对话框或任务窗格。

①【文件】选项卡：单击【文件】选项卡，可以看到对文档执行操作的命令集，可查看文档的信息，可对文档执行新建、打开、保存、另存为、打印、共享、导出、关闭等操作。此外，用户可以通过【账户】功能查看账户信息，通过【选项】功能设置 Word 2016 的常规选项、显示方式等。

②【开始】选项卡：其中包括剪贴板、字体、段落、样式和编辑等选项组，常用于文档编辑、字体和段落的格式设置。

③【插入】选项卡：其中包括页面、表格、插图、加载项、媒体、链接、批注、页眉和页脚、文本和符号等选项组，常用于在文档中插入图片、表格、页眉页脚等元素。

④【设计】选项卡：其中包括文档格式和页面背景等选项组，常用于对文档的格式和背景进行调整。

⑤【布局】选项卡：其中包括页面设置、稿纸、段落、排列等选项组，常用于设置页面布局。

⑥【引用】选项卡：其中包括目录、脚注、引文和书目、题注、索引、引文目录等选项组，常用于插入目录、题注、脚注、尾注等高级应用。

⑦【邮件】选项卡：其中包括创建、开始邮件合并、编写和插入域、预览结果和完成等选项组，常用于邮件合并等操作。

⑧【审阅】选项卡：其中包括校对、见解、语言、中文简繁转换、批注、修订、更改、比较、保护等选项组，常用于文档的修订和校对。

⑨【视图】选项卡：其中包括视图、显示、显示比例、窗口、宏等选项组，常用于选择文档不同的视图。

（4）文档编辑区

文档编辑区位于工作界面中间，用于编写文档。用户可以输入文本、插入表格、插入图片、编辑和修改文档。

（5）状态栏

状态栏位于工作界面左下方，用来显示当前页数、总页数、总字数、拼写检查、语言及地区等。

（6）视图栏

视图栏位于工作界面右下方，用于调整文档视图模式以及对文档进行缩放。Word 2016 提供的视图模式有阅读视图、页面视图、Web 版式视图 3 种，用户可根据需要自行选择。

3. 退出 Word 2016

用户完成工作后，就可以退出 Word 2016，虽然关闭时会提示保存文件，但仍要养成“多保存”的良好习惯。退出 Word 2016 的方法有以下 3 种。

方法 1：选择【文件】选项卡中的【关闭】命令。

方法 2：单击窗口右上角的【关闭】按钮×。

方法 3：将要关闭的窗口作为当前窗口，按组合键“Alt+F4”。

4.1.2 文档的新建与保存

1. 新建文档

（1）新建空白文档

新建空白文档有多种方法，此处介绍两种常用的方法。

方法 1：启动 Word 2016，单击【空白文档】即可。

方法 2：打开已有的 Word 文档，选择【文件】选项卡中的【新建】命令，单击【空白文档】即可，如图 4-2 所示。

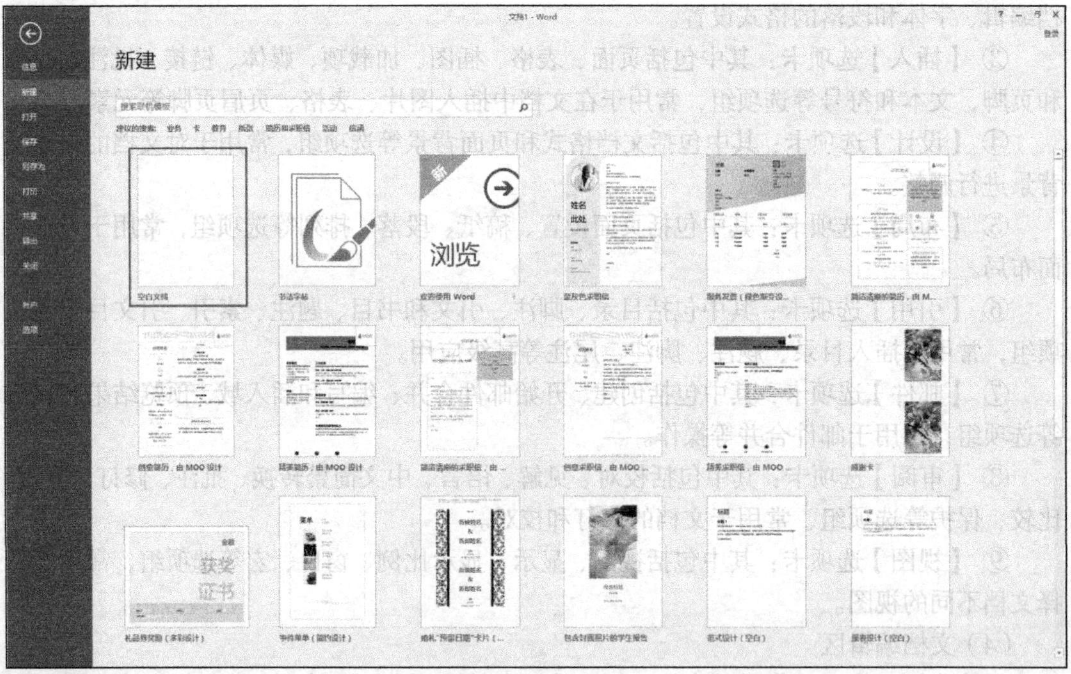

图 4-2 新建空白文档

（2）根据模板创建文档

单击【文件】→【新建】，从右侧列表中选择合适的样本模板，例如选择“简洁清晰的求职信”，最后单击【创建】按钮即可，如图 4-3 所示。

2. 保存文档

（1）保存文档

保存新建文档时，选择【文件】选项卡中的【保存】命令，会弹出【另存为】对话框，选择存储位置并单击【保存】按钮即可，如图 4-4 所示。

对于保存过的文档，可以单击快速访问工具栏中的【保存】按钮，或选择【文件】选项卡中的【保存】按钮，或按组合键“Ctrl+S”（或“Shift+F12”），来完成保存操作。

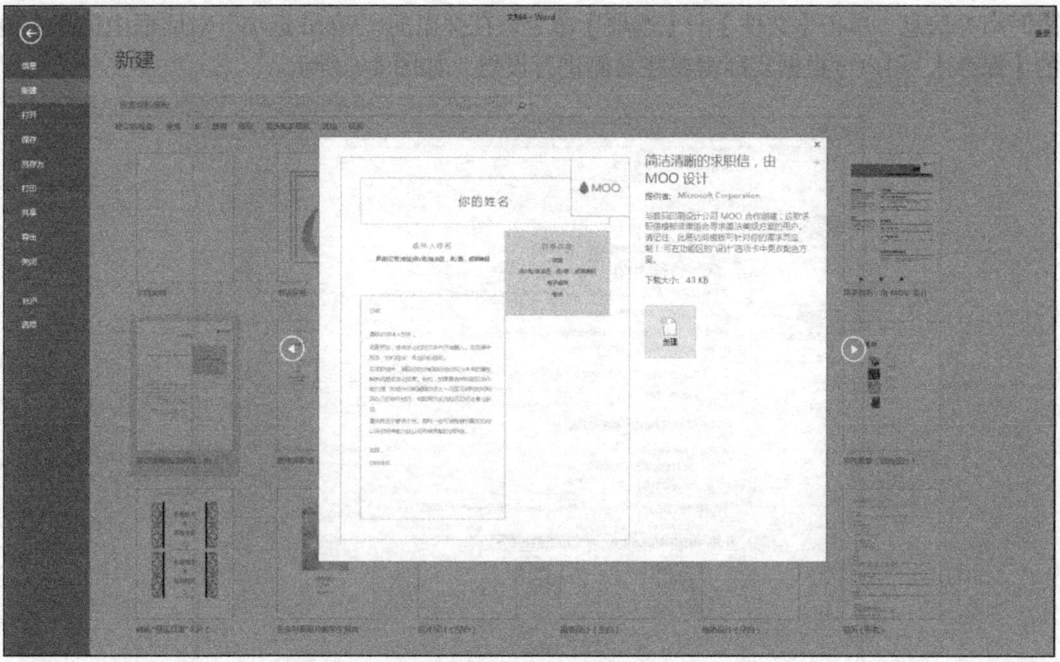

图 4-3　根据模板创建文档

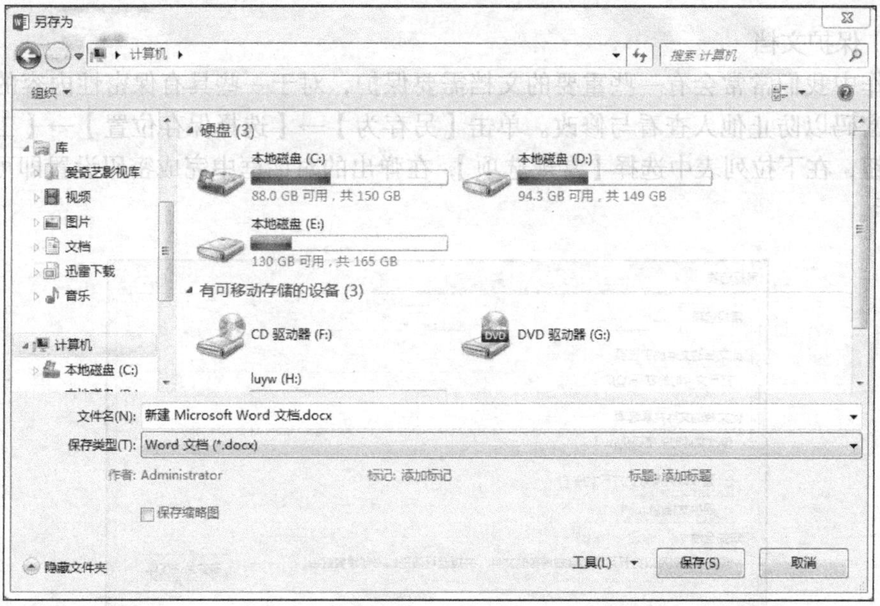

图 4-4　保存文档

另外，也可选择【文件】选项卡中的【另存为】命令，在弹出的“另存为”对话框中选择文档的保存位置、文件名和保存类型，可将文档保存为副本或覆盖原文档。

用 Word 2016 编辑的文档默认扩展名是“.docx”，用户可以通过【另存为】命令将文档扩展名设置为“.doc”，这样文档就可以在较早版本的 Word 软件中打开。

（2）自动保存文档

通过【自定义保存文档方式】可以设置文档的保存格式、默认文件位置、文档保存间隔时间等信息。单击【文件】→【选项】命令，在弹出的“Word 选项”对话框中选择左侧的【保存】，用户可根据实际需要在右侧进行设置，如图 4-5 所示。

图 4-5　自动保存文档

（3）保护文档

工作中我们常常会有一些重要的文档需要保护，对于一些具有保密性内容的文档，可添加密码以防止他人查看与修改。单击【另存为】→【选择保存位置】→【工具】下三角按钮，在下拉列表中选择【常规选项】，在弹出的对话框中完成密码设置即可，如图 4-6 所示。

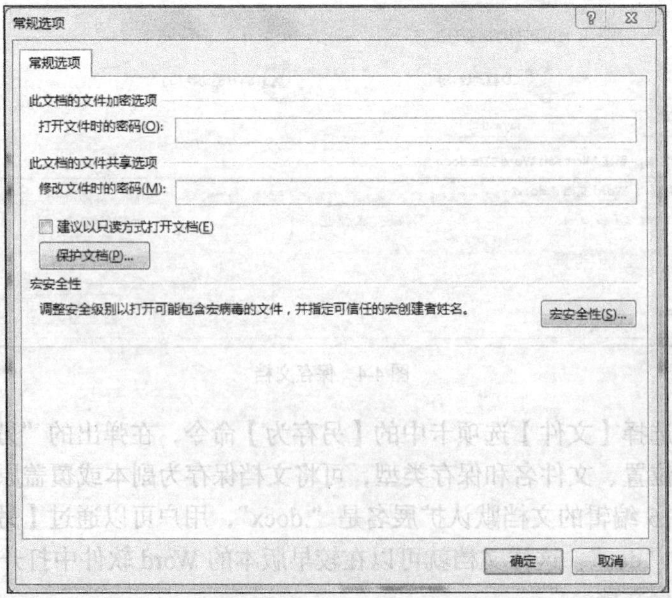

图 4-6 “常规选项”对话框

用户也可以通过执行【文件】→【信息】命令，单击【保护文档】下拉按钮，在弹出的下拉列表中有以下 5 种保护文档的选项，用户可以根据实际需要进行设置。

① 标记为最终状态：指让读者知晓文档是最终版本，并将其设置为只读。

② 用密码进行加密：用密码保护此文档。

③ 限制编辑：控制其他人可以做的更改类型。

④ 限制访问：指授予用户访问权限，同时限制其编辑、复制和打印能力。

⑤ 添加数字签名：指通过添加不可见的数字签名来确保文档的完整性。

4.1.3　文本的录入

文档创建完成之后，便可以对文档进行文本录入操作。

1．定位光标

在文档编辑区中，有一条闪烁的竖线，称为光标。用户可将光标定位在指定位置，并从该位置开始录入文本。

2．输入文本内容

在文档编辑区中，在光标处输入文本内容。在输入完一行后，光标自动切换至下一行。输入完一段后，按“Enter”键会确定下一个段落，按“Enter”键表示插入一个标记。当输入内容满一页时，Word 将自动分页。

如果要另起一行，而不起一个段落，可以在【布局】选项卡的【页面设置】选项组中单击【分隔符】按钮，在下拉列表中单击【自动换行符】按钮或直接按组合键“Shift+Enter”。

3．输入日期和时间

选择【插入】选项卡，在【文本】选项组中单击【日期与时间】按钮。在弹出的对话框中，如图 4-7 所示，在【可用格式】列表中选择一种时间和日期样式，在【语言】下拉列表中可根据实际情况进行选择，单击【确定】按钮，即可完成日期和时间的输入。

图 4-7　“日期和时间”对话框

4．输入特殊符号

编辑 Word 文档时，我们难免会需要输入某些键盘上没有的特殊符号，这时可以单击

【插入】→【符号】，选择下拉列表中的【其他符号】选项，会弹出“符号”对话框，如图 4-8 所示，从中选择需要的符号，单击【插入】按钮即可。

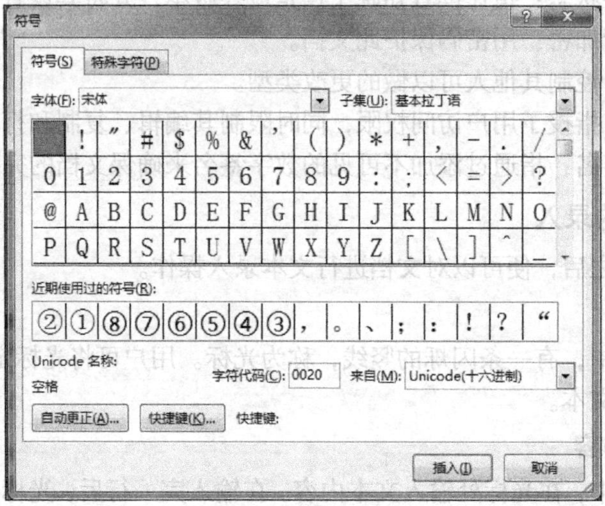

图 4-8 “符号”对话框

5. **输入公式**

在编辑文档的过程中如需输入数学公式，用户可以单击【插入】选项卡，在【符号】选项组中单击【公式】下拉按钮，可以选择内置公式或者选择【插入新公式】，如图 4-9 所示。

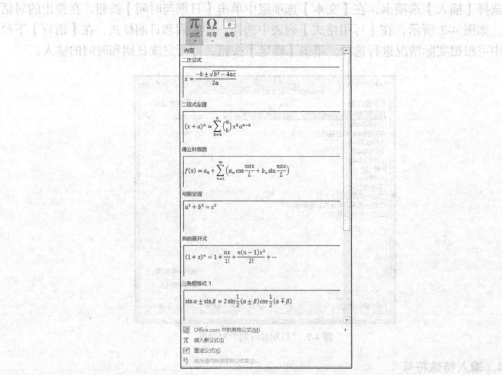

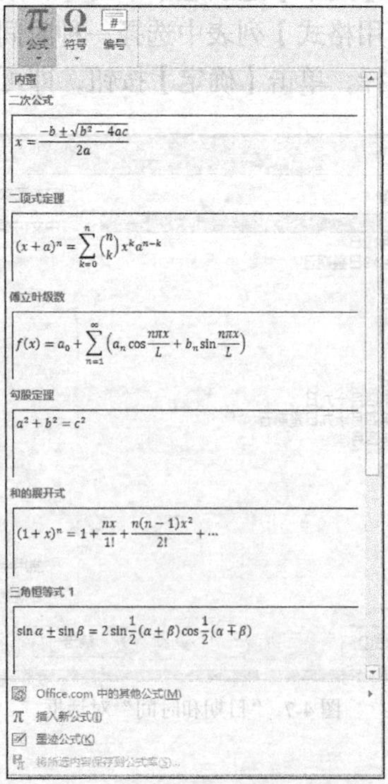

图 4-9 选择公式

4.2　文档的编辑与排版

对于一份文档，我们不仅要进行输入操作，还要对其进行编辑与排版，使其更易于读者浏览阅读。此处以 Word 2016 为例，介绍文档的编辑与排版。

4.2.1　文档的编辑

文档的编辑主要包括文本的复制、剪贴、粘贴、移动、查找、替换和定位等操作。

1. 复制文本

复制文本可以帮助用户减少工作量，避免重复劳动。复制文本的方法有以下 3 种。

方法 1：利用鼠标或键盘选定待复制的文本，单击【开始】→【复制】。

方法 2：利用鼠标或键盘选定待复制的文本，在待复制的文本上单击鼠标右键，在弹出的快捷菜单中选择【复制】。

方法 3：利用鼠标或键盘选定待复制的文本，按组合键“Ctrl+C”。

2. 剪切文本

剪切可以实现文本位置的移动，剪切文本的方式有以下 3 种。

方法 1：利用鼠标或键盘选定待剪切的文本，单击【开始】→【剪切】。

方法 2：利用鼠标或键盘选定待剪切的文本，在待剪切的文本上单击鼠标右键，在弹出的快捷菜单中选择【剪切】。

方法 3：利用鼠标或键盘选定待剪切的文本，按组合键“Ctrl+X”。

3. 粘贴文本

在对文本进行复制或剪切操作之后，就可以将文本粘贴到合适的位置上，粘贴文本的方式有以下两种。

方法 1：在待粘贴处直接单击鼠标右键，在弹出的快捷菜单中单击【粘贴】选项。

方法 2：将光标移至待粘贴处，按组合键“Ctrl+V”。

4. 移动文本

移动文本可以调整文本的位置，移动文本的方法有以下两种。

方法 1：文本的移动可以通过“先剪切后粘贴”的方式实现。

方法 2：选中需要移动的文本，直接用鼠标拖曳到合适的位置。

5. 查找、替换和定位

单击【开始】→【查找】，会弹出【导航】窗格，直接按组合键“Ctrl+F”也可打开此窗格。【导航】窗格允许查找和替换文本，在【导航】窗格的文本框中输入想要查找的文本，结果会自动在【导航】窗格下方显示，单击文本框右侧的下拉箭头，在弹出的列表内，可以选择对指定文本进行替换、高级查找等操作，如图 4-10 所示。“高级查找”用来在文档中查找指定内容，“替换”用来将查找到的内容替换为指定内容。

除了上述方法，单击【开始】→【替换】也可以查找、替换文本。图 4-11 所示为“查找和替换”对话框，其包含【查找】、【替换】和【定位】3 个选项卡，其中【定位】选项卡用来快速定位到指定位置。

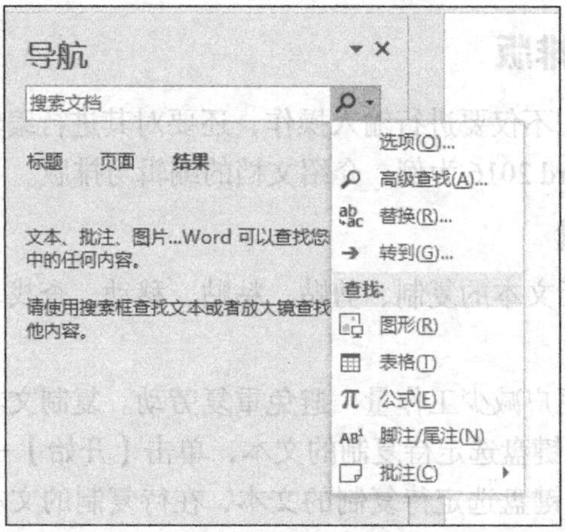

图 4-10 【导航】窗格

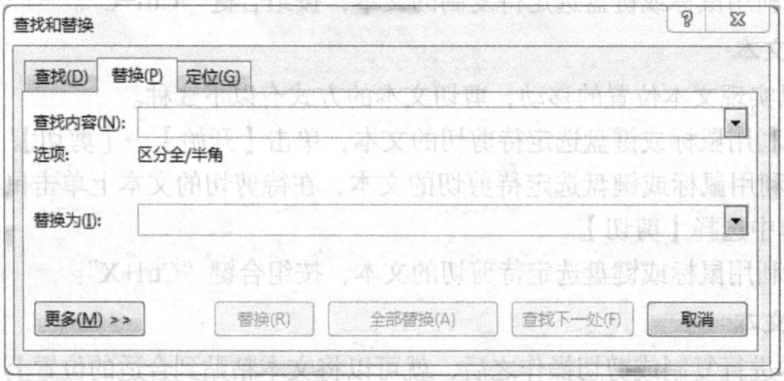

图 4-11 “查找和替换”对话框

4.2.2 文档的格式设置

1. 字体格式设置

字体格式设置包括对文字进行字体、字号、字形、颜色、字符上下标、字符间距、文字边框和底纹等样式的设置。单击【开始】选项卡，在【字体】选项组中单击命令按钮即可进行相关设置，如图 4-12 所示。如需对文字进行高级设置，例如设置字符间距，可以选中文本后单击【字体】选项组右下方的按钮，打开“字体”对话框，如图 4-13 所示，单击其中的【高级】选项卡，进行相关设置即可。

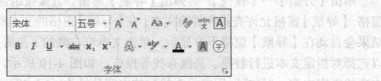

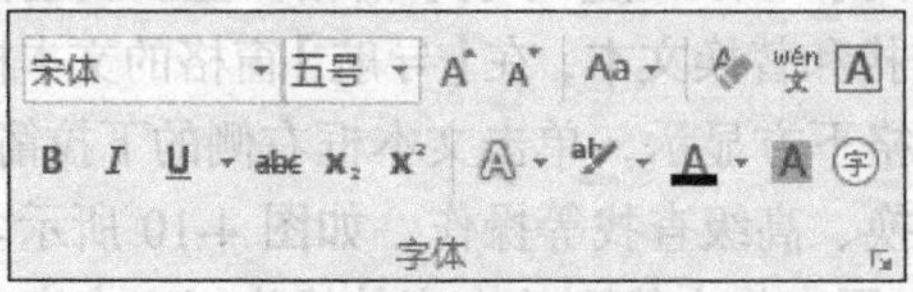

图 4-12 【字体】选项组

2. 段落格式设置

段落格式设置包括对段落进行对齐方式、缩进量、行间距、段间距、排序、段落边框和底纹、项目符号及编号等样式的设置。单击【开始】选项卡，在【段落】选项组中单击命令按钮即可进行相关设置，如图 4-14 所示。

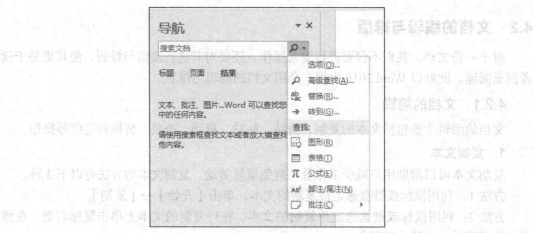

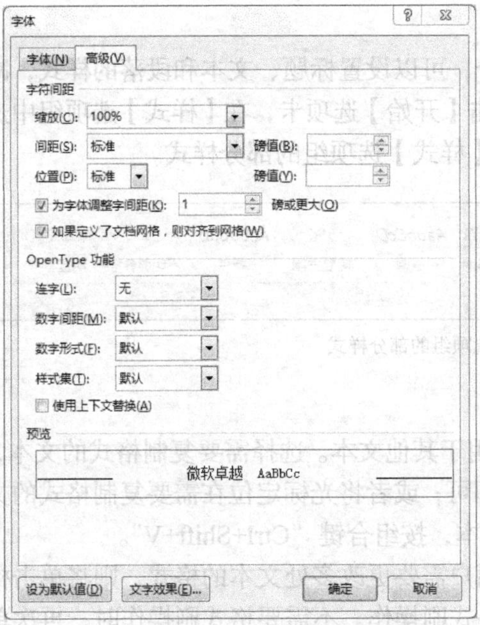

图 4-13 “字体”对话框

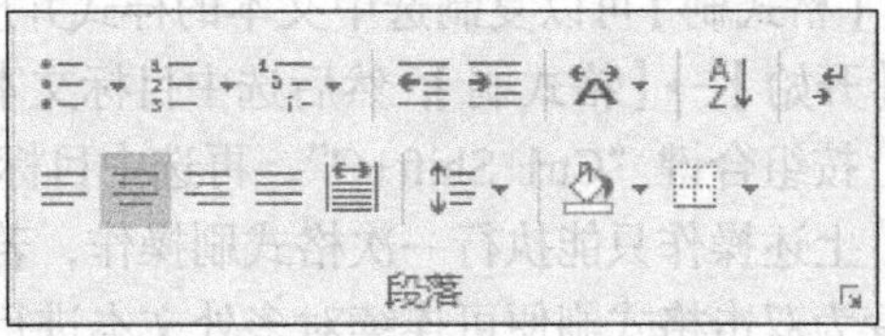

图 4-14 【段落】选项组

同字体格式设置一样，如需对段落进行高级设置，选中段落后需要选择【段落】选项组右下方的按钮，打开“段落”对话框，在对话框中进行相关设置，图 4-15 所示为“段落”对话框。

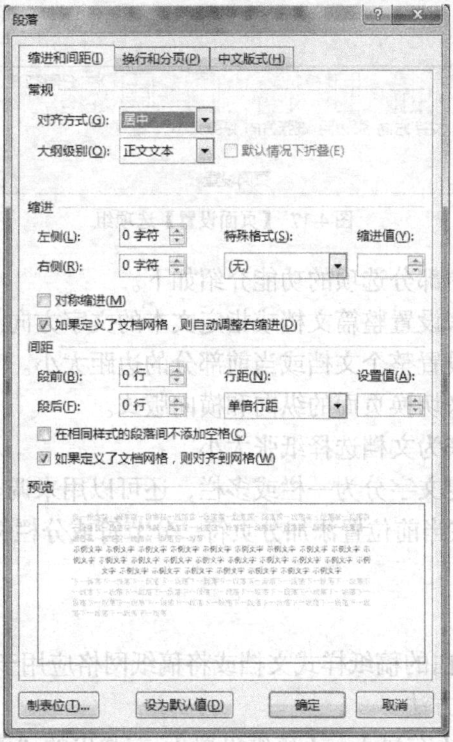

图 4-15 “段落”对话框

3. 样式

样式是一组预设的字体和段落格式的集合，可以设置标题、文本和段落的样式，减轻用户的工作量。系统默认样式为【正文】，单击【开始】选项卡，在【样式】选项组中选择需要的样式，即可完成设置。图 4-16 所示为【样式】选项组的部分样式。

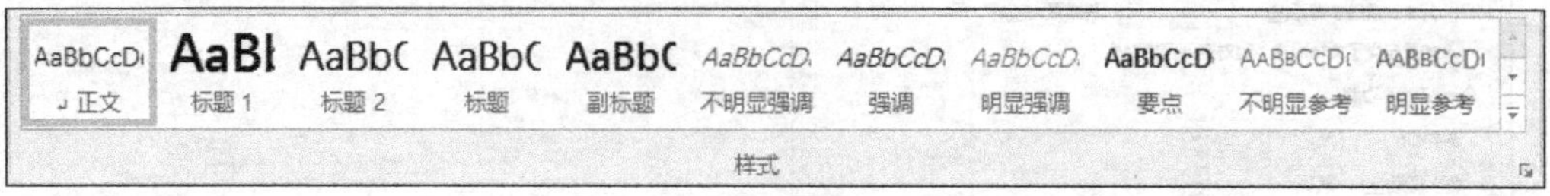

图 4-16 【样式】选项组的部分样式

4. 格式刷

【格式刷】可以复制选中文本的样式并应用于其他文本。选择需要复制格式的文本，单击【开始】→【格式刷】，然后选中目标文本即可；或者将光标定位在需要复制格式的文本处，按组合键“Ctrl+Shift+C”，再选中目标文本，按组合键“Ctrl+Shift+V”。

上述操作只能执行一次格式刷操作，若用户需要更改多处文本的格式，则将单击格式刷变为双击格式刷便可连续对多处文本进行格式刷操作。不需要格式刷操作时，再次单击【格式刷】或按“Esc”键即可关闭格式刷。

4.2.3 页面布局及打印

1. 页面设置

在 Word 2016 中，设置页面的操作可以通过【布局】选项卡中的【页面设置】选项组进行，如图 4-17 所示。

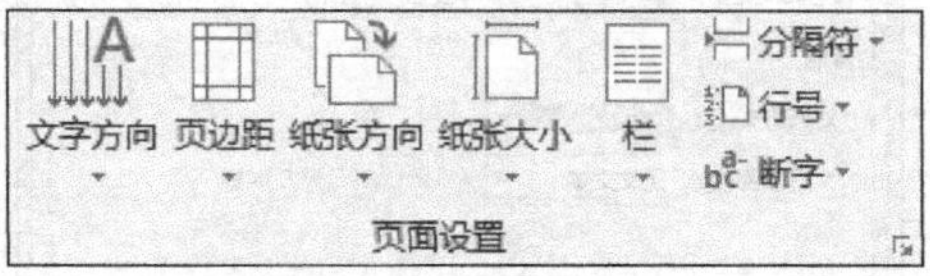

图 4-17 【页面设置】选项组

【页面设置】选项组中部分选项的功能介绍如下。

（1）【文字方向】用来设置整篇文档或指定文本的文字方向。

（2）【页边距】用来设置整个文档或当前部分的边距大小。

（3）【纸张方向】用来切换页面的纵向和横向版式。

（4）【纸张大小】用来为文档选择纸张大小。

（5）【栏】用来将选定文字分为一栏或多栏，还可以用来调整栏的宽度和间距。

（6）【分隔符】用来在当前位置添加分页符、分节符或分栏符，以便文本在下一页、下一节或下一栏继续。

2. 稿纸设置

稿纸设置用于生成空白的稿纸样式文档或将稿纸网格应用于当前 Word 文档。

（1）稿纸设置的具体方法

创建空白文档，单击【布局】→【稿纸设置】，在弹出的“稿纸设置”对话框中选择合适的稿纸格式，并根据需要修改相关属性，单击【确认】按钮即可生成空白的稿纸样式文档。图 4-18 所示为“稿纸设置”对话框。

需要对已有文档进行稿纸设置时，打开该文档，接下来的步骤与生成空白的稿纸样式文档的步骤相同。

（2）删除稿纸设置

单击【布局】→【稿纸设置】，弹出“稿纸设置”对话框，在【格式】下拉列表中选择“非稿纸文档”，单击【确认】按钮即可。

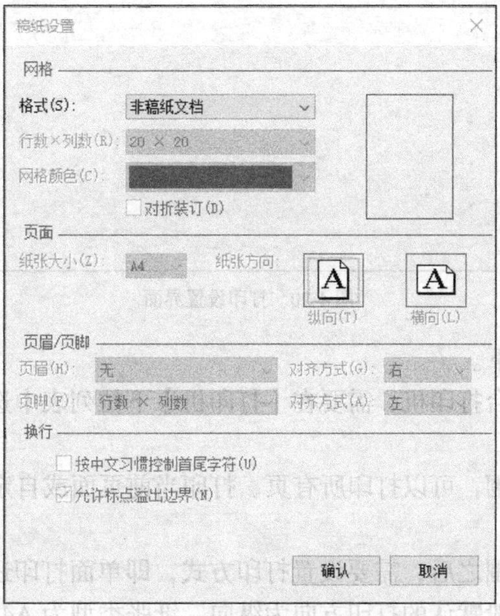

图 4-18 “稿纸设置”对话框

3. 页面背景设置

页面背景设置包括水印、页面颜色、页面边框等的设置。单击【设计】选项卡，在【页面背景】选项组中可以进行相应的设置，图 4-19 所示为【页面背景】选项组。

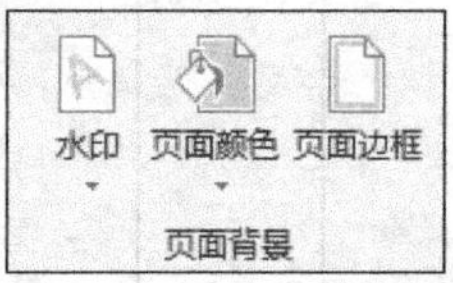

图 4-19 【页面背景】选项组

【页面背景】选项组中各选项的功能说明如下。

（1）【水印】用于在页面内容后面添加虚影文字，比如“机密”或“紧急”等。

（2）【页面颜色】用来指定页面的背景颜色或者填充效果，为页面增资添彩。

（3）【页面边框】用于添加或更改页面周围的边框。

4. 打印及打印设置

有时我们需要将文档内容打印出来，关于打印的相关设置，可单击【文件】→【打印】，在打印设置界面进行相关设置，如图 4-20 所示。

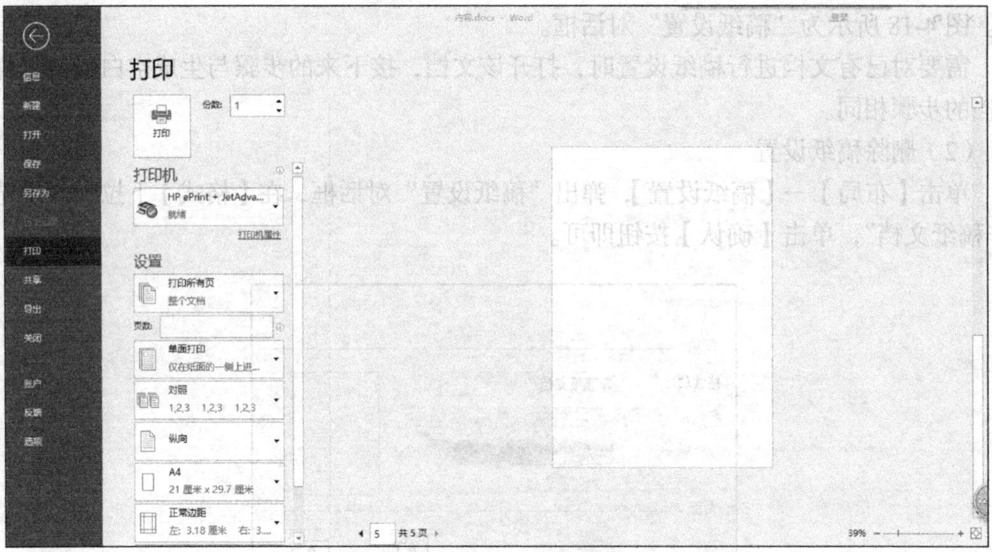

图 4-20　打印设置界面

打印文档的步骤如下。

（1）如果连接了多台打印机，需要在【打印机】下拉列表中选择用于打印的打印机，如图 4-21 所示。

（2）设置打印的范围，可以打印所有页、打印当前页面或自定义打印范围，如图 4-22 所示。

（3）设置好打印范围之后，需要设置打印方式，即单面打印还是双面打印，以及打印的方向和纸张类型，一般默认的打印方向为纵向，纸张类型为 A4 纸，如图 4-23 所示。

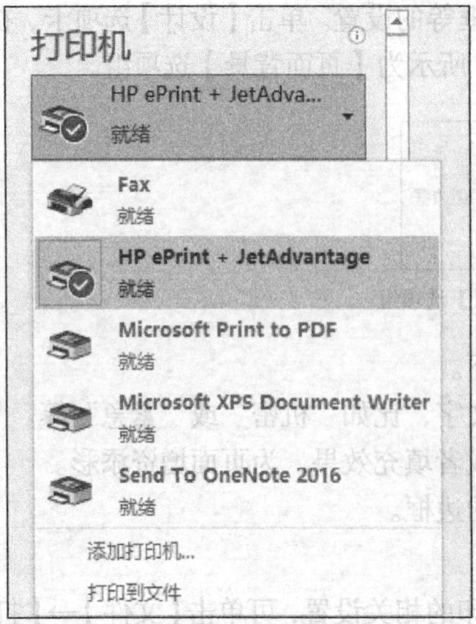

图 4-21　选择打印机

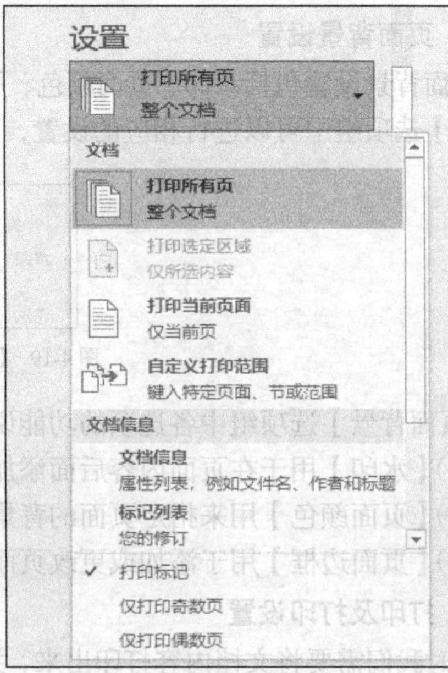

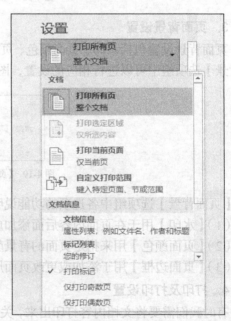

图 4-22　打印范围设置

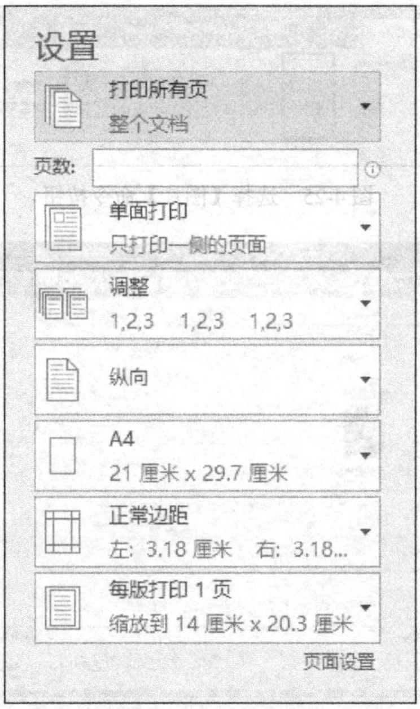

图 4-23　打印方式设置

（4）完成上述设置之后，在打印设置界面上方选择好打印的份数，如图 4-24 所示，最后单击【打印】按钮即可完成对所选文档的打印。

图 4-24　设置打印份数

4.3　在文档中插入各种对象

在 Word 文档中可以插入图片、绘图、公式、SmartArt 图形及图表等多种格式的对象。本节重点介绍图片、绘图、表格及公式 4 种对象在 Word 2016 中的插入方法及相关设置。

4.3.1　插入图片

Word 2016 允许用户在文档中插入和调整图片，以此来丰富文档内容。

单击【插入】选项卡，在【插图】选项组中选择【图片】命令按钮，如图 4-25 所示。

此时会弹出“插入图片”对话框，如图 4-26 所示，选择图片所在的文件夹，选择需要插入的图片，单击【插入】按钮即可。

图 4-25　选择【图片】命令按钮

图 4-26　选择需要插入的图片

4.3.2　插入绘图

绘图是指一个或一组图形对象，包括文本框、艺术字、形状、项目符号、图表等。这些对象是 Word 文档的组成部分。

1. 插入文本框

单击【插入】选项卡，在【文本】选项组中选择【文本框】命令按钮，可根据需要选择横版文本框或者竖版文本框，如图 4-27 所示。之后在文本框中合适的位置输入文字，再根据需要对文字的字体进行设置，如图 4-28 所示。

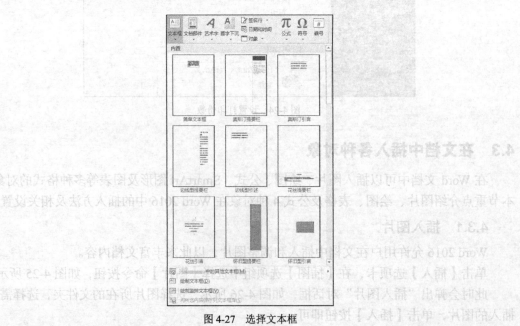

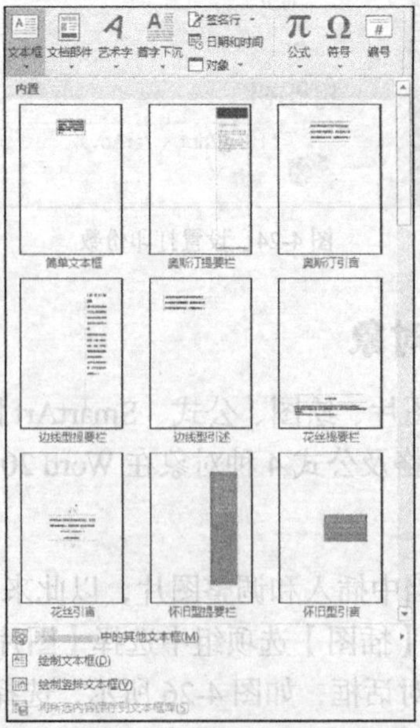

图 4-27　选择文本框

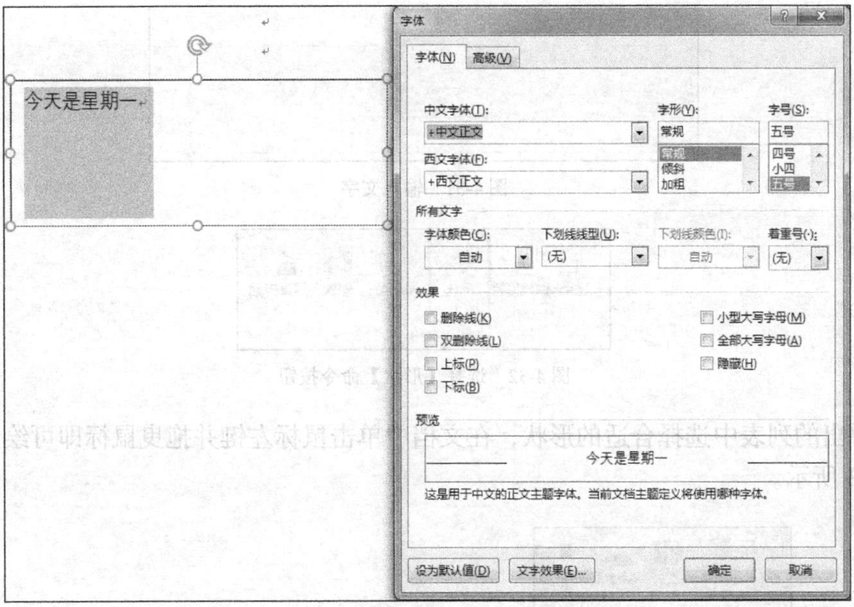

图 4-28　输入文字并设置字体

2. 插入艺术字

单击【插入】选项卡，在【文本】选项组中选择【艺术字】命令按钮，如图 4-29 所示。

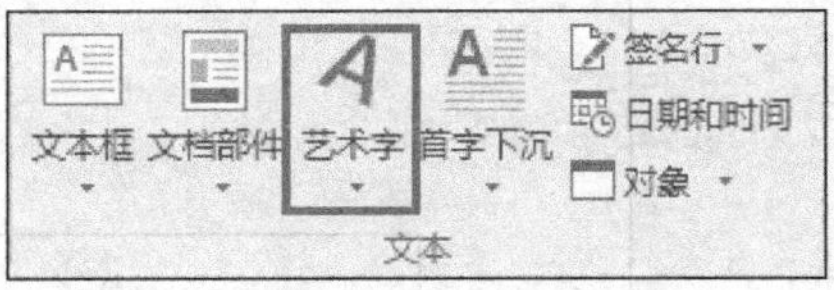

图 4-29　选择【艺术字】命令按钮

选择需要插入的艺术字类型，如图 4-30 所示。

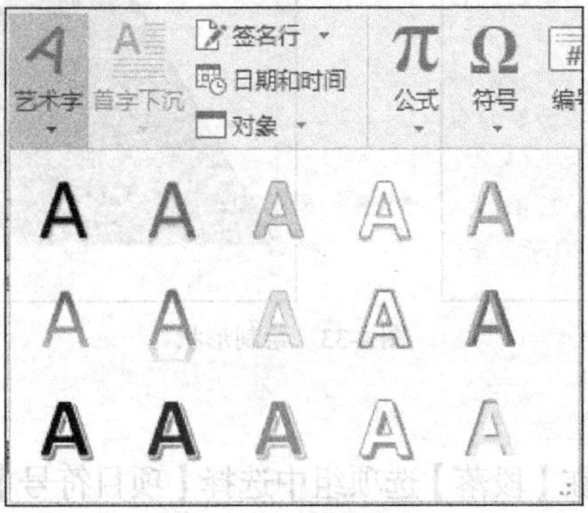

图 4-30　选择艺术字类型

在弹出的文本框中，输入需要插入的文字，如图 4-31 所示。

3. 插入形状

单击【插入】选项卡，在【插图】选项组中选择【形状】命令按钮，如图 4-32 所示。

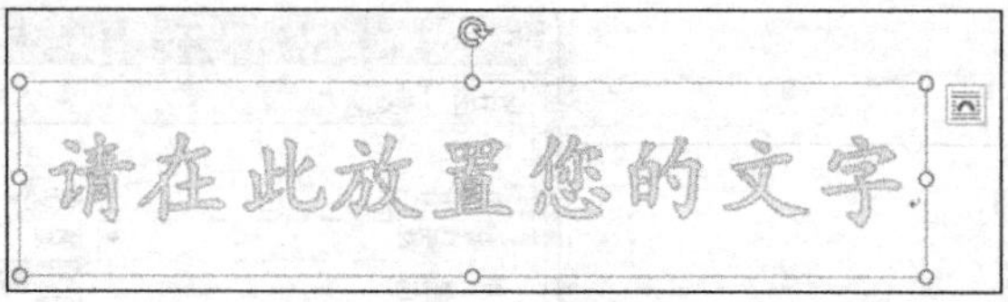

图 4-31　输入文字

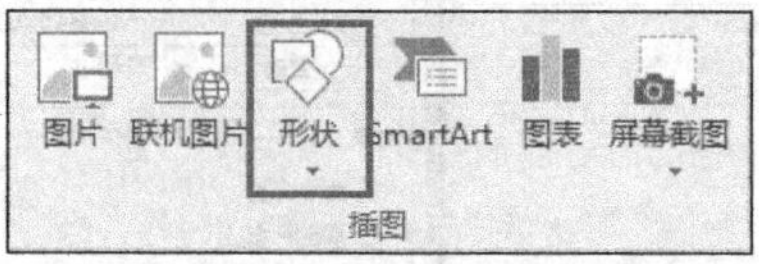

图 4-32　选择【形状】命令按钮

在弹出的列表中选择合适的形状，在文档中单击鼠标左键并拖曳鼠标即可绘制形状，如图 4-33 所示。

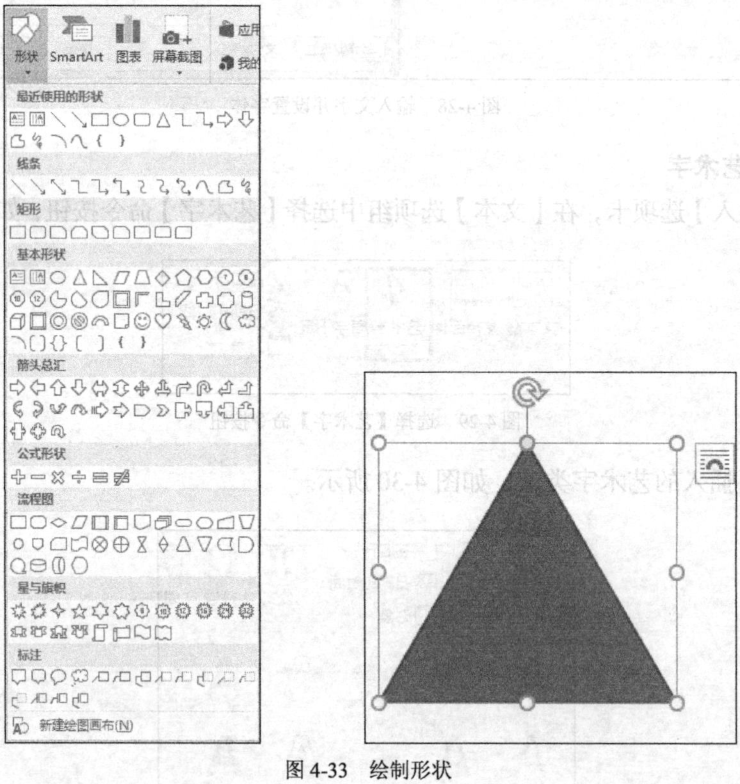

图 4-33　绘制形状

4. 插入项目符号

单击【开始】选项卡，在【段落】选项组中选择【项目符号】命令按钮，如图 4-34 所示。

图 4-34　选择【项目符号】命令按钮

在【项目符号库】列表中选择合适的项目符号，如图 4-35 所示。

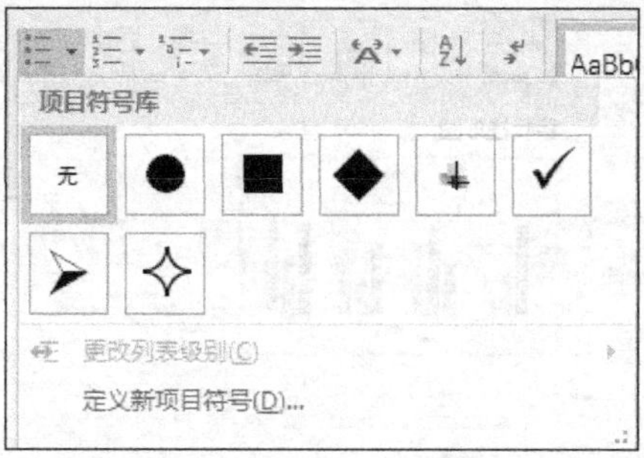

图 4-35　选择项目符号

如有需要，还可以单击【定义新项目符号】，在弹出的对话框中自定义需要的符号，如图 4-36 所示。设置完成后，单击【确定】按钮即可完成插入操作。

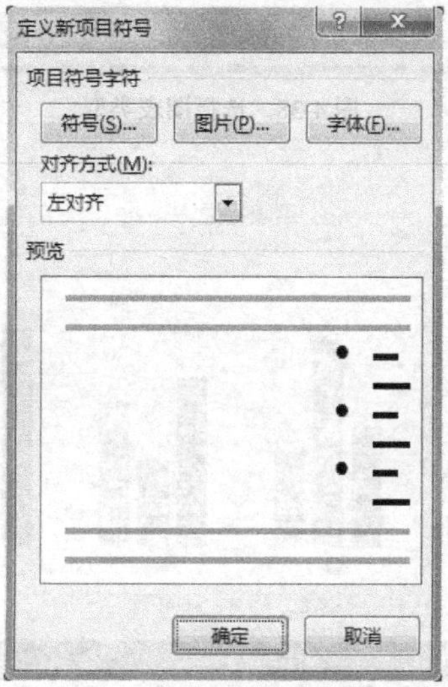

图 4-36　自定义项目符号

5. 插入图表

图表能够清晰直观地反映数据之间的关系，在报表类文档中可以经常看到图表的应用。单击【插入】选项卡，在【插图】选项组中选择【图表】命令按钮，如图 4-37 所示。

图 4-37　选择【图表】命令按钮

在弹出的对话框中选择一种图表类型，如图 4-38 所示。

选择完成后，Word 会弹出所选类型的图表和一个 Excel 文档编辑框，在编辑框中输入图表所显示的数据，输入完成后，关闭编辑框即可，如图 4-39 所示。

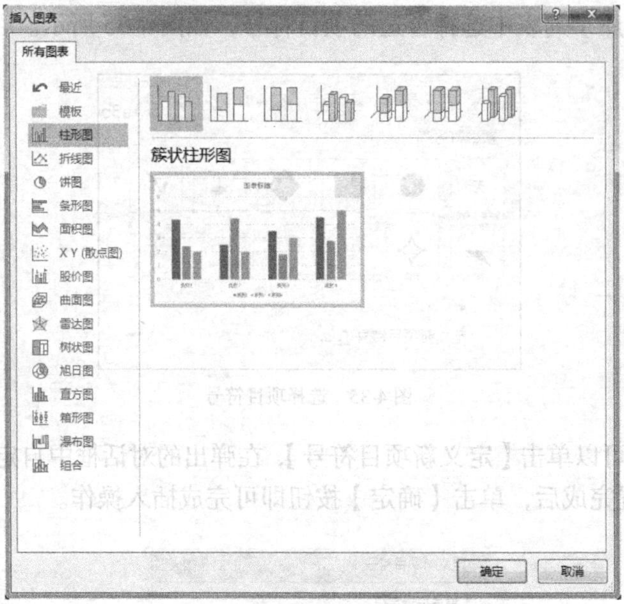

图 4-38　选择图表类型

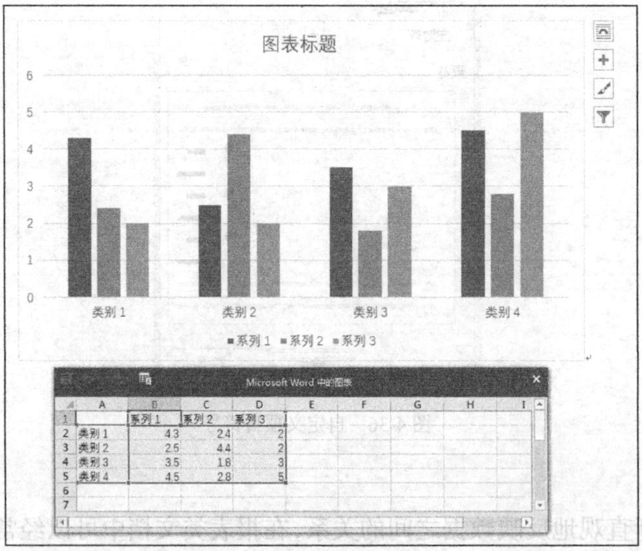

图 4-39　输入数据

4.3.3　插入表格

1. 绘制表格

单击【插入】选项卡，在【表格】选项组中单击【表格】命令按钮，如图 4-40 所示。

图 4-40　选择【表格】命令按钮

将鼠标指针移动到【表格】下拉列表的方形矩阵中，根据需要拖曳鼠标选取表格的行列数，选中的方格将以橙色高亮显示，单击鼠标左键即可绘制表格，如图 4-41（a）所示。此外，也可以手动输入表格的行列数，单击【表格】→【插入表格】，在弹出的对话框中输入表格的行列数，单击【确定】按钮即可绘制表格，如图 4-41（b）所示。

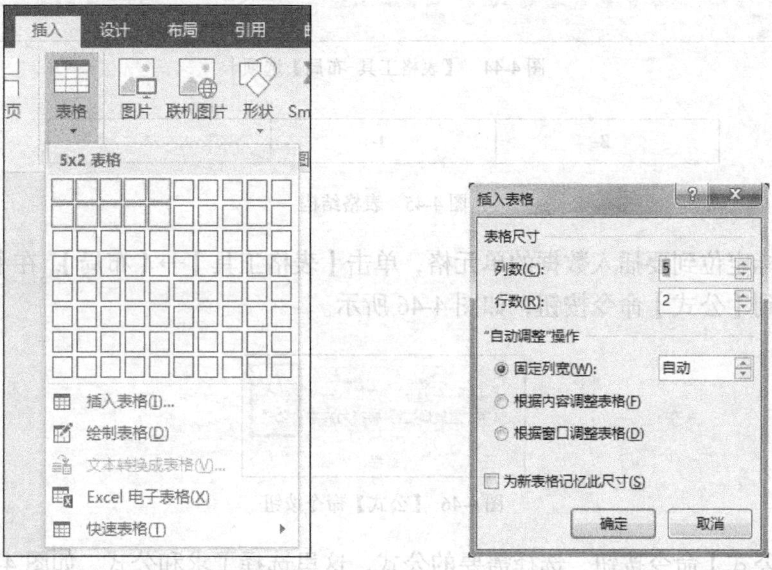

（a）　（b）

图 4-41　绘制表格

表格插入效果如图 4-42 所示。

↵	↵	↵	↵	↵
↵	↵	↵	↵	↵

图 4-42　效果展示

2. 设置表格

（1）表格设计

完成表格插入后，菜单栏中会出现【表格工具】选项卡，在【表格工具-设计】选项卡中，可以进行表格样式设置，如图 4-43 所示。

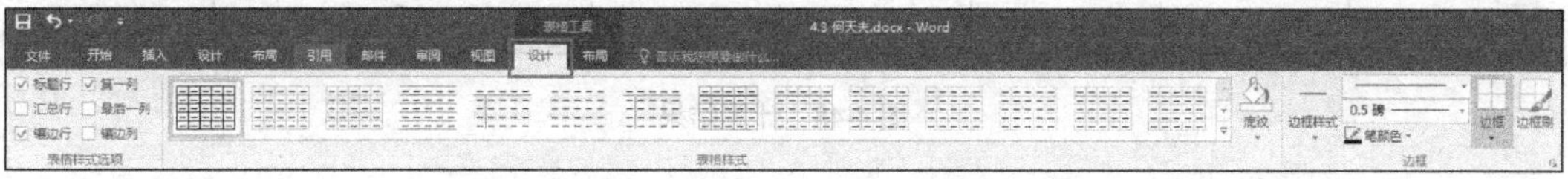

图 4-43　【表格工具-设计】选项卡

（2）表格布局

在【表格工具-布局】选项卡中，可以进行表格单元格格式的设置，包括添加/删除单元格、合并/拆分单元格、调整单元格的宽度和高度等，如图 4-44 所示。

【表格工具-布局】选项卡提供了针对表格中数据进行计算的功能。例如，将第一个单元格和第二个单元格的数值相加自动得到统计数据并在第三个单元格中显示，表格结构如图 4-45 所示。

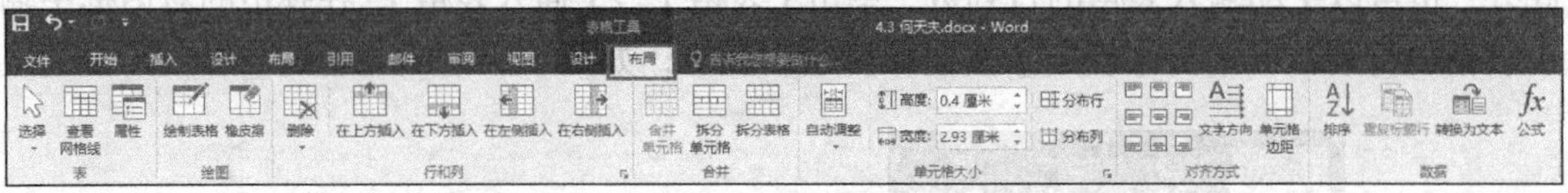

图 4-44 【表格工具-布局】选项卡

2	1	

图 4-45 表格结构

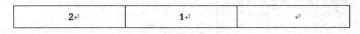

先将鼠标定位到要插入数据的单元格，单击【表格工具】→【布局】，在【布局】选项卡最右侧找到【公式】命令按钮，如图 4-46 所示。

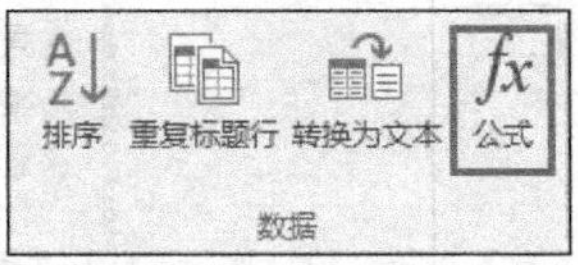

图 4-46 【公式】命令按钮

单击【公式】命令按钮，选择需要的公式，这里选择了求和公式，如图 4-47 所示，计算结果如图 4-48 所示。

图 4-47 选择公式

2	1	3

图 4-48 计算结果

4.3.4 插入公式

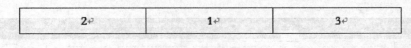

当文档中需要输入数学公式时，会使用到插入公式的功能。单击【插入】选项卡，在【符号】选项组中选择【公式】命令按钮，在打开的下拉列表中可以选择内置的公式，也可以输入新公式，如图 4-49 所示。

单击需要插入的公式，在生成的文本框中输入公式即可，如图 4-50 所示。

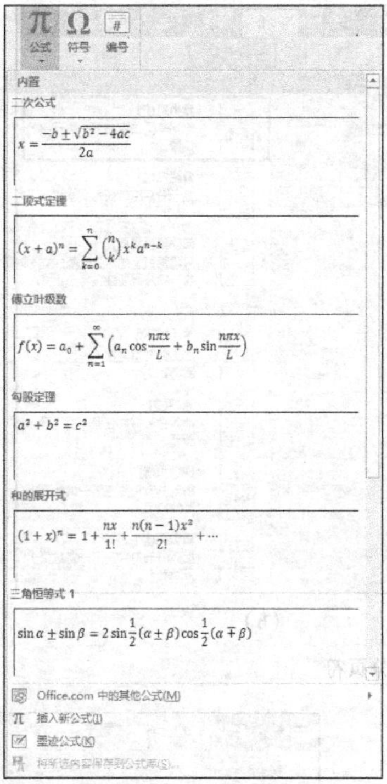

图 4-49　选择公式

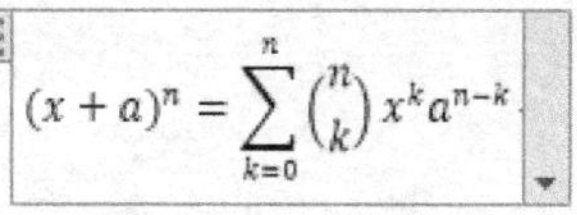

图 4-50　输入公式

4.4　长文档排版

长文档通常由多部分内容组成，各部分内容的页面版式和字体段落格式通常不同。比如毕业论文的封面不加页眉，而它的正文部分不仅有页眉，而且页码是重新开始编号的。通常一篇正规的长文档是由封面、目录、正文、附录组成的。本节将重点介绍分页符和分节符、脚注和尾注、页眉和页脚、目录、修订和批注等内容。

4.4.1　分页符和分节符

1. 分页符

分页符用来标记一页的终止和另一页的开始，插入分页符的方法有以下两种。

方法 1：单击【插入】选项卡，在【页面】选项组中选择【分页】命令按钮，如图 4-51（a）所示。

方法 2：单击【布局】选项卡，然后选择【分隔符】命令按钮，单击【分页符】，如图 4-51（b）所示。

2. 分节符

分节符包含该节的格式元素。使用分节符可以实现更改部分文档的版式或格式，使该节页面的版式或格式不同于其他节。分节符有“下一页”“连续”“偶数页”“奇数页”4 种类型，如图 4-52 所示。

（1）插入分节符

分节符可以在文档中的任意位置插入。单击【布局】选项卡，在【页面设置】选项组中选择【分隔符】命令按钮，在弹出的下拉列表中选择需要的分节符即可，如图 4-53 所示。

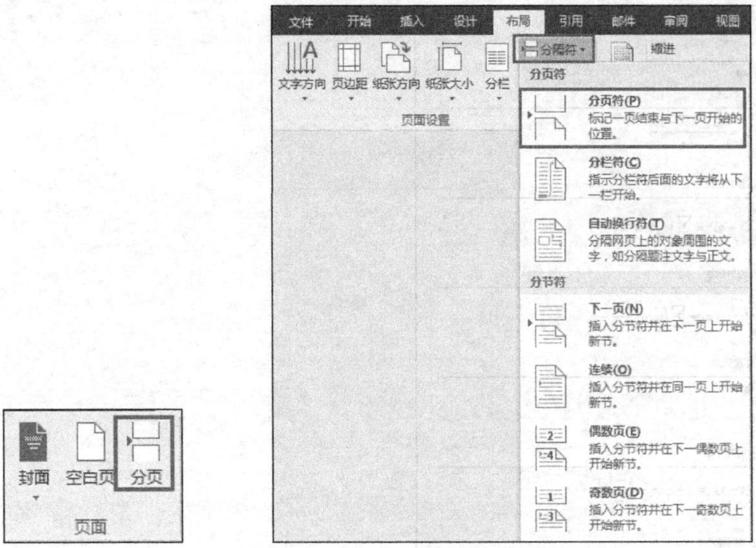

（a）　　　　　　　　（b）

图 4-51　插入分页符

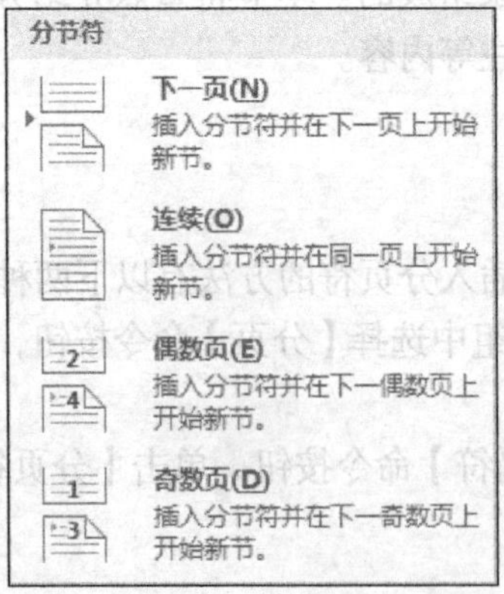

图 4-52　分节符

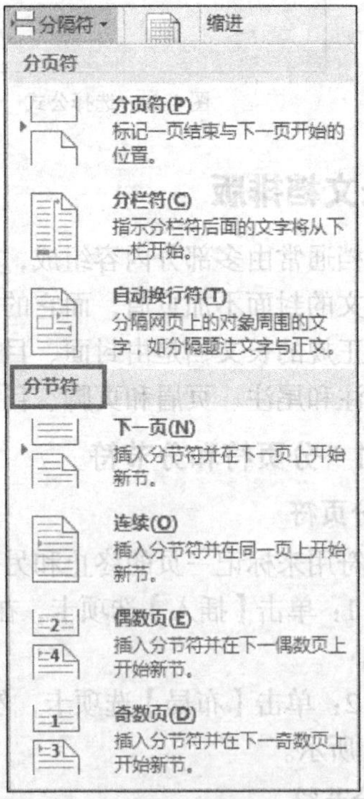

图 4-53　选择分节符

（2）删除分节符

分节符控制的是它前面的节的格式，删除分节符的同时也将删除该分节符包含的该节的格式元素，这部分文本的格式将会被后面的分节符控制。

将文档视图调整至草稿视图，以便可以看到双虚线分节符，如图 4-54 所示。选择要删除的分节符，按“Delete”键即可删除。

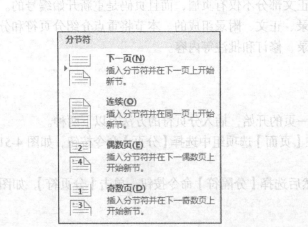

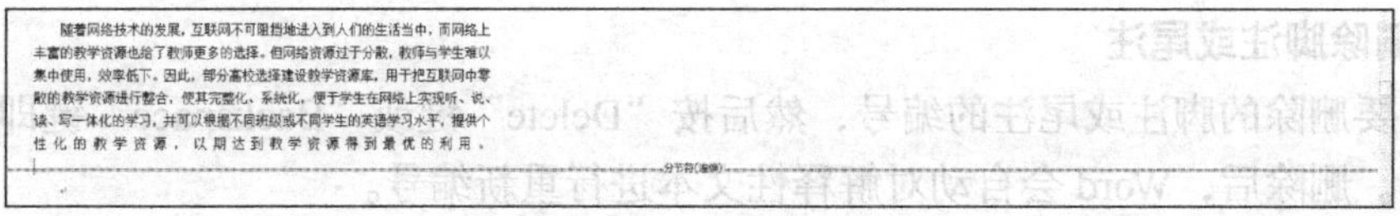
随着网络技术的发展，互联网不可阻挡地进入到人们的生活当中，而网络上丰富的教学资源也给了教师更多的选择。但网络资源过于分散，教师与学生难以集中使用，效率低下。因此，部分高校选择建设教学资源库，用于把互联网中零散的教学资源进行整合，使其完整化、系统化，便于学生在网络上实现听、说、读、写一体化的学习，并可以根据不同班级或不同学生的英语学习水平，提供个性化的教学资源，以期达到教学资源得到最优的利用。

图 4-54　双虚线分节符

4.4.2　脚注和尾注

“脚注和尾注”用于解释文档中的文本内容。脚注位于页面的最底端，常用于对文档中的文本提供解释或标注相关的参考资料。尾注位于整篇文档的最后，常用于提供引用的文献资料等。

1. 插入脚注或尾注

单击需要插入脚注或尾注的位置，单击【引用】选项卡，在【脚注】选项组中单击【插入脚注】或【插入尾注】命令按钮，如图 4-55 所示。

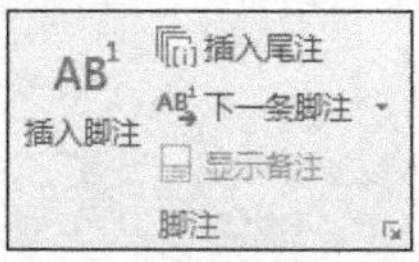

图 4-55　插入脚注或尾注

插入完成后，Word 将自动在插入位置添加编号，并且在脚注或尾注的位置添加同样的编号，在编号的右侧可以输入解释性文本，如图 4-56 所示。

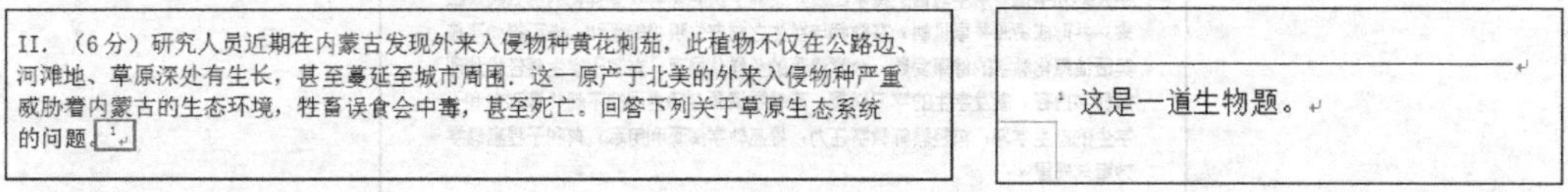
II.（6 分）研究人员近期在内蒙古发现外来入侵物种黄花刺茄，此植物不仅在公路边、河滩地、草原深处有生长，甚至蔓延至城市周围。这一原产于北美的外来入侵物种严重威胁着内蒙古的生态环境，牲畜误食会中毒，甚至死亡。回答下列关于草原生态系统的问题。
这是一道生物题。

图 4-56　输入解释性文本

2. 更改脚注或尾注

单击【引用】选项卡，再单击【脚注】选项组的对话框启动器，打开“脚注和尾注”对话框，进行格式更改，包括编号样式、更改范围等，如图 4-57 所示。

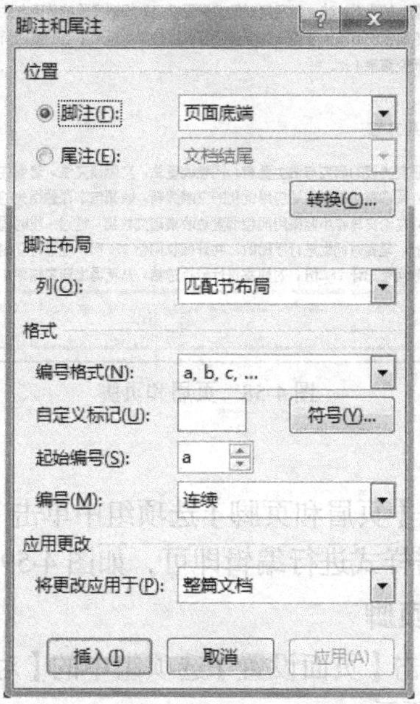

图 4-57 “脚注和尾注”对话框

3. 删除脚注或尾注

选定要删除的脚注或尾注的编号，然后按“Delete”键或“Backspace”键即可删除脚注或尾注。删除后，Word 会自动对解释性文本进行重新编号。

4.4.3 页眉和页脚

页眉位于文档的顶部，页脚位于文档底部的区域，如图 4-58 所示。我们可以在页眉和页脚中插入文本或图形，如页码、日期、公司徽标、文档标题或作者姓名等。插入的内容在每页都会自动出现，其中页码会自动顺延。保存在页眉、页脚中的信息显示为灰色，页眉页脚是独立于正文的部分，需要单独进行修改，不与文档正文信息同时进行更改。

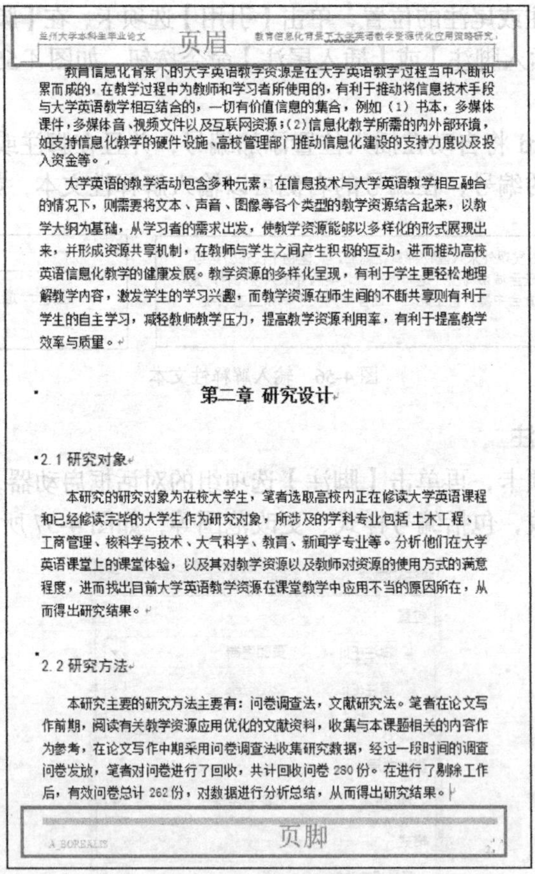

教育信息化背景下的大学英语教学资源是在大学英语教学过程当中不断积累而成的，在教学过程中为教师和学习者所使用的，有利于推动将信息技术手段与大学英语教学相互结合的，一切有价值信息的集合，例如（1）书本，多媒体课件，多媒体音、视频文件以及互联网资源；（2）信息化教学所需的内外部环境，如支持信息化教学的硬件设施、高校管理部门推动信息化建设的支持力度以及投入资金等。

大学英语的教学活动包含多种元素，在信息技术与大学英语教学相互融合的情况下，则需要将文本、声音、图像等各个类型的教学资源结合起来，以教学大纲为基础，从学习者的需求出发，使教学资源能够以多样化的形式展现出来，并形成资源共享机制，在教师与学生之间产生积极的互动，进而推动高校英语信息化教学的健康发展。教学资源的多样化呈现，有利于学生更轻松地理解教学内容，激发学生的学习兴趣，而教学资源在师生间的不断共享则有利于学生的自主学习，减轻教师教学压力，提高教学资源利用率，有利于提高教学效率与质量。

第二章 研究设计

2.1 研究对象

本研究的研究对象为在校大学生，笔者选取高校内正在修读大学英语课程和已经修读完毕的大学生作为研究对象，所涉及的学科专业包括土木工程、工商管理、核科学与技术、大气科学、教育、新闻学专业等。分析他们在大学英语课堂上的课堂体验，以及其对教学资源以及教师对资源的使用方式的满意程度，进而找出目前大学英语教学资源在课堂教学中应用不当的原因所在，从而得出研究结果。

2.2 研究方法

本研究主要的研究方法主要有：问卷调查法，文献研究法。笔者在论文写作前期，阅读有关教学资源应用优化的文献资料，收集与本课题相关的内容作为参考，在论文写作中期采用问卷调查法收集研究数据，经过一段时间的调查问卷发放，笔者对问卷进行了回收，共计回收问卷 280 份。在进行了剔除工作后，有效问卷总计 262 份，对数据进行分析总结，从而得出研究结果。

图 4-58 页眉和页脚

1. 插入页眉和页脚

单击【插入】选项卡，在【页眉和页脚】选项组中单击【页眉】或【页脚】命令按钮，在弹出的下拉列表中选择所需样式进行编辑即可，如图 4-59 所示。

2. 删除首页中的页眉和页脚

选择【布局】选项卡，单击【页面设置】选项组中的【对话框启动器】按钮，打开“页面设置”对话框，如图 4-60 所示。

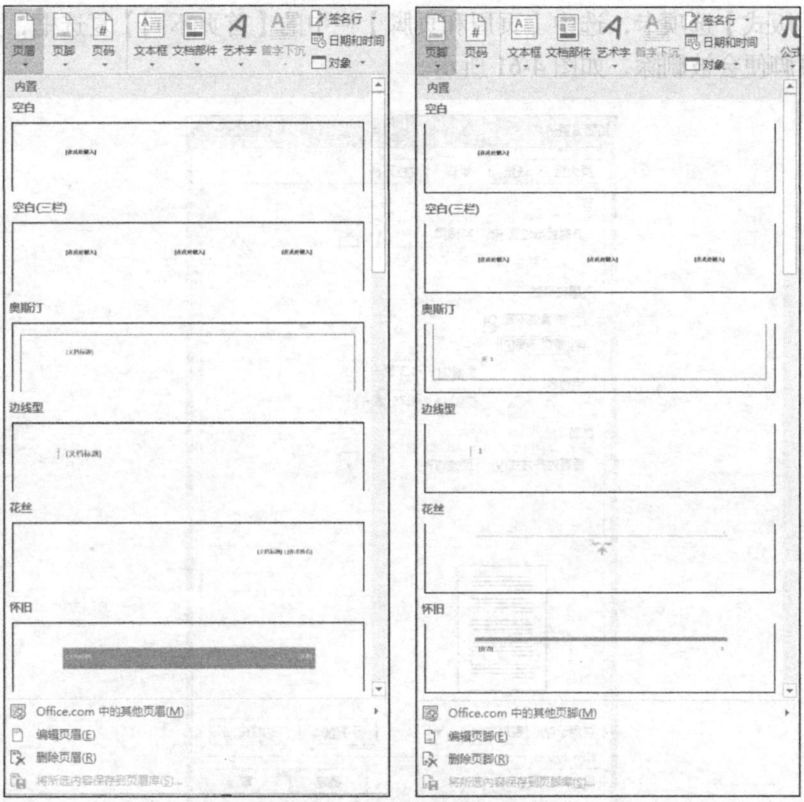

图 4-59　插入页眉或页脚

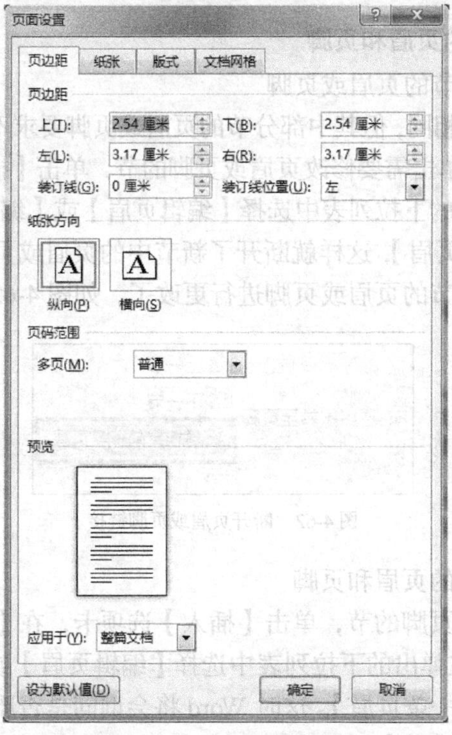

图 4-60　“页面设置”对话框

单击【版式】选项卡，选中【页眉和页脚】栏中的【首页不同】复选框，文档首页中的页眉和页脚便会被删除，如图 4-61 所示。

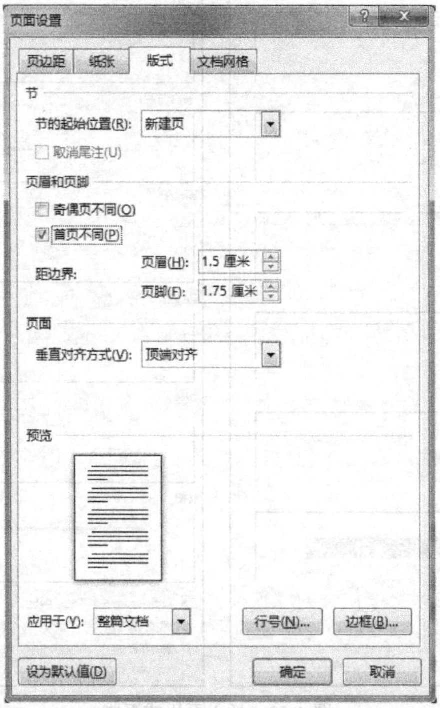

图 4-61 版式设置

3. 设置多节文档中的页眉和页脚

（1）创建不同于其他节的页眉或页脚

当多节的页眉或页脚相同，但其中部分节的页眉或页脚要求不同于其他节的页眉或页脚时，可以进行以下操作：单击需要修改页眉或页脚的节，单击【插入】→【页眉和页脚】→【页眉】/【页脚】，在弹出的下拉列表中选择【编辑页眉】或【编辑页脚】，在【设计】选项卡中关闭【链接到前一条页眉】，这样就断开了新节中的页眉或页脚与前一节中的页眉或页脚之间的链接，可以对本节的页眉或页脚进行更改了，如图 4-62 所示。

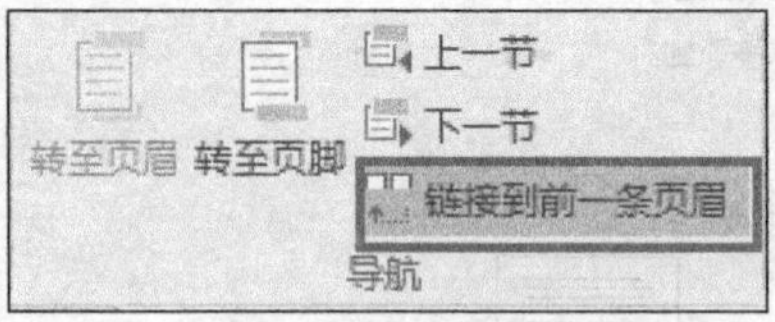

图 4-62 断开页眉或页脚链接

（2）与前节使用相同的页眉和页脚

单击需要修改页眉或页脚的节，单击【插入】选项卡，在【页眉和页脚】选项组中选择【页眉】或【页脚】，在弹出的下拉列表中选择【编辑页眉】或【编辑页脚】，在【设计】选项卡上单击【链接到前一条页眉】，这时 Word 将会询问是否删除页眉和页脚并链接到前一节的页眉和页脚，单击【是】按钮即可，如图 4-63 所示。

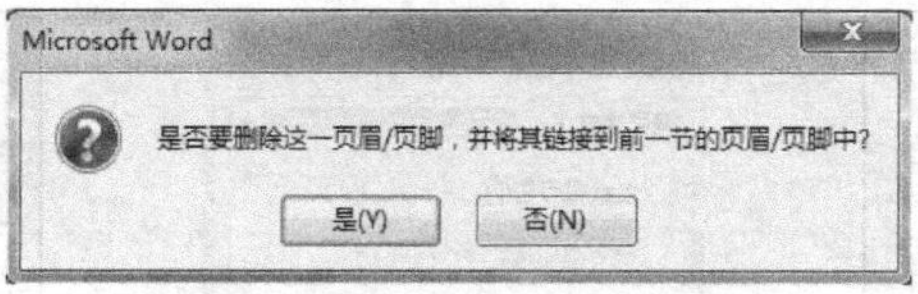

图 4-63 “Microsoft Word”对话框

4. 删除页眉或页脚

单击【插入】选项卡，在【页眉和页脚】选项组中单击【页眉】或【页脚】，在弹出的下拉列表中选择【删除页眉】或【删除页脚】，如图 4-64 所示。

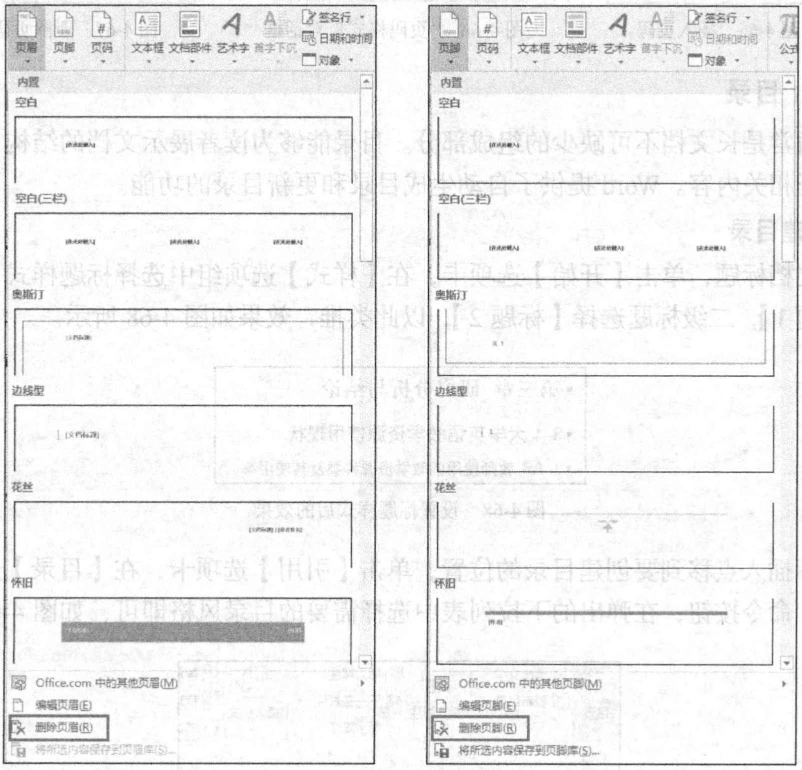

图 4-64 删除页眉或页脚

5. 页码

在文档中添加页码可以方便读者阅读，页码可以添加至文档的任一位置。

（1）插入页码与页码的格式设置

单击【插入】选项卡，在【页眉和页脚】选项组中单击【页码】命令按钮，在弹出的下拉列表中选择页码的插入位置（顶端、底端、自定义位置）即可完成插入，如图 4-65 所示。单击【插入】→【页码】→【设置页码格式】，会弹出“页码格式”对话框，如图 4-66 所示，可以根据实际需要设置合适的编号格式和页码编号。

（2）删除页码

单击【插入】选项卡，在【页眉和页脚】选项组中单击【页码】命令按钮，在弹出的下拉列表中选择【删除页码】即可删除页码，如图 4-67 所示。

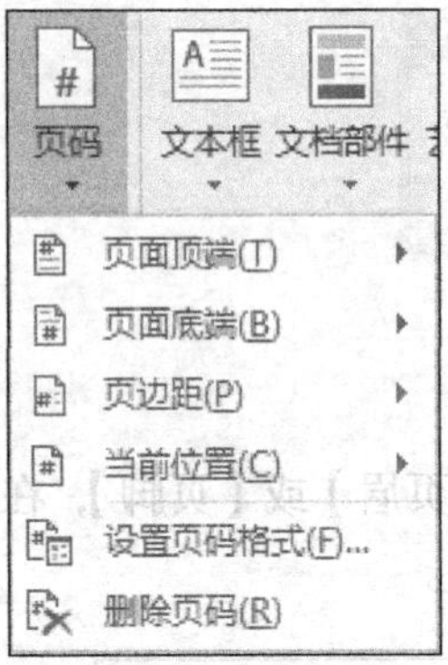

图 4-65 插入页码

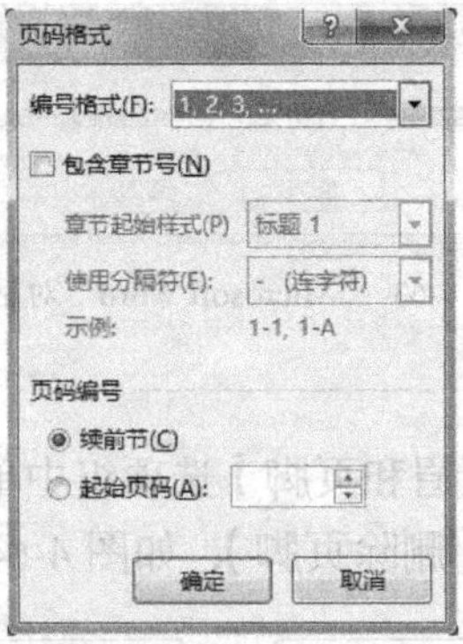

图 4-66 “页码格式”对话框

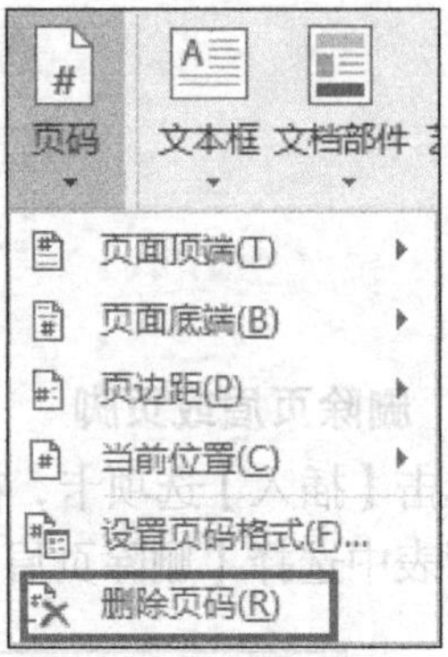

图 4-67 删除页码

4.4.4 目录

目录通常是长文档不可缺少的组成部分。目录能够为读者展示文档的结构，方便读者快速定位至相关内容。Word 提供了自动生成目录和更新目录的功能。

1. 创建目录

选中文档标题，单击【开始】选项卡，在【样式】选项组中选择标题样式，一级标题选择【标题 1】，二级标题选择【标题 2】，以此类推，效果如图 4-68 所示。

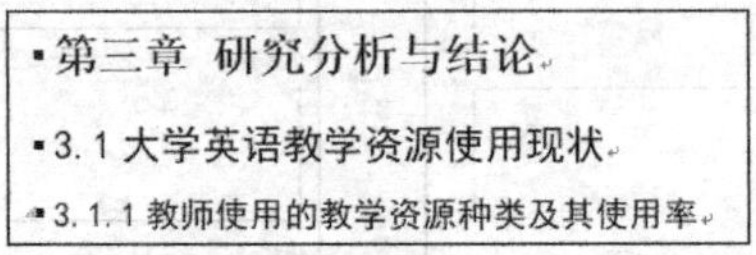

图 4-68 设置标题样式后的效果

将光标插入点移到要创建目录的位置，单击【引用】选项卡，在【目录】选项组中单击【目录】命令按钮，在弹出的下拉列表中选择需要的目录风格即可，如图 4-69 所示。

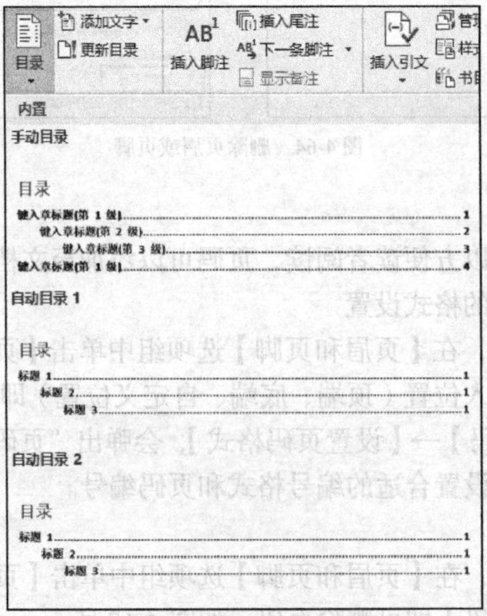

图 4-69 创建目录

2. 更新和删除目录

（1）更新目录

如果文档的页码或者标题发生了变化，就需要更新目录，使它与文档的内容保持一致。选中目录，单击目录左上角的【更新目录】按钮，此时会弹出一个对话框，询问是更新整个目录还是只更新页码，根据实际需要进行选择即可，如图 4-70 所示。

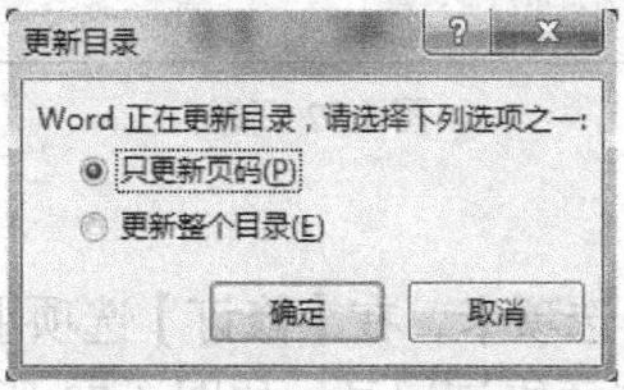

图 4-70 更新目录

（2）删除目录

不需要目录时，可以将其删除。选中目录，单击目录左上角的【目录】按钮，在弹出的下拉列表中选中【删除目录】即可，如图 4-71 所示。

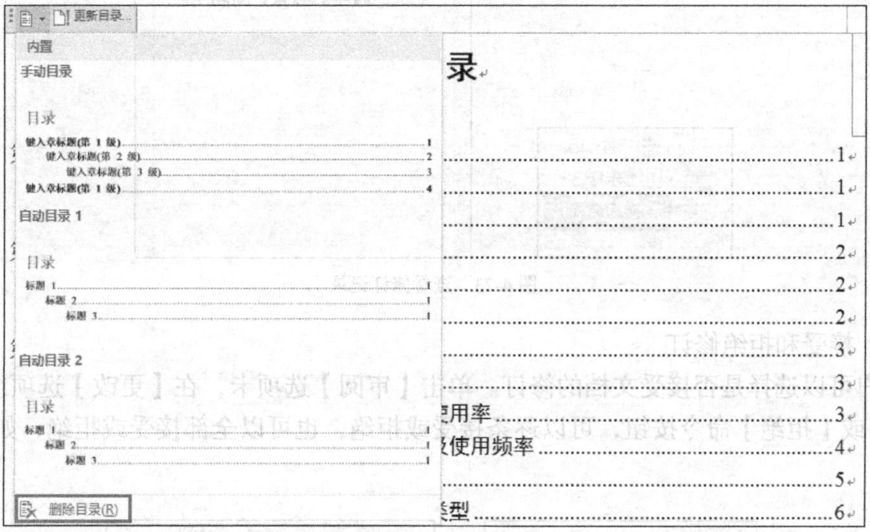

图 4-71 删除目录

4.4.5 修订和批注

Word 提供了修订和批注功能。利用这两个功能，用户在审阅文档时，可以指出文档中的错误又不影响原文档内容。在修订状态下，内容的修改会用不同的颜色显示出来并添加下画线或删除线，同时在修改处的左侧显示“|”标记。批注在文档的右侧显示，用虚线和文档中对应的内容链接，批注中会显示什么人在什么时间做了什么样的批注。

1. 修订

（1）进入和关闭修订状态

单击【审阅】选项卡，在【修订】选项组中单击【修订】命令按钮，此时文档处于修订状态，再次单击【修订】命令按钮可关闭修订状态，如图 4-72 所示。

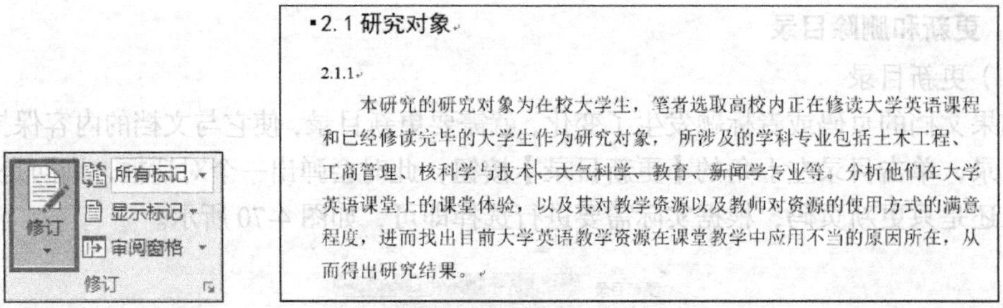

图 4-72 修订

（2）查看修订记录

修订完成后，单击【审阅】选项卡，在【修订】选项组中单击【审阅窗格】命令按钮，在文档页面的左侧可以查看所有的修订记录，如图 4-73 所示。

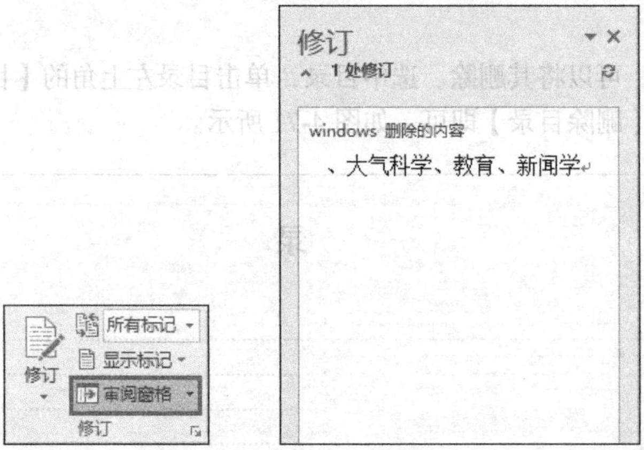

图 4-73 查看修订记录

（3）接受和拒绝修订

用户可以选择是否接受文档的修订。单击【审阅】选项卡，在【更改】选项组中单击【接受】或【拒绝】命令按钮，可以逐条接受或拒绝，也可以全部接受或拒绝，如图 4-74 所示。

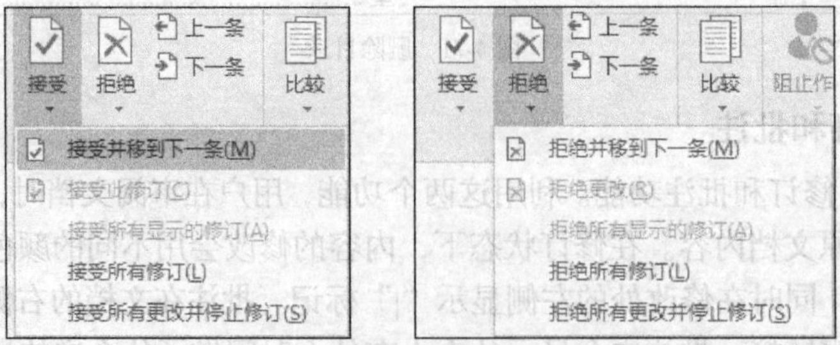

图 4-74 接受和拒绝修订

（4）修改修订样式

单击【审阅】选项卡，再单击【修订】选项组中的【对话框启动器】按钮，打开“修订选项”对话框，用户可根据实际情况在其中进行相关设置，如图 4-75 所示。

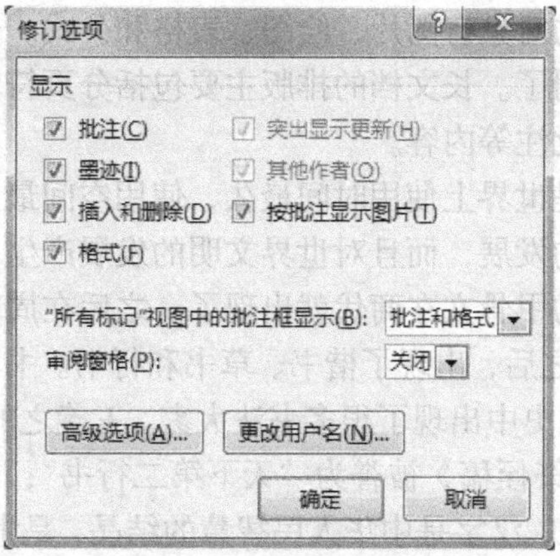

图 4-75 “修订选项”对话框

2. 批注

（1）插入批注

选择要进行批注的文本，单击【审阅】选项卡，在【批注】选项组中单击【新建批注】命令按钮，此时文档右侧会出现批注框，在批注框中输入批注文本即可，如图 4-76 所示。

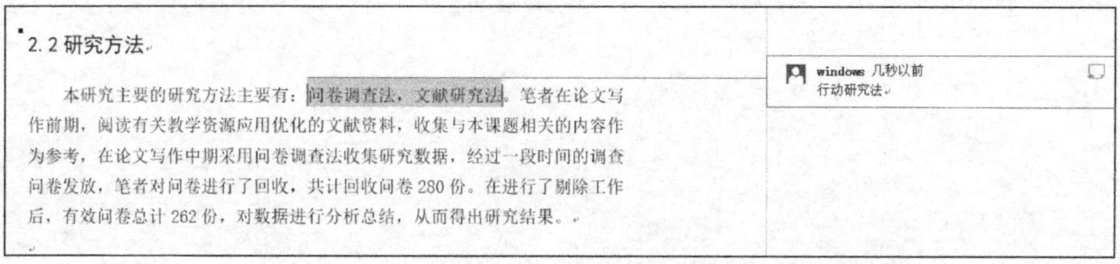

图 4-76　插入批注

（2）删除批注

① 逐个删除：选中某个批注，单击鼠标右键，在弹出的快捷菜单中选择【删除批注】选项即可。

② 全部删除：单击【审阅】选项卡，在【批注】选项组中单击【删除】命令按钮，在弹出的下拉列表中选择【删除文档中的全部批注】即可。

本章小结与知识延伸

本章主要介绍了文字处理基础知识、文档的编辑与排版、在文档中插入各种对象和长文档排版 4 部分内容。我们在学习处理文档时，首先应学会打开和关闭一个文档，然后需要掌握新建与保存文档的方法。在文档中录入文本是文字处理软件的基本操作，输入日期、特殊符号与公式则是 3 个难度相对较大的操作。文档的编辑主要包括复制文本、剪切文本、粘贴文本、移动文本以及查找、替换和定位等内容。文档的“颜值”十分重要。正式的文档更要注重文档的格式设置。文档的格式设置主要包括字体格式设置、段落格式设置、样式和格式刷 4 部分内容。页面布局也影响着文档的“颜值”，其主要包括页面设置、稿纸设置、页面背景设置、打印及打印设置等内容。在文档中插入各种对象可以使文档的内容更加丰富。常在文档中插入的对象有图片、绘图、表格和公式。长文档由多部分组成，合理排版可使长文档更加整齐明了。长文档的排版主要包括分页符和分节符、脚注和尾注、页眉和页脚、目录及修订和批注等内容。

在所有文字中，汉字是世界上使用时间最久、使用空间最广、使用人数最多的文字。汉字不仅推动了中华文明的发展，而且对世界文明的发展产生了深远的影响。汉字是从古代演变过来的文字。最早的甲骨文在商代就出现了。之后在周朝，汉字发展成为大篆。在秦朝出现了“秦隶”。西汉之后，出现了楷书、草书和行书。书法是我国汉字特有的一种传统艺术。在中华文明的发展史中出现了很多书法大家。王羲之的行书《兰亭序》被誉为“天下第一行书”；颜真卿的《祭侄稿》被誉为“天下第二行书”；在宋代出现了苏轼、黄庭坚和米芾等杰出书法家。总之，汉字是中华人民智慧的结晶，是世界上独一无二的创造发明，它足以证明我国人民具有突出的创新能力。我们每一个人都应该传承中华文明，展现中华魅力。

第 5 章　电子表格软件

学习目标

1. 掌握电子表格基础知识。
2. 学会数据分析和处理的方法。
3. 掌握数据图表化的方法。

思维导图

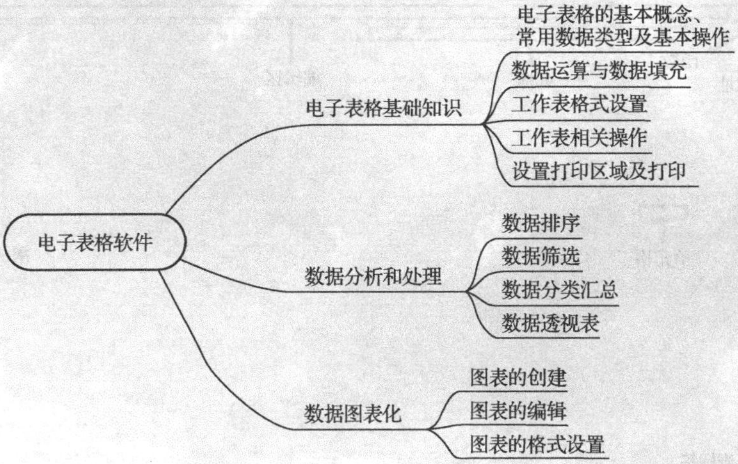

本章导读

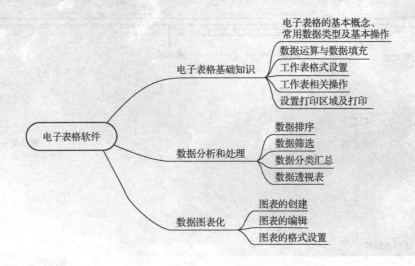

电子表格是人们常用的办公软件，它是一类模拟纸上表格的计算机程序，可以显示由一系列行和列构成的网格，用于帮助用户制作各种复杂的表格文档，以及进行烦琐的数据计算。本章以 Microsoft Office Excel 2016（以下简称 Excel）为例，介绍电子表格基础知识、数据分析和处理、数据图表化等内容。

5.1 电子表格基础知识

5.1.1 电子表格的基本概念、常用数据类型及基本操作

Excel 是一款电子表格软件，可以在 Windows 等操作系统中运行，常用于数据统计与分析。

1. 基本概念

（1）工作界面

图 5-1 所示是 Excel 的工作界面，它由快速访问工具栏、标题栏、窗口操作按钮、功能区、当前单元格地址、函数、编辑区、行号、列标、单元格、滚动条、工作表标签、视图栏等构成。其中快速访问工具栏、标题栏、窗口操作按钮、视图栏的功能与 Word 类似，此处不再赘述。下面着重介绍功能区和工作区。

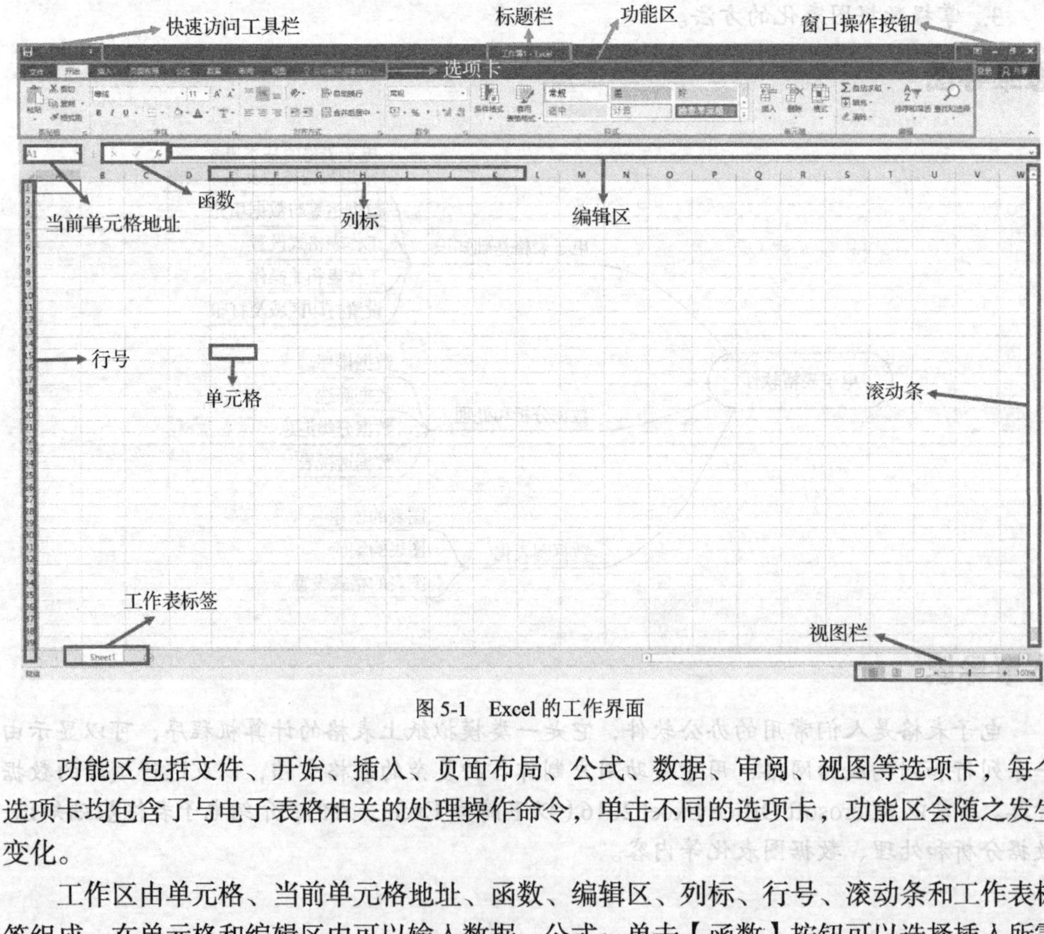

图 5-1 Excel 的工作界面

功能区包括文件、开始、插入、页面布局、公式、数据、审阅、视图等选项卡，每个选项卡均包含了与电子表格相关的处理操作命令，单击不同的选项卡，功能区会随之发生变化。

工作区由单元格、当前单元格地址、函数、编辑区、列标、行号、滚动条和工作表标签组成。在单元格和编辑区内可以输入数据、公式；单击【函数】按钮可以选择插入所需的公式；列标和行号用来标注单元格的地址；工作表标签可展示工作表信息。

（2）工作簿

用 Excel 创建的文件称为工作簿，扩展名为“.xlsx”。工作簿由一个或多个工作表组成，例如，一个销售情况工作簿可以由第一季度、第二季度、第三季度和第四季度的销售数据

共 4 个工作表构成。用户可以在工作簿内操作工作表和单元格进行数据处理。

（3）工作表

工作簿窗口中显示的表格称为工作表，工作表标签中高亮显示的是当前操作的工作表。工作表的名称在工作表标签中显示，选中工作表标签，然后单击鼠标右键，可以重命名工作表。单击工作表标签右侧的⊕按钮可以增加新的工作表。Excel 默认有 1 个工作表，工作表的默认数量可以通过【文件】选项卡的【选项】命令进行修改，图 5-2 所示为“Excel 选项”对话框。

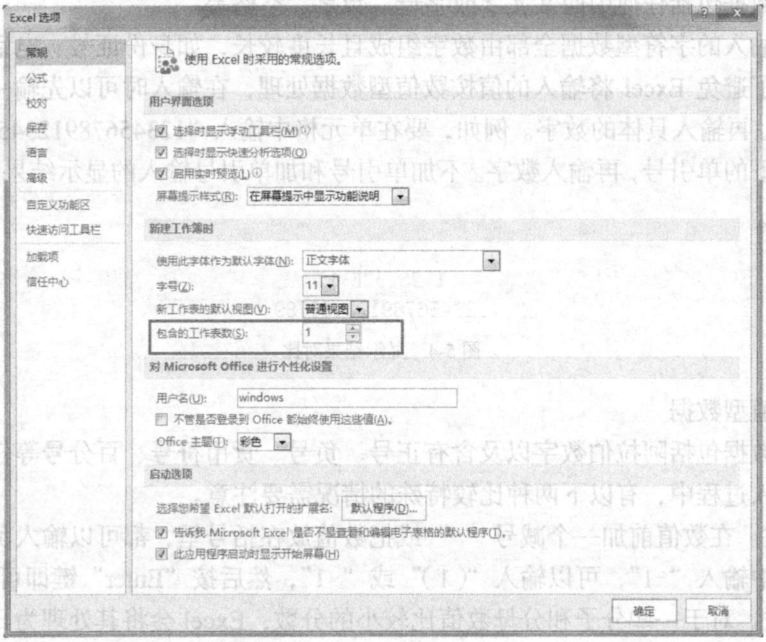

图 5-2　“Excel 选项”对话框

（4）行号和列标

Excel 工作表是由行和列构成的一个二维表。行号由数字 1,2,3,…表示；列标由字母 A,B,C,…,AB,AC,…表示。

（5）单元格和单元格区域

单元格是工作表中行与列的交叉部分形成的矩形区域，它是组成表格的最小单位。每个单元格都有其默认的名字，命名规则为列标加行号，例如，图 5-3 中字母“A”所在单元格的名字为“C4”，代表第 C 列、第 4 行的单元格。

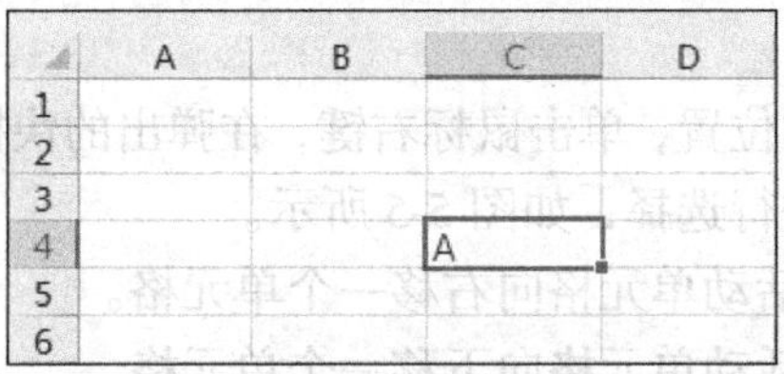

图 5-3　单元格

在单元格中可以输入和修改数据，包括字符、文本、数字和公式等，输入完内容后，按“Enter”键确认输入。单元格中显示的值与编辑区显示的值相同，如果是公式，单元格显示的是通过公式计算出的值，编辑区仍显示公式。

单元格区域即多个相邻单元格组成的区域，常用于对多个单元格执行相同的操作，或者对多个单元格中的数据进行运算。表示单元格区域时要用到“:”，例如，“A1:C3”代表的是以 A1 为起点、C3 为终点共 9 个单元格组成的区域。

2. 常用数据类型

（1）字符型数据

字符型数据包括任何中西文文字或字母、数字、空格等。

如果要输入的字符型数据全部由数字组成且长度较长，如身份证号、电话号码、存折账号等，为了避免 Excel 将输入的值按数值型数据处理，在输入时可以先输一个英文状态下的单引号，再输入具体的数字。例如，要在单元格中输入“123456789123456789”，先输入英文状态下的单引号，再输入数字。不加单引号和加单引号输入的显示结果对比如图 5-4 所示。

图 5-4 显示结果对比

（2）数值型数据

数值型数据包括阿拉伯数字以及含有正号、负号、货币符号、百分号等任一种符号的数据。在输入过程中，有以下两种比较特殊的情况需要注意。

① 负数。在数值前加一个减号“-”或把数值放在括号里，都可以输入负数。例如，要在单元格中输入“-1”，可以输入“(1)”或“-1”，然后按“Enter”键即可。

② 分数。对于一些分子和分母数值比较小的分数，Excel 会将其处理为日期格式的形式，例如，输入“5/15”，单元格显示的内容为“5 月 15 日”。如需在单元格中输入分数形式的数据，应先输入“0”和一个空格再输入分数，或者在分数前输入英文状态下的单引号，以此确保每一个输入数据都可以正确显示。

（3）日期型数据和时间型数据

在人事管理等工作中，经常需要录入一些日期型的数据，在录入过程中要注意以下 3 点。

① 输入日期时，年、月、日之间要用“/”或“-”隔开，如“2002-8-16”“2002/8/16”。

② 输入时间时，时、分、秒之间要用冒号隔开，如“10:29:36”。

③ 若要在单元格中同时输入日期和时间，日期和时间之间应该用空格隔开。

3. 基本操作

（1）插入单元格

选中需要插入单元格的位置，单击鼠标右键，在弹出的快捷菜单中选择【插入】，根据需要，在弹出的对话框中进行选择，如图 5-5 所示。

① 活动单元格右移：活动单元格向右移一个单元格。

② 活动单元格下移：活动单元格向下移一个单元格。

③ 整行：活动单元格所在行向下移一个单元格。

④ 整列：活动单元格所在列向右移一个单元格。

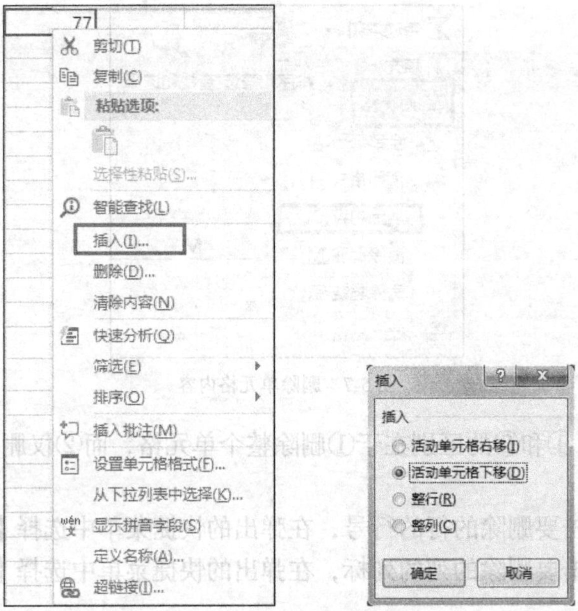

图 5-5　插入单元格

（2）删除单元格和单元格内容

① 删除单元格：选中单元格，单击鼠标右键，在弹出的快捷菜单中选择【删除】，并根据需要选择周围的单元格如何移动，如图 5-6 所示。

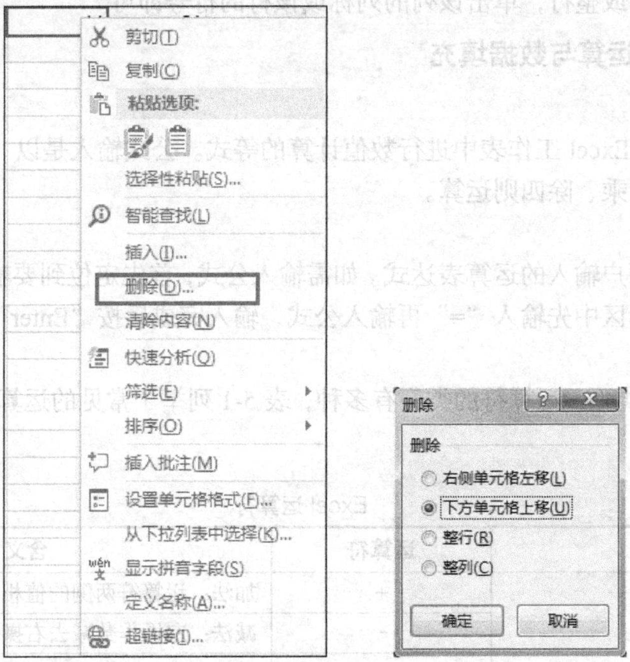

图 5-6　删除单元格

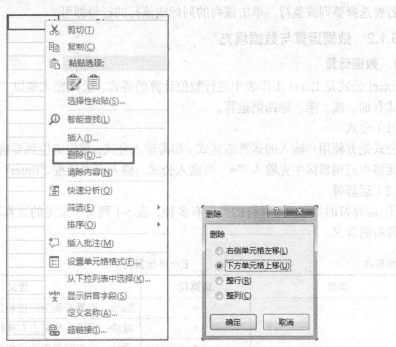

② 删除单元格内容：选中单元格，在【开始】选项卡中单击【清除】命令按钮，在弹出的下拉列表中选择【清除内容】即可，如图 5-7 所示。

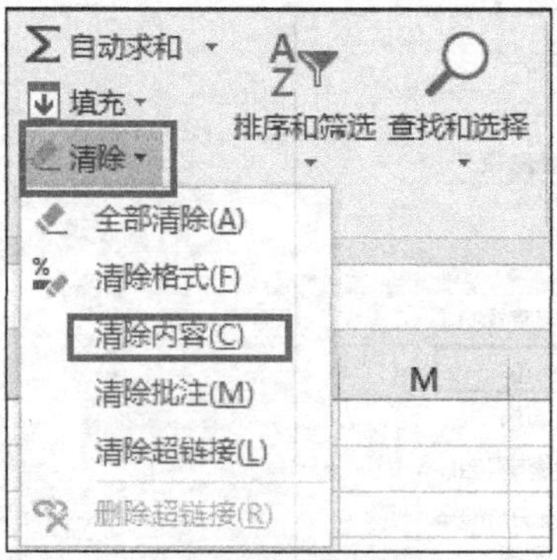

图 5-7 删除单元格内容

值得注意的是，①和②的区别在于①删除整个单元格，而②仅删除单元格中的内容，单元格依然存在。

③ 删除行：右击要删除的行的行号，在弹出的快捷菜单中选择【删除】即可。

④ 删除列：右击要删除的列的列标，在弹出的快捷菜单中选择【删除】即可。

（3）选择单元格

选择只包含少量单元格的小型单元格区域时，单击第一个单元格并拖曳鼠标至想要包含在该区域中的最后一个单元格即可。

若要选择较大的单元格区域，单击第一个单元格并按住“Shift”键，然后单击区域中的最后一个单元格即可。

若要选择整列或整行，单击该列的列标或该行的行号即可。

5.1.2 数据运算与数据填充

1. 数据运算

Excel 公式是 Excel 工作表中进行数值计算的等式。公式输入是以“=”开始的。简单的公式有加、减、乘、除四则运算。

（1）公式

公式是方便用户输入的运算表达式。如需输入公式，首先定位到要输入公式的单元格，在单元格中或编辑区中先输入“=”再输入公式，输入完成后按“Enter”键即可进行计算。

（2）运算符

① 运算符的类型。运算符的类型有多种，表 5-1 列举了常见的运算符类型，并解释了各运算符的含义。

表 5–1　Excel 运算符

类型	运算符	含义
算术运算符	+	加法：运算符两侧的值相加
	–	减法：左操作数减去右操作数
	*	乘法：运算符两侧的值相乘
	/	除法：左操作数除以右操作数
	%	百分比：操作数的百分数
	^	幂运算：底数（底数的个数等于指数）相乘

续表

类型	运算符	含义
比较运算符	＝	等于：检查两个操作数的值是否相等，如果相等，则条件为真
	<>	不等于：检查两个操作数的值是否相等，如果不相等，则条件为真
	＜	小于：检查左操作数的值是否小于右操作数的值，如果是，那么条件为真
	<=	小于等于：检查左操作数的值是否小于或等于右操作数的值，如果是，那么条件为真
	＞	大于：检查左操作数的值是否大于右操作数的值，如果是，那么条件为真
	>=	大于等于：检查左操作数的值是否大于或等于右操作数的值，如果是，那么条件为真
文本运算符	&	连接：将一个或多个文本连接成一个新文本
引用运算符	：	区域运算符：对两个引用之间（包括两个引用）的所有单元格进行引用
	，	联合运算符：将多个引用合并为一个引用
	空格	交叉运算符：对两个引用共有的单元格的引用

② 运算符的优先级。

如果公式中运用了多个运算符，其优先级从高到低的顺序如下：冒号 > 逗号 > 空格 > 负号 > 百分比 > 幂运算 > 乘、除 > 加、减 > 文本运算符 > 比较运算符。

需要注意的是，运算过程中若有括号则先算括号中的内容。

（3）函数

函数是 Excel 内预设的公式，函数可以计算多个值并返回结果。利用函数可以免于输入复杂公式，从而提高工作效率。

Excel 中一共有 13 类函数，包括财务函数、日期与时间函数、数学与三角函数、统计函数、查找与引用函数、数据库函数、文本函数、逻辑函数、信息函数、工程函数、多维数据集函数、兼容性函数、Web 函数。

使用函数时，首先选中插入公式的单元格，单击【函数】命令按钮，此时会弹出“插入函数”对话框，如图 5-8 所示，从中选择需要的函数，单击【确定】按钮。在“函数参数”对话框中选择进行计算的数据，单击【确定】按钮即可得出运算结果，如图 5-9 所示。

2. 数据填充

（1）自动填充

对于工作表的一列数据，如果当前输入数据的前几个字符与该列输入数据的前几个字符重复，Excel 就会自动填充后面的文本，如图 5-10 所示。输入的数据可以是纯文本，也可以是文字与数字的组合（文字在前）。

如果用户确定输入相同的内容，按“Enter”键即可。按“Backspace”键将删除自动填充的内容。

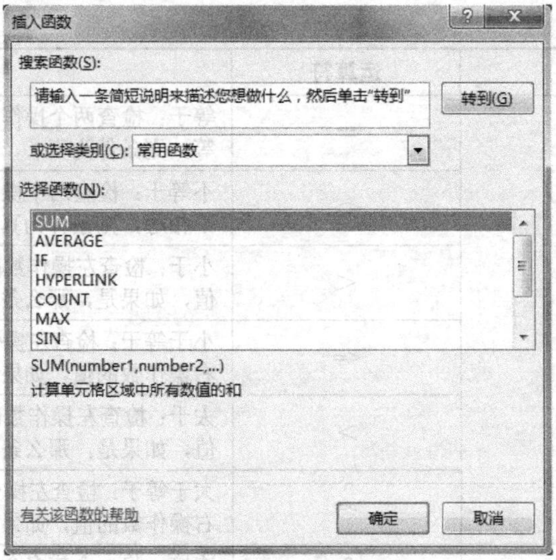

图 5-8 “插入函数”对话框

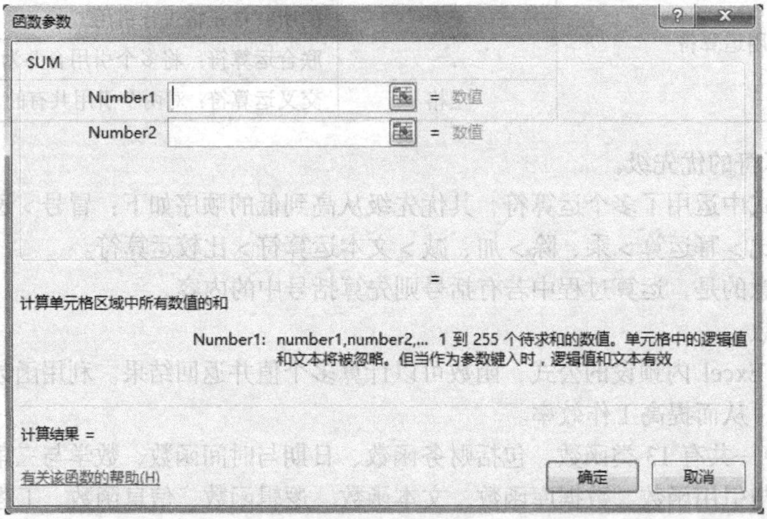

图 5-9 选择数据

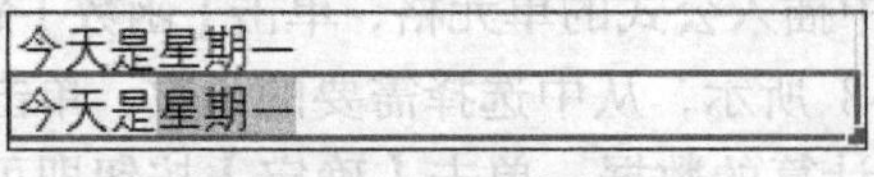

图 5-10 自动填充文本

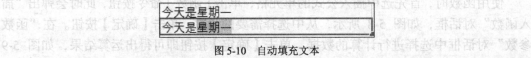

用户可以根据需要关闭自动填充功能。单击【文件】选项卡，选择【选项】，在弹出的“Excel 选项”对话框中选择【高级】，在【编辑选项】栏中取消选中【自动快速填充】即可，如图 5-11 所示。

（2）使用填充柄填充

填充柄是 Excel 提供的快速填充单元格工具，默认为开启，用户可以在“Excel 选项”对话框中关闭。选中包含数据的单元格，将光标移至选区右下角的绿色方块上，此时光标会变成填充柄（黑色“十”字）。

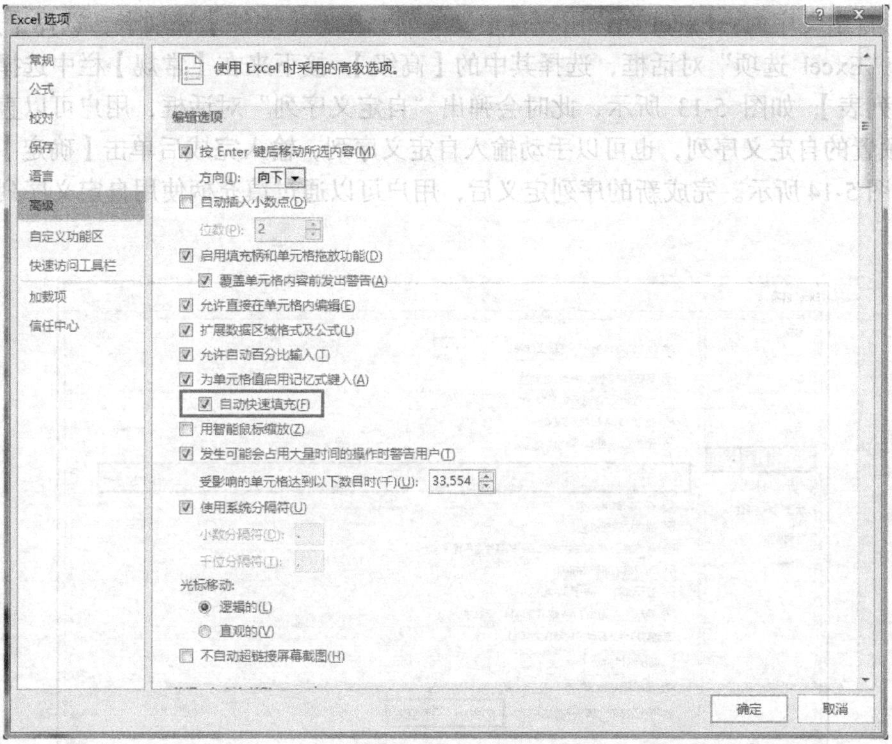

图 5-11 “Excel 选项”对话框

① 填充字符和数字：激活填充柄，单击鼠标左键并拖曳，可以实现单元格内容的填充。单击鼠标右键并拖曳可以选择单元格的填充方式，如图 5-12 所示。

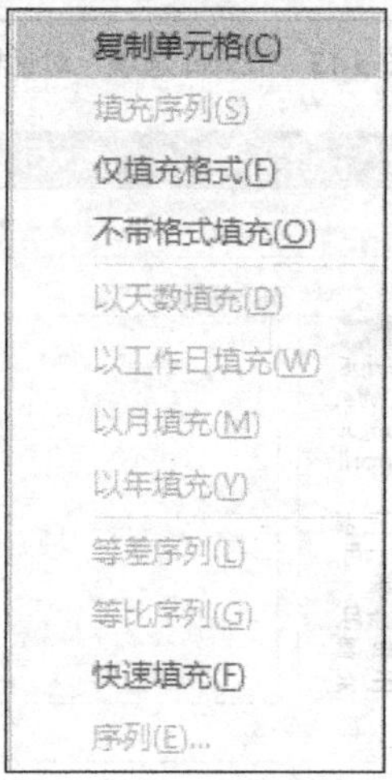

图 5-12 选择填充方式

② 填充日期数据：选中填充数据区域的第一个单元格，输入起始日期，激活填充柄并拖曳即可。

③ 填充数字序列：选中填充数据区域的第一个单元格，输入起始数据，在下一个单元格内输入第二个数据，激活填充柄并拖曳即可。

④ 自定义序列：Excel 允许用户自定义序列。单击【文件】选项卡，选择【选项】，会弹出“Excel 选项”对话框，选择其中的【高级】，接下来在【常规】栏中选择【编辑自定义列表】，如图 5-13 所示，此时会弹出“自定义序列”对话框，用户可以直接导入 Excel 预置的自定义序列，也可以手动输入自定义序列，输入完成后单击【确定】按钮即可，如图 5-14 所示。完成新的序列定义后，用户可以通过填充柄使用自定义序列填充单元格。

图 5-13 “Excel 选项”对话框

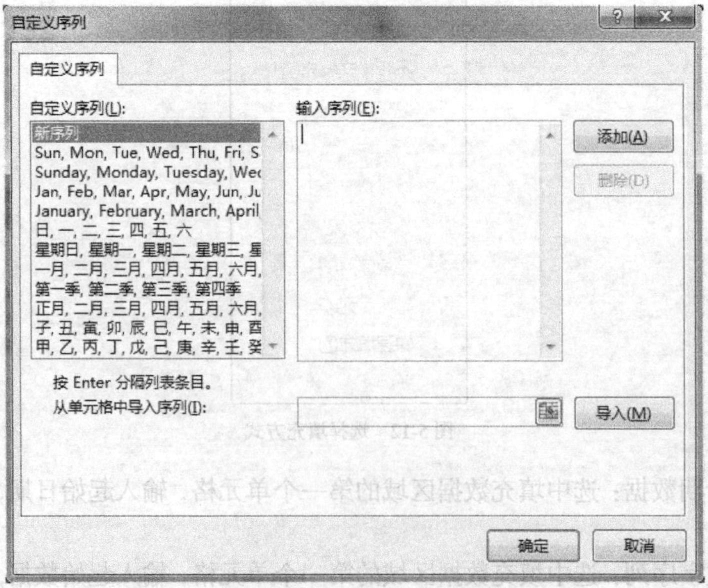

图 5-14 “自定义序列”对话框

5.1.3　工作表格式设置

1．单元格格式设置

单元格格式设置包括对单元格数据类型、对齐方式、字体、边框、填充颜色和保护的设置。单击【开始】选项卡，再单击【数字】选项组右下方的对话框启动器，此时会弹出“设置单元格格式”对话框，如图 5-15 所示，用户根据实际需要进行相应的设置即可。

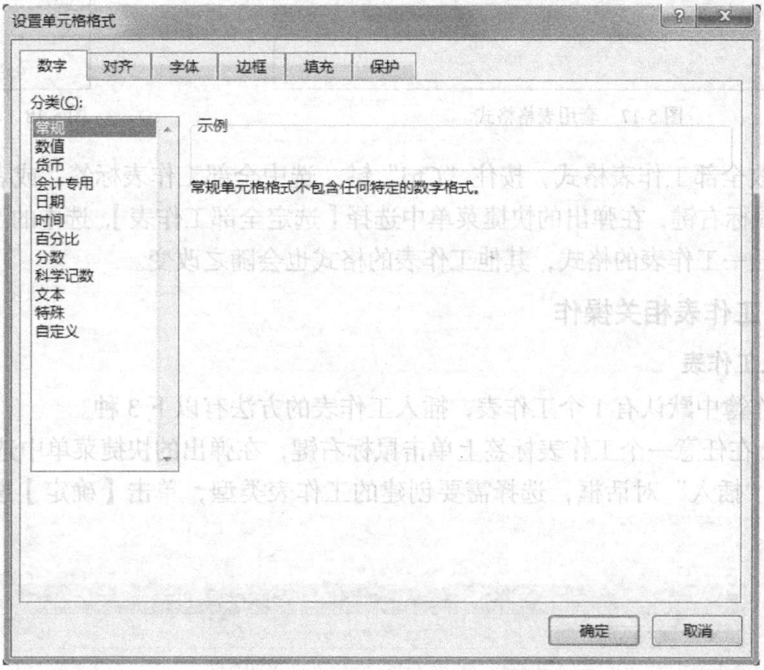

图 5-15　“设置单元格格式”对话框

2．单元格样式设置

单击【开始】选项卡，可以在【样式】选项组中设置单元格的样式，如图 5-16 所示。

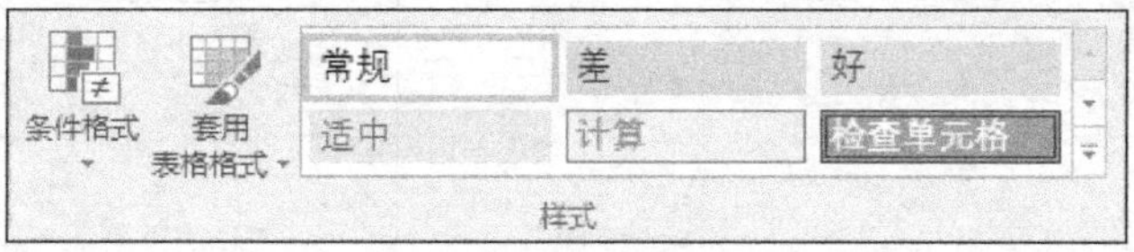

图 5-16　设置单元格样式

① 条件格式：可以根据指定条件，标记符合条件的单元格。

② 套用表格格式：将单元格区域快速转换为具有 Excel 内置样式的表格，如图 5-17 所示，也可以根据需要新建表格样式。

3．单元格设置

单元格设置包括行、列、单元格和工作表的插入与删除，以及单元格大小、可见性、组织工作表和保护等设置。单击【开始】选项卡，在【单元格】选项组中进行设置，如图 5-18 所示。

图 5-17　套用表格格式

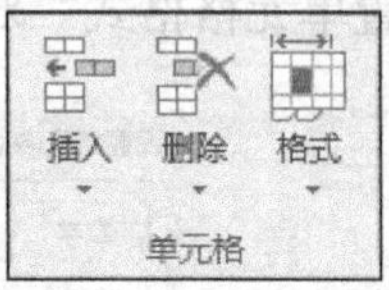

图 5-18　单元格设置

如需修改全部工作表格式，按住“Ctrl”键，选中全部工作表标签，或者单击任一标签，再单击鼠标右键，在弹出的快捷菜单中选择【选定全部工作表】，选中的工作表标签为白色；修改任一工作表的格式，其他工作表的格式也会随之改变。

5.1.4　工作表相关操作

1. 插入工作表

一个工作簿中默认有 1 个工作表，插入工作表的方法有以下 3 种。

方法 1：在任意一个工作表标签上单击鼠标右键，在弹出的快捷菜单中选择【插入】，此时会弹出“插入”对话框，选择需要创建的工作表类型，单击【确定】按钮即可，如图 5-19 所示。

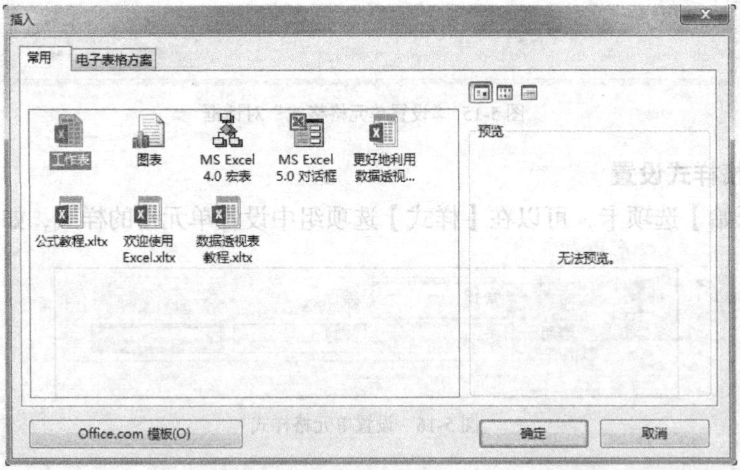

图 5-19　插入工作表

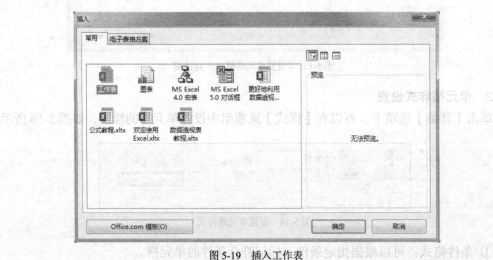

方法 2：单击【开始】选项卡，在【单元格】选项组中单击【插入】命令按钮，在弹出的下拉列表中选择【插入工作表】。

方法 3：单击工作表标签最右侧的⊕按钮，即可添加新工作表。

2. 删除工作表

删除工作表的方法有以下两种。

方法 1：在任意一个工作表标签上单击鼠标右键，在弹出的快捷菜单中选择【删除】

即可，如图 5-20 所示。

方法 2：单击【开始】选项卡，在【单元格】选项组中单击【删除】命令按钮，在弹出的下拉列表中选择【删除工作表】，如图 5-21 所示。

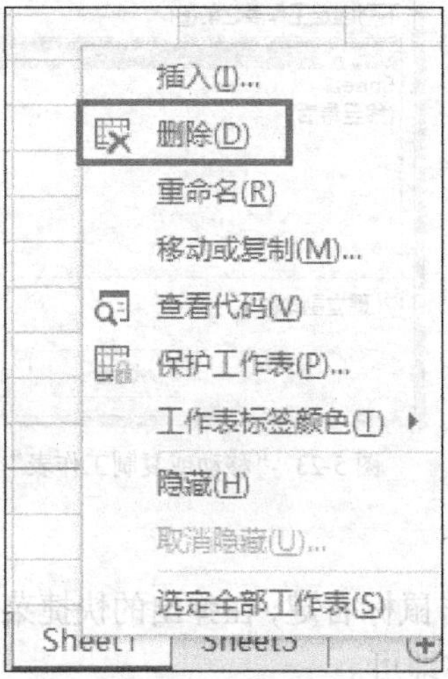

图 5-20　删除工作表的第一种方法

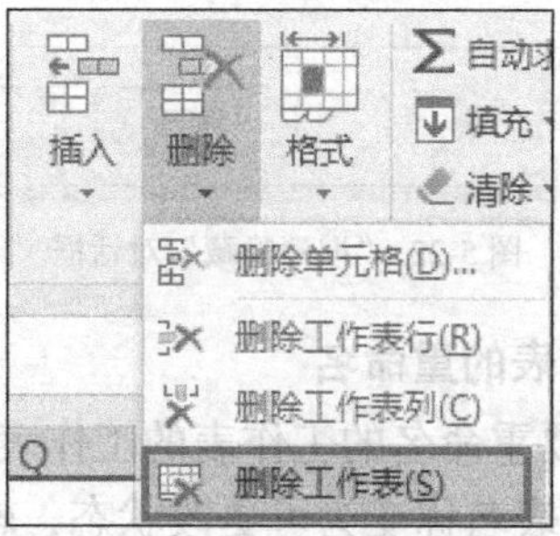

图 5-21　删除工作表的第二种方法

3. 工作表的隐藏和显示

当工作表数量过多时，可以选择隐藏其中不常用的工作表，以提高工作效率，但工作簿内至少得有一个显示的工作表。

（1）隐藏工作表

隐藏工作表的方法有以下两种。

方法 1：在任意一个工作表标签上单击鼠标右键，在弹出的快捷菜单中选择【隐藏】即可。

方法 2：单击【开始】选项卡，在【单元格】选项组中单击【格式】命令按钮，在弹出的下拉列表中选择【隐藏和取消隐藏】→【隐藏工作表】即可。

（2）显示工作表

显示工作表的方法有以下两种。

方法 1：在任意一个工作表标签上单击鼠标右键，在弹出的快捷菜单中选择【取消隐藏】，在弹出的对话框中选择需要显示的工作表，然后单击【确定】按钮即可。

方法 2：单击【开始】选项卡，在【单元格】选项组中单击【格式】命令按钮，在弹出的下拉列表中选择【隐藏和取消隐藏】→【取消隐藏工作表】，在弹出的“取消隐藏”对话框中选择需要显示的工作表，然后单击【确定】按钮即可，如图 5-22 所示。

4. 工作表的移动

工作表可以在当前工作簿内移动，也可以移动至其他的工作簿内。选中需要移动的工作表（单击工作表标签即可），单击鼠标右键，在弹出的快捷菜单中选择【移动或复制】，此时会弹出“移动或复制工作表”对话框，如图 5-23 所示，选择合适的工作簿及位置即可。

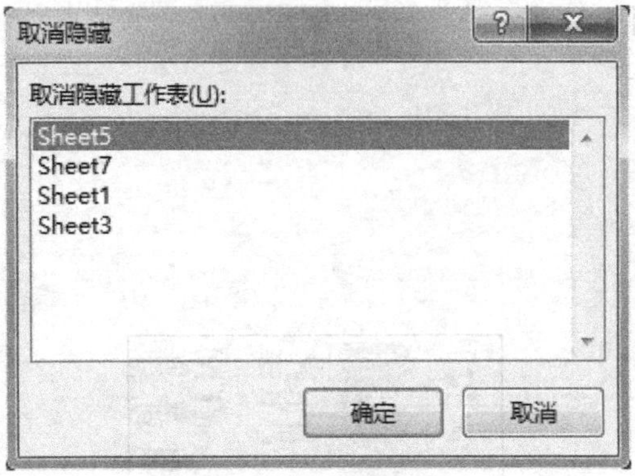

图 5-22 “取消隐藏”对话框

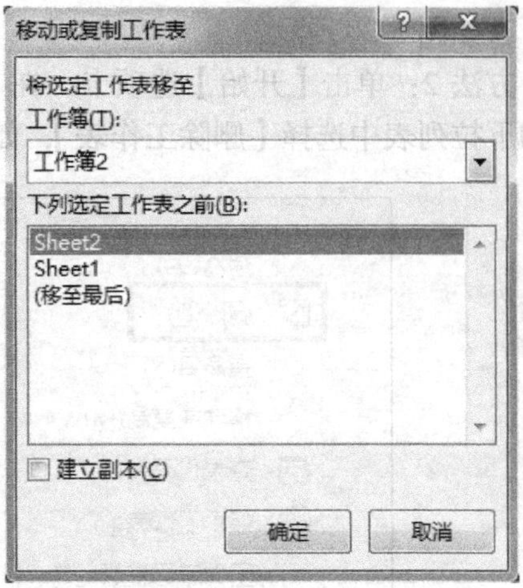

图 5-23 “移动或复制工作表”对话框

5. 工作表的重命名

选中需要重命名的工作表的工作表标签，单击鼠标右键，在弹出的快捷菜单中选择【重命名】，工作表名称变为可更改状态，输入新名称即可。

6. 设置工作表标签颜色

选中需要更改颜色的工作表标签，单击鼠标右键，在弹出的快捷菜单中选择【工作表标签颜色】，从弹出的列表中选择合适的颜色即可。

7. 保护工作表

保护工作表可以防止对数据进行不必要的修改，避免误操作。

选中需要保护的工作表标签，单击鼠标右键，在弹出的快捷菜单中选择【保护工作表】，此时会弹出“保护工作表”对话框，如图 5-24 所示。用户需要设置取消工作表保护时使用的密码，以及允许其他用户进行哪些操作。

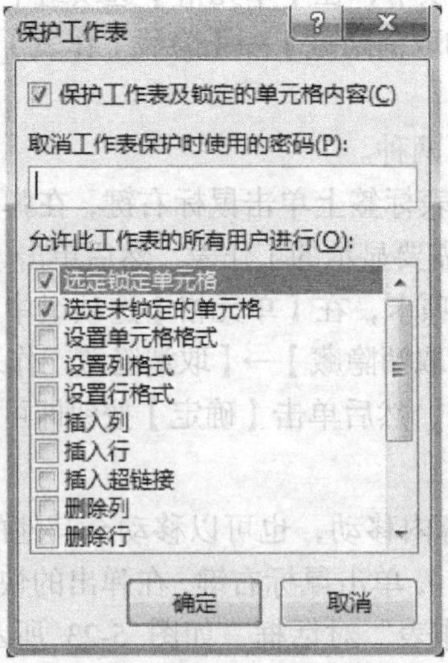

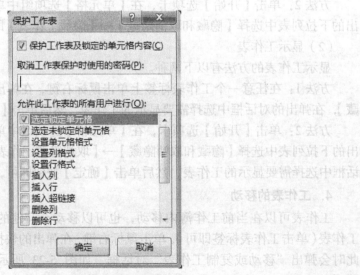

图 5-24 “保护工作表”对话框

工作表保护可以撤销，撤销时需要输入之前设置的取消保护的密码。单击【开始】选项卡，在【单元格】选项组中单击【格式】命令按钮，在弹出的下拉列表中选择【撤销工作表保护】，输入密码即可，如图 5-25 所示。

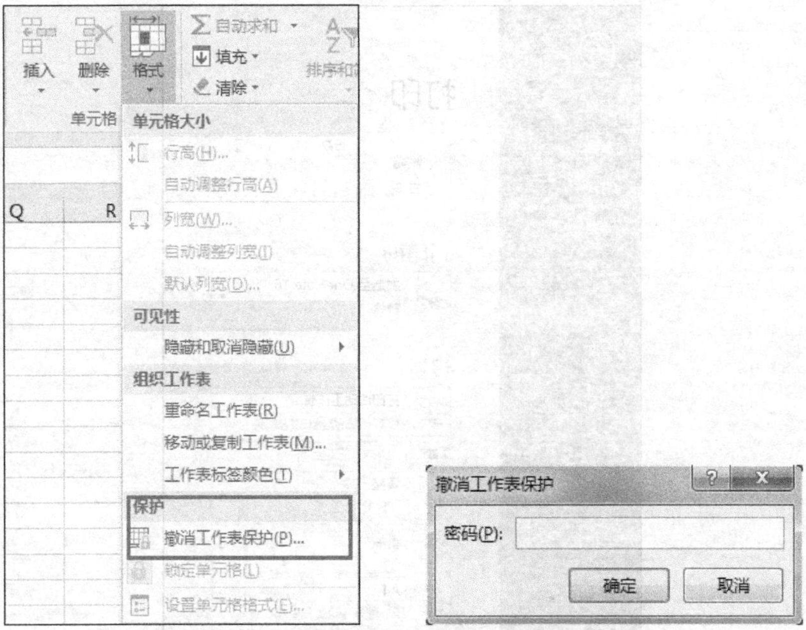

图 5-25　撤销工作表保护

5.1.5　设置打印区域及打印

1. 设置打印区域

选中工作表中需要打印的区域，单击【页面布局】选项卡，在【页面设置】选项组中单击【打印区域】→【设置打印区域】即可，如图 5-26 所示。

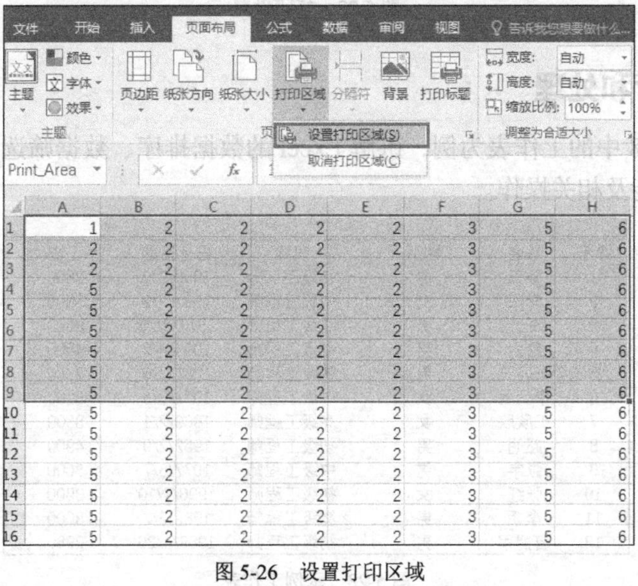

图 5-26　设置打印区域

2. 打印

单击【文件】选项卡，选择【打印】，在右侧的列表中可以根据需要进行相应的打印设置，如图 5-27 所示，最后单击【打印】按钮即可。

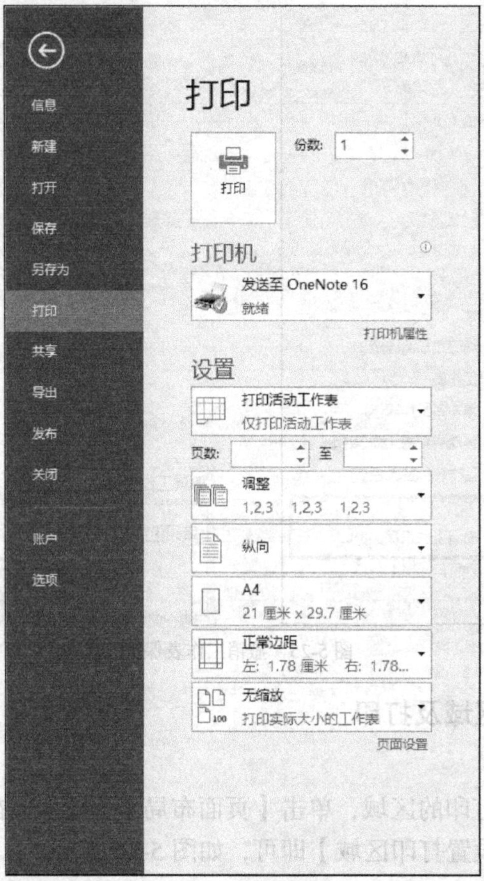

图 5-27　打印设置

5.2　数据分析和处理

本节以图 5-28 中的工作表为例，讲解 Excel 的数据排序、数据筛选、数据分类汇总、数据透视表等功能及相关操作。

序号	姓名	性别	职称	出生日期	工资
1	张三	男	初级工程师	1990/3/2	3500
2	李四	女	中级工程师	1982/2/2	5000
3	王五	男	高级工程师	1973/8/25	8600
4	赵六	男	中级工程师	1999/4/2	4500
5	张万三	男	初级工程师	1981/7/6	3750
6	李丽丽	女	中级工程师	1973/3/5	5100
7	王欣欣	女	高级工程师	1969/2/1	8500
8	赵明	男	初级工程师	1982/2/9	4900
9	张宇	男	中级工程师	1977/8/7	5000
10	张红	女	初级工程师	1990/7/10	3900
11	李明	男	高级工程师	1982/2/2	8000
12	唐拥军	男	初级工程师	1989/4/26	2980

图 5-28　示例工作表

5.2.1　数据排序

数据排序是指对指定数据的先后顺序进行调整，数据可以是文本、数字、日期与时间等。选中需要进行排序的列，单击【开始】选项卡，在【编辑】选项组中单击【排序和筛选】命令按钮，在弹出的下拉列表中选择【升序】、【降序】或【自定义排序】，如图 5-29 所示。

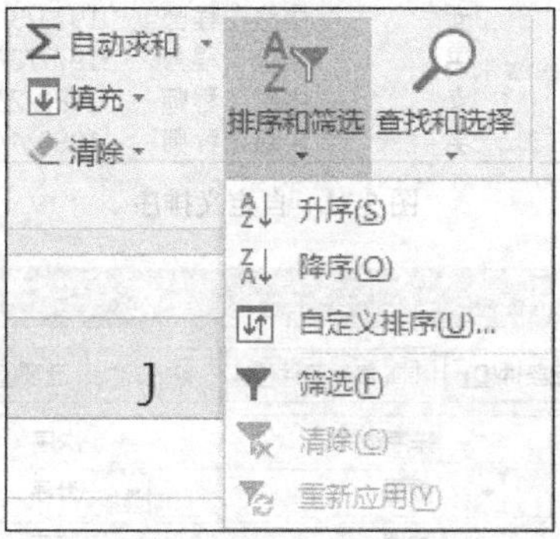

图 5-29　数据排序

选定排序方式后，Excel 会弹出“排序提醒”对话框，提示是否扩展排序区域，通常情况下选择“扩展选定区域”，避免工作表的数据混乱，如图 5-30 所示。如果排序结果和预期结果有偏差，应仔细检查各数据格式是否一致。

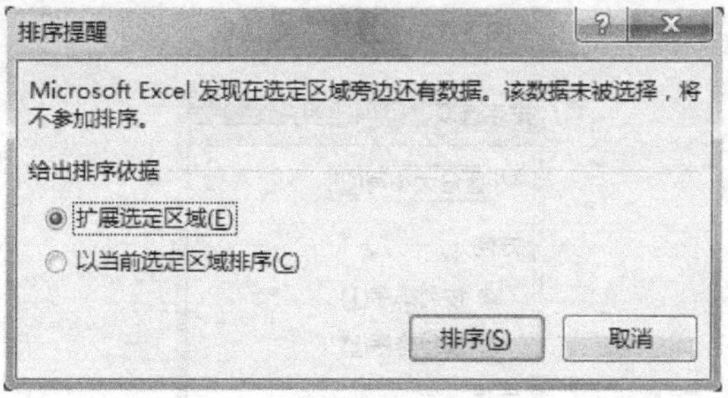

图 5-30 “排序提醒”对话框

升序和降序是按照阿拉伯数字、汉语拼音或日期与时间的先后顺序进行排序的。

自定义排序可以设置多个排序条件，以图 5-28 中的工作表为例，如果用户想要对“职称”进行升序排列的同时又对“工资”进行降序排列，如图 5-31 所示，那么需要选中“职称”列，单击【开始】选项卡，在【编辑】选项组中单击【排序和筛选】命令按钮，在弹出的下拉列表中选择【自定义排序】，此时会弹出“排序”对话框，设置主要关键字为“职称”，排序依据为“数值”，次序为“升序”；设置次要关键字为“工资”，排序依据为“数值”，次序为“降序”，如图 5-32 所示，最后单击【确定】按钮即可。

自定义排序可以实现区分字母的大小写，或者依据笔画数和字母对文本进行排序。单击【开始】选项卡，在【编辑】选项组中单击【排序和筛选】命令按钮，在弹出的下拉列表中选择【自定义排序】，在“排序”对话框中单击【选项】按钮，在弹出的“排序选项”对话框中进行相关设置即可，如图 5-33 所示。

序号	姓名	性别	职称	出生日期	工资
8	赵明	男	初级工程师	1982/2/9	4900
10	张红	女	初级工程师	1990/7/10	3900
5	张万三	男	初级工程师	1981/7/6	3750
1	张三	男	初级工程师	1990/3/2	3500
12	唐拥军	男	初级工程师	1989/4/26	2980
3	王五	男	高级工程师	1973/8/25	8600
7	王欣欣	女	高级工程师	1969/2/1	8500
11	李明	男	高级工程师	1982/2/2	8000
6	李丽丽	女	中级工程师	1973/3/5	5100
9	张宇	男	中级工程师	1977/8/7	5000
2	李四	女	中级工程师	1982/2/2	5000
4	赵六	男	中级工程师	1999/4/2	4500

图 5-31　自定义排序

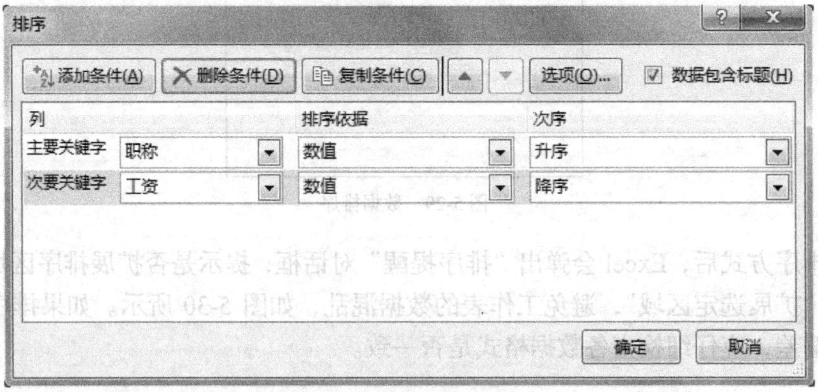

图 5-32 “排序”对话框

图 5-33 “排序选项”对话框

5.2.2 数据筛选

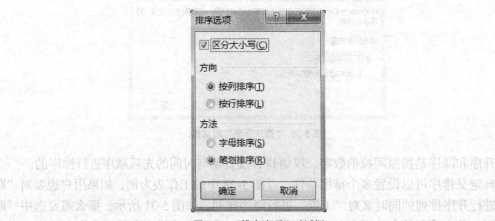

数据筛选指根据指定条件显示和隐藏数据，Excel 提供的筛选功能包括“自动筛选”和“高级筛选”两种。

1. 自动筛选

自动筛选一般用于条件简单的筛选，筛选时将不满足筛选条件的数据暂时隐藏起来，只显示符合筛选条件的数据。

以图 5-28 中的工作表为例，假设用户想要查看所有男性员工的信息，如图 5-34 所示，可先选中“性别”列，单击【数据】选项卡，在【排序和筛选】选项组中单击【筛选】命令按钮，此时“性别”单元格的右下角会出现一个向下的三角形符号，单击“性别”单元格右下角的三角形符号，取消选中性别“女”，再单击【确定】按钮即可，如图 5-35 所示。

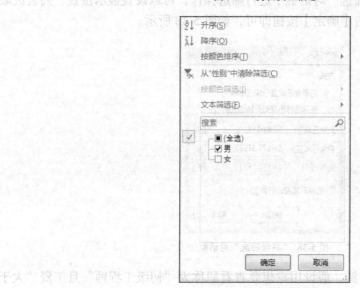

	A	B	C	D	E	F
1	序号	姓名	性别	职称	出生日期	工资
2	1	张三	男	初级工程师	1990/3/2	3500
4	3	王五	男	高级工程师	1973/8/25	8600
5	4	赵六	男	中级工程师	1999/4/2	4500
6	5	张万三	男	初级工程师	1981/7/6	3750
9	8	赵明	男	初级工程师	1982/2/9	4900
10	9	张宇	男	中级工程师	1977/8/7	5000
12	11	李明	男	高级工程师	1982/2/2	8000
13	12	唐拥军	男	初级工程师	1989/4/26	2980

图 5-34　男性员工信息

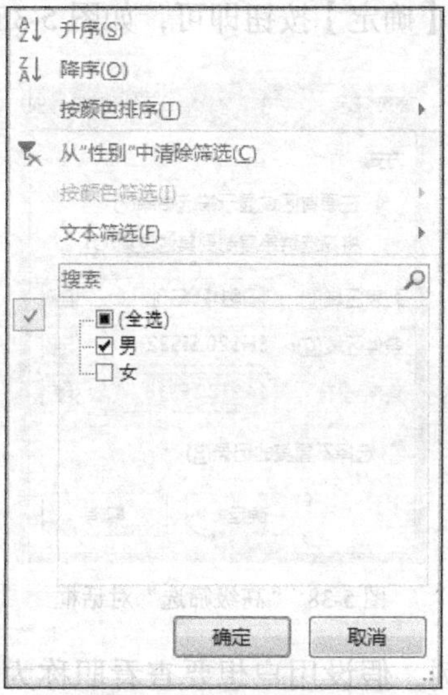

图 5-35　设置筛选条件

2. 高级筛选

进行高级筛选时，需要预先在被筛选的工作表的空白位置输入筛选的条件。输入的筛选条件需要满足以下两个要求。

要求 1：筛选条件需要设置表头标题且与数据表中的表头标题一致。

要求 2：筛选条件输入在同一行表示“与”的关系，如图 5-36 所示；在不同的行表示“或”的关系，如图 5-37 所示。

序号	姓名	性别	职称	出生日期	工资
6	李丽丽	女	中级工程师	1973/3/5	5100

职称	工资
中级工程师	>5000

图 5-36 “与”关系

	A	B	C	D	E	F
1	序号	姓名	性别	职称	出生日期	工资
3	2	李四	女	中级工程师	1982/2/2	5000
4	3	王五	男	高级工程师	1973/8/25	8600
5	4	赵六	男	中级工程师	1999/4/2	4500
7	6	李丽丽	女	中级工程师	1973/3/5	5100
8	7	王欣欣	女	高级工程师	1969/2/1	8500
10	9	张宇	男	中级工程师	1977/8/7	5000
12	11	李明	男	高级工程师	1982/2/2	8000

职称	工资
	>5000
中级工程师	

图 5-37 “或”关系

输入完筛选条件后，单击【数据】选项卡，在【排序和筛选】选项组中单击【高级】命令按钮，在弹出的“高级筛选”对话框中进行筛选操作，可以设置显示位置、列表区域和条件区域，设置完成后单击【确定】按钮即可，如图 5-38 所示。

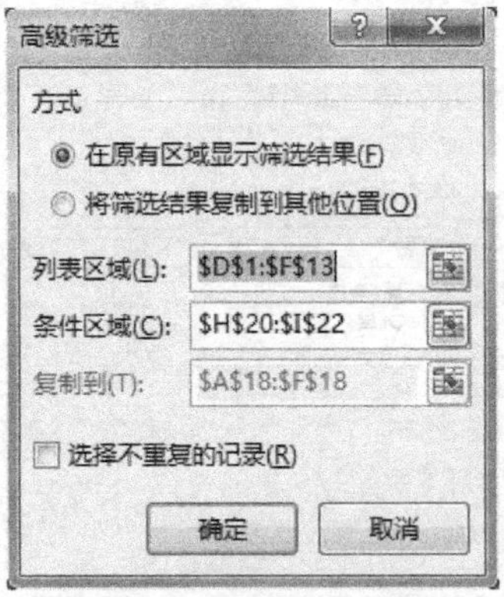

图 5-38 “高级筛选”对话框

以图 5-28 中的工作表为例，假设用户想要查看职称为“初级工程师”且工资“大于 3 000”的员工信息，如图 5-39 所示。用户首先需要在空白区域设置筛选条件，此处选择了 H17:I18 单元格区域。然后单击【数据】选项卡，在【排序和筛选】选项组中单击【高级】命令按钮，在弹出的“高级筛选”对话框中设置【方式】为【在原有区域显示筛选结果】，在【列表区域】输入需要进行筛选的列表区域，在【条件区域】输入条件所在的单元格区域，此处设置为“Sheet1!$H$17:$I$18”，设置完成后单击【确定】按钮即可。

序号	姓名	性别	职称	出生日期	工资
1	张三	男	初级工程师	1990/3/2	3500
5	张万三	男	初级工程师	1981/7/6	3750
8	赵明	男	初级工程师	1982/2/9	4900
10	张红	女	初级工程师	1990/7/10	3900

图 5-39 筛选结果

5.2.3 数据分类汇总

Excel 提供了对数据进行分类汇总的功能。选中要进行分类汇总的单元格，单击【数据】

选项卡，在【分级显示】选项组中单击【分类汇总】命令按钮，此时会弹出图 5-40 所示的“分类汇总”对话框。

在【分类字段】下拉列表中，用户可选择某一字段，以按照该字段对工作表进行分类汇总；【汇总方式】下拉列表中包含对汇总项的操作函数，如求和、求平均值、求最大值等；【选定汇总项】列表中包含了可参与计算的列。

以图 5-28 中的工作表为例，假设用户想按照职称对员工的工资进行分类汇总，汇总方式为求和与求最大值，如图 5-41 所示。首先，用户需要按照职称对工资表进行升序或降序排序。然后，选中工作表，单击【数据】选项卡，在【分级显示】选项组中单击【分类汇总】命令按钮。在“分类汇总”对话框中，将【分类字段】设置为“职称”,【汇总方式】设置为“求和”,【选定汇总项】设置为“工资”，单击【确定】按钮。再次单击【数据】选项卡，在【分级显示】选项组中单击【分类汇总】命令按钮，在“分类汇总”对话框中，将【分类字段】设置为“职称”,【汇总方式】设置为“最大值”,【选定汇总项】设置为“工资”，最后单击【确定】按钮即可。

如果不需要分类汇总的话，在“分类汇总”对话框中单击【全部删除】按钮即可删除工作表中的分类汇总。

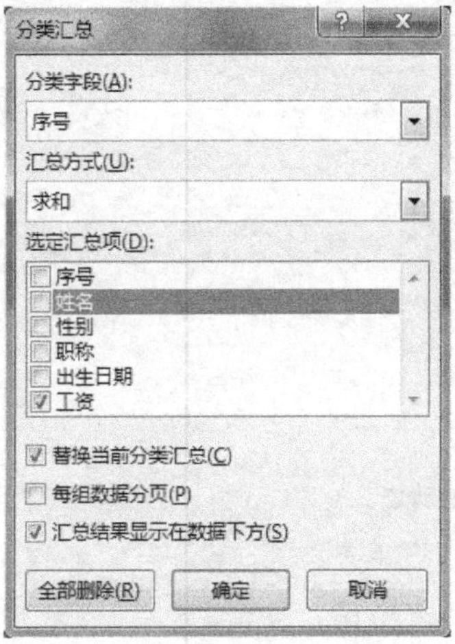

图 5-40 “分类汇总”对话框

	A	B	C	D	E	F
1	序号	姓名	性别	职称	出生日期	工资
2	2	李四	女	中级工程师	1982/2/2	5000
3	4	赵六	男	中级工程师	1999/4/2	4500
4	6	李丽丽	女	中级工程师	1973/3/5	5100
5	9	张宇	男	中级工程师	1977/8/7	5000
6				中级工程师 最大值		5100
7				中级工程师 汇总		19600
8	3	王五	男	高级工程师	1973/8/25	8600
9	7	王欣欣	女	高级工程师	1969/2/1	8500
10	11	李明	男	高级工程师	1982/2/2	8000
11				高级工程师 最大值		8600
12				高级工程师 汇总		25100
13	1	张三	男	初级工程师	1990/3/2	3500
14	5	张万三	男	初级工程师	1981/7/6	3750
15	8	赵明	男	初级工程师	1982/2/9	4900
16	10	张红	女	初级工程师	1990/7/10	3900
17	12	唐拥军	男	初级工程师	1989/4/26	2980
18				初级工程师 最大值		4900
19				初级工程师 汇总		19030
20				总计最大值		8600
21				总计		63730

图 5-41　分类汇总结果

5.2.4　数据透视表

数据透视表是一种交互式的表，同样是对工作表中的数据进行分类汇总操作，但相对于分类汇总功能，数据透视表更加简洁方便。

1. 建立数据透视表

单击【插入】选项卡，在【表格】选项组中单击【数据透视表】命令按钮，此时会弹出“创建数据透视表”对话框，如图 5-42 所示。在对话框中选择要分析的数据和放置数据透视表的位置，完成设置后单击【确定】按钮进入数据透视表，如图 5-43 所示。

在右侧的【数据透视表字段】窗格中选择要添加至数据透视表的字段，选中后字段会出现在下方的区域块内，包括行、列、值、筛选器：行和列即数据透视表的行内容与列内容；值即对字段进行函数操作；筛选器可以在数据透视表中进行自动筛选操作。

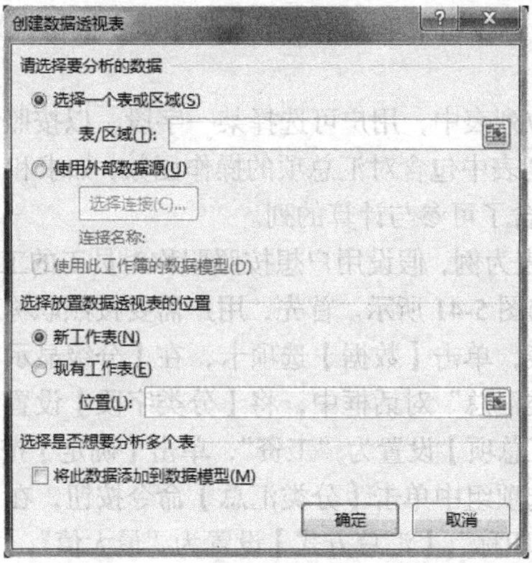

图 5-42 “创建数据透视表”对话框

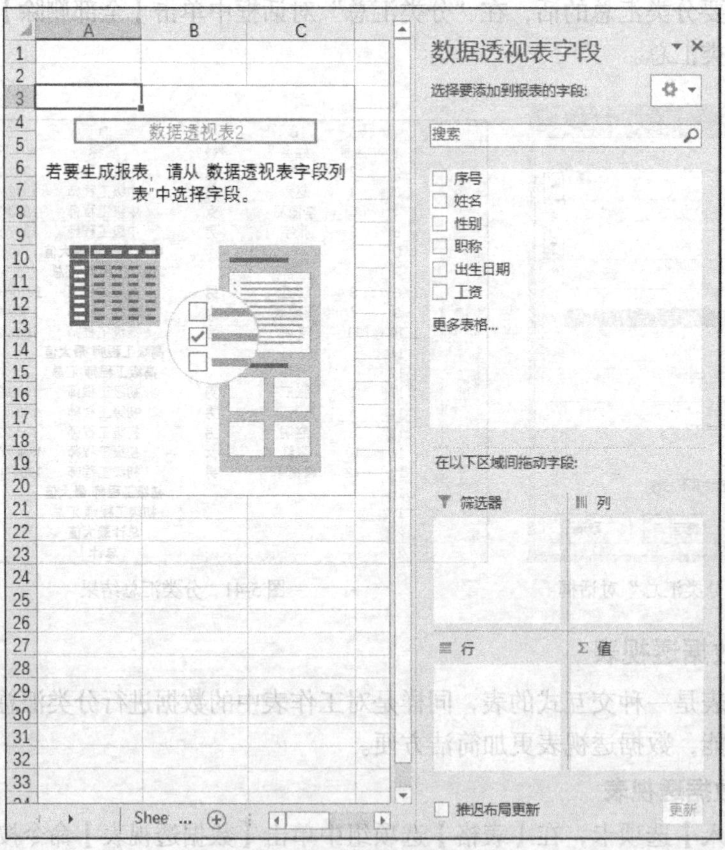

图 5-43 数据透视表

2. 修改数据透视表

（1）修改字段

在数据透视表右侧的【数据透视表字段】窗格中可以修改数据透视表的字段，在【选择要添加到报表的字段】下方的列表中可以选择添加或删除相应的字段，如图 5-44 所示。

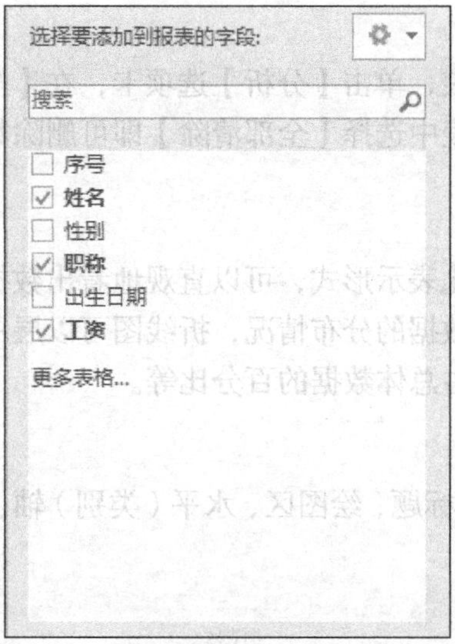

图 5-44　修改字段

在【在以下区域间拖动字段】下方的列表中可以调整数据透视表的行、列及对数据的处理方式。如需修改数据透视表的行、列，可单击需要修改的字段，拖曳至【行】或【列】列表即可，如图 5-45 所示。在下方的【推迟布局更新】处，可以选择实时更新或是手动更新。若未选中【推迟布局更新】复选框，那么进行相关操作的同时，工作区会发生相应的变化；选中【推迟布局更新】复选框后，在数据透视表中进行的更改则不出现在工作区，此时可以手动单击【更新】按钮进行更新。

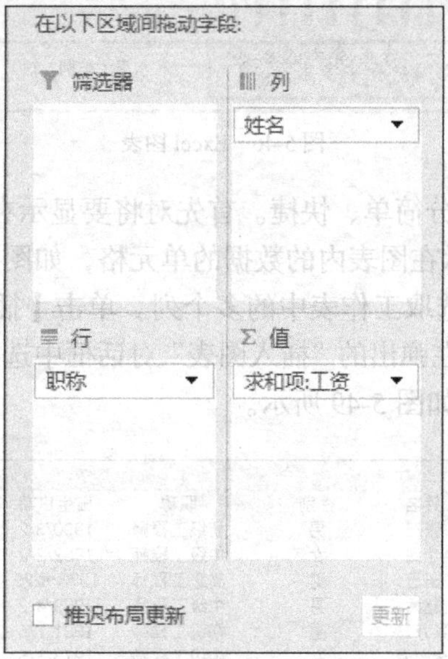

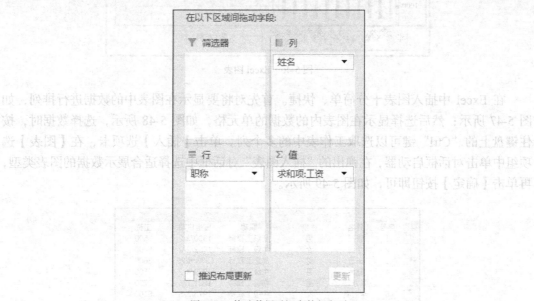

图 5-45　修改数据透视表的行和列

（2）修改样式

选择要修改样式的数据透视表，此时工具栏会显示【分析】和【设计】两个数据透视表工具选项卡，单击【设计】选项卡，在【数据透视表】选项组中挑选合适的样式即可。

3. 删除数据透视表

选择要删除的数据透视表，单击【分析】选项卡，在【操作】选项组中单击【清除】命令按钮，在弹出的下拉列表中选择【全部清除】即可删除数据透视表。

5.3 数据图表化

图表是数据的一种可视化表示形式，可以直观地看出数据之间的比较或数据的变化趋势，例如，柱形图可以显示数据的分布情况，折线图可以展示随时间变化的连续数据，饼图可以显示数据集中各子项占总体数据的百分比等。

5.3.1 图表的创建

Excel 图表区默认由图表标题、绘图区、水平（类别）轴、垂直（值）轴及网格线组成，如图 5-46 所示。

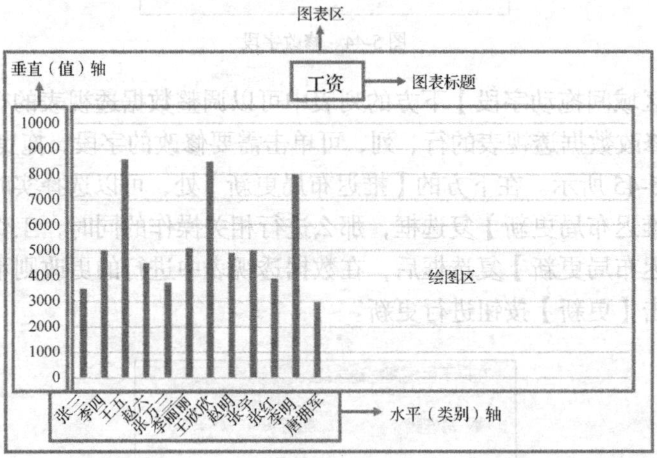

图 5-46 Excel 图表

在 Excel 中插入图表十分简单、快捷。首先对将要显示在图表中的数据进行排列，如图 5-47 所示；然后选择显示在图表内的数据的单元格，如图 5-48 所示，选择数据时，按住键盘上的“Ctrl”键可以选取工作表中的多个列。单击【插入】选项卡，在【图表】选项组中单击对话框启动器，在弹出的“插入图表”对话框中选择适合展示数据的图表类型，再单击【确定】按钮即可，如图 5-49 所示。

	A	B	C	D	E	F
1	序号	姓名	性别	职称	出生日期	工资
2	1	张三	男	初级工程师	1990/3/2	3500
3	2	李四	女	中级工程师	1982/2/2	5000
4	3	王五	男	高级工程师	1973/8/25	8600
5	4	赵六	男	中级工程师	1999/4/2	4500
6	5	张万三	男	初级工程师	1981/7/6	3750
7	6	李丽丽	女	中级工程师	1973/3/5	5100
8	7	王欣欣	女	高级工程师	1969/2/1	8500
9	8	赵明	男	初级工程师	1982/2/9	4900
10	9	张宇	男	中级工程师	1977/8/7	5000
11	10	张红	女	初级工程师	1990/7/10	3900
12	11	李明	男	高级工程师	1982/2/2	8000
13	12	唐拥军	男	初级工程师	1989/4/26	2980

图 5-47 排列数据

	A	B	C	D	E	F
1	序号	姓名	性别	职称	出生日期	工资
2	1	张三	男	初级工程师	1990/3/2	3500
3	2	李四	女	中级工程师	1982/2/2	5000
4	3	王五	男	高级工程师	1973/8/25	8600
5	4	赵六	男	中级工程师	1999/4/2	4500
6	5	张万三	男	初级工程师	1981/7/6	3750
7	6	李丽丽	女	中级工程师	1973/3/5	5100
8	7	王欣欣	女	高级工程师	1969/2/1	8500
9	8	赵明	男	初级工程师	1982/2/9	4900
10	9	张宇	男	中级工程师	1977/8/7	5000
11	10	张红	女	初级工程师	1990/7/10	3900
12	11	李明	男	高级工程师	1982/2/2	8000
13	12	唐拥军	男	初级工程师	1989/4/26	2980

图 5-48　选取数据

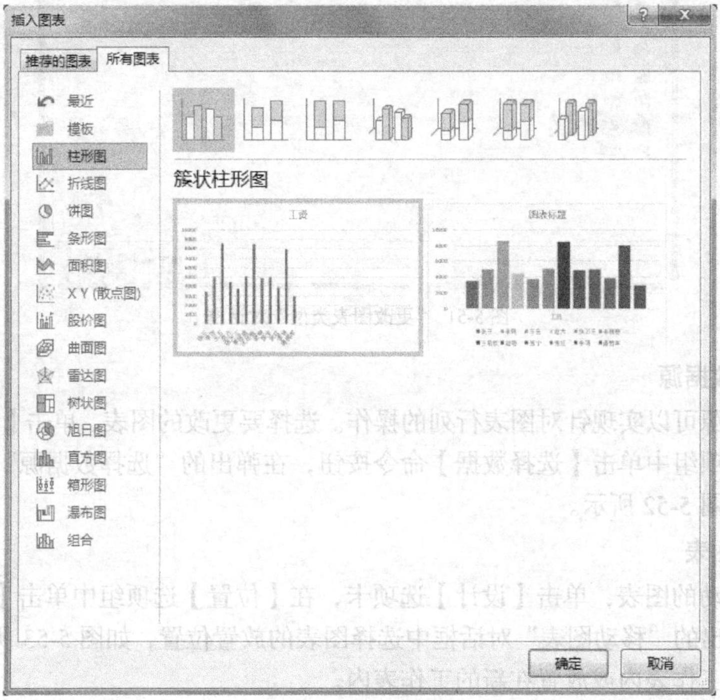

图 5-49　选择图表类型

5.3.2　图表的编辑

单击图表，在工具栏中会出现【设计】和【格式】两个图表工具选项卡，在这两个选项卡中可以设置图表的布局、格式、文字等，如图 5-50 所示。

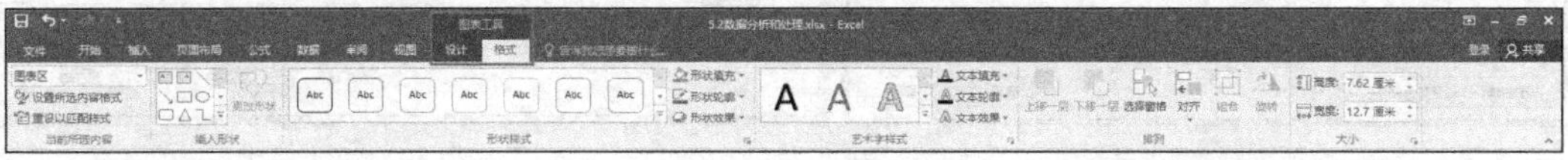

图 5-50　图表工具选项卡

1. 更改图表类型

选择要更改的图表，单击【设计】选项卡，在【类型】选项组中单击【更改图表类型】命令按钮，在弹出的“更改图表类型”对话框中选择要更改的图表类型即可，如图5-51所示。

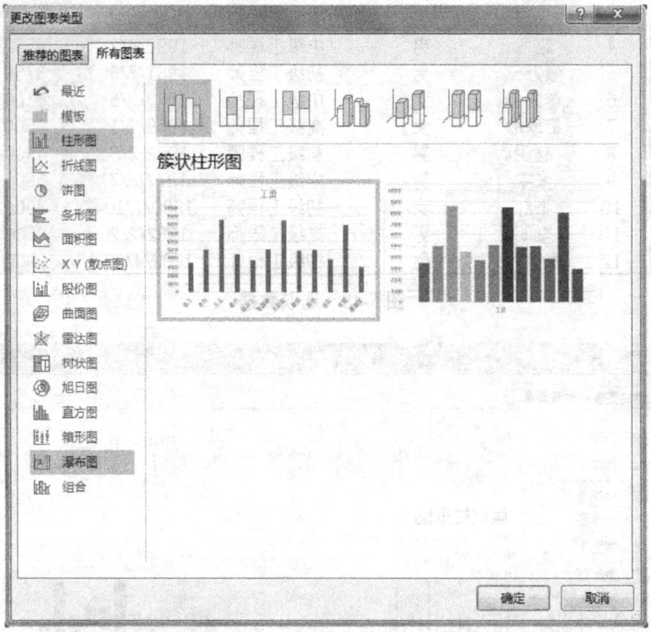

图 5-51 “更改图表类型”对话框

2. 更改数据源

更改数据源可以实现针对图表行列的操作。选择要更改的图表，单击【设计】选项卡，在【数据】选项组中单击【选择数据】命令按钮，在弹出的“选择数据源”对话框中进行设置即可，如图5-52所示。

3. 移动图表

选择要移动的图表，单击【设计】选项卡，在【位置】选项组中单击【移动图表】命令按钮，在弹出的“移动图表”对话框中选择图表的放置位置，如图5-53所示，可以将图表嵌入已有的工作表内或放置在新的工作表内。

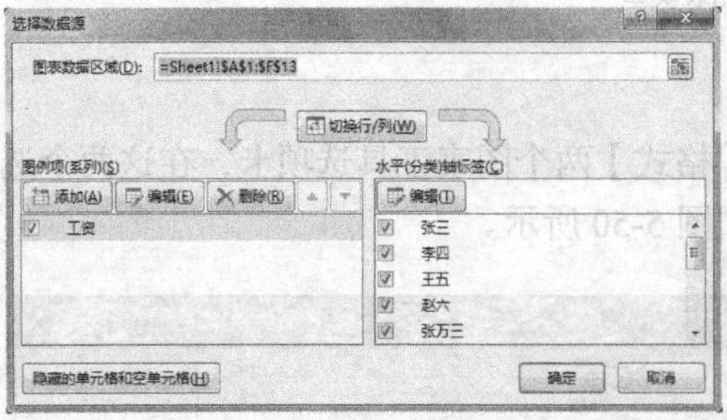

图 5-52 “选择数据源”对话框

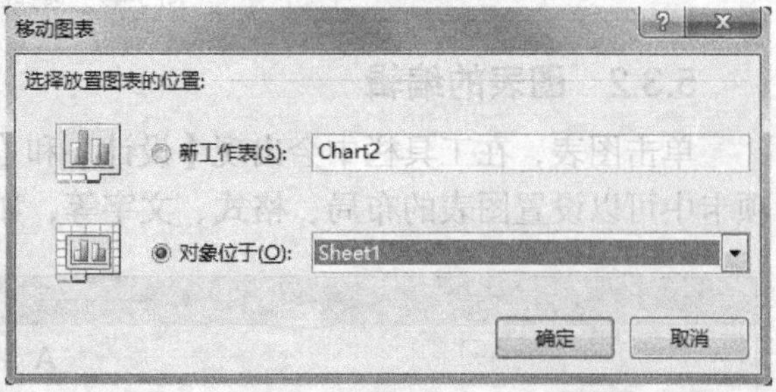

图 5-53 “移动图表”对话框

5.3.3 图表的格式设置

创建完图表后，还可以进行修改、美化，使图表更加直观、易读。单击要修改的图表，图表右侧会显示 3 个按钮，分别是【图表元素】、【图表样式】和【图表筛选器】，如图 5-54 所示。

【图表元素】按钮用于添加、删除或更改图表元素，选中图表元素前的复选框即可添加相应的图表元素，例如为图表增加坐标轴、图表标题、网格线等，如图 5-55 所示。

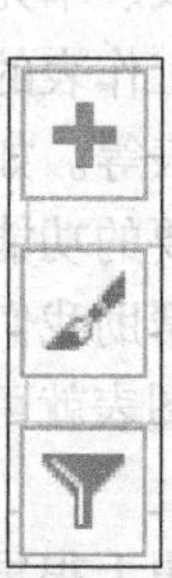

图 5-54　图表按钮

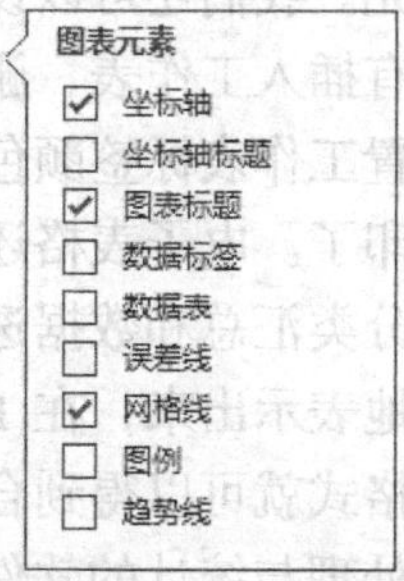

图 5-55　增加图表元素

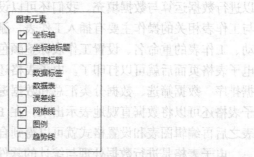

【图表样式】按钮用于设置图表的样式和配色方案，例如更改图表的颜色为渐变色、更改图表区样式等，如图 5-56 所示。

【图表筛选器】按钮用于设置图表上显示哪些数据点和名称，用户可以根据需要选择展示或隐藏某一类别的信息，如图 5-57 所示。

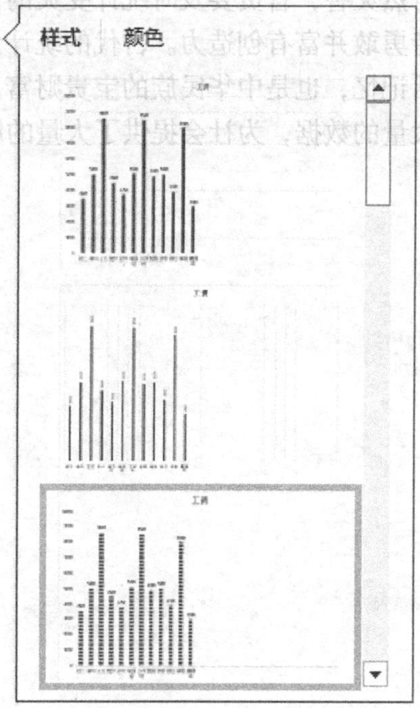

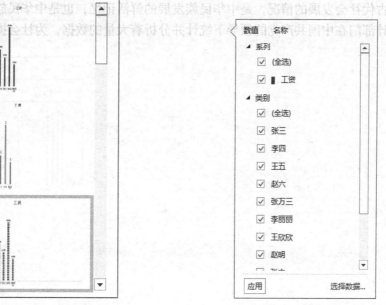

图 5-56　更改图表的样式和配色方案

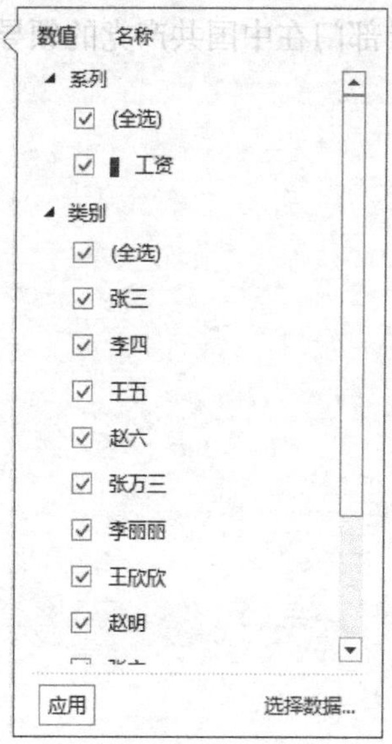

图 5-57　选择需要展示或隐藏的信息

本章小结与知识延伸

本章主要介绍了电子表格基础知识、数据分析和处理及数据图表化等内容。掌握电子表格的工作界面是使用电子表格的第一步。用 Excel 创建的文件称为工作簿，工作簿窗口中显示的表格称为工作表。Excel 工作表中行号、列标、单元格和单元格区域这些概念也十分重要。电子表格常用数据类型主要有字符型数据、数值型数据以及日期型数据和时间型数据。电子表格的基本操作主要包括插入单元格、删除单元格和选择单元格。电子表格可以进行数据运算与数据填充。我们还可以设置单元格格式、单元格样式和单元格。另外，与工作表相关的操作主要有插入工作表、删除工作表、工作表的隐藏和显示、工作表的移动、工作表的重命名、设置工作表标签颜色和保护工作表等。如需打印电子表格，设置完电子表格页面后就可以打印了。电子表格还有一个很重要的功能就是数据分析和处理。数据排序、数据筛选、数据分类汇总和数据透视表都可以帮助我们对数据进行分析处理。电子表格还可以将数据直观地表示出来，在 Excel 中插入图表就可以使数据可视化。创建图表之后再编辑图表和设置格式就可以得到合适的图表了。

电子表格是进行数据处理与统计的软件。在我国历史上很早就已出现统计活动了。在远古时代，人们结绳记事。随着生产力的发展，我国出现了关于人口、土地和灾害等方面的统计。据史料记载，我国早在夏朝就有人口数字的记载。商代的卜辞中有关于战争人数的统计。隋唐时期多次开展“检户”活动，相当于现在的人口普查。南宋时期建立了鱼鳞册制度，鱼鳞册是当时的一种土地登记簿册，将房屋、山林、池塘、田地按照次序绘制，标明相应的名称。我国古代历朝政府十分重视农业生产，出现自然灾害影响农业生产时，均须统计上报官府。例如，遇水、旱、风、虫等自然灾害，官员要及时统计受灾的田地数量并上报。中华民族有着悠久历史，中国人民勤劳勇敢并富有创造力。古代的统计记录反映了古代社会发展的情况，是中华民族发展的鲜活记忆，也是中华民族的宝贵财富。现今的统计部门在中国共产党的领导下统计并分析着大量的数据，为社会提供了大量的服务。

第 6 章　演示文稿软件

学习目标

1. 了解演示文稿基础知识。
2. 学会演示文稿的基本编辑。
3. 学会在幻灯片中添加图片、表格声音、视频、超链接等对象。
4. 掌握幻灯片动画效果的设置方法。
5. 掌握幻灯片放映的设置方法。
6. 掌握 PowerPoint 的高级功能。

思维导图

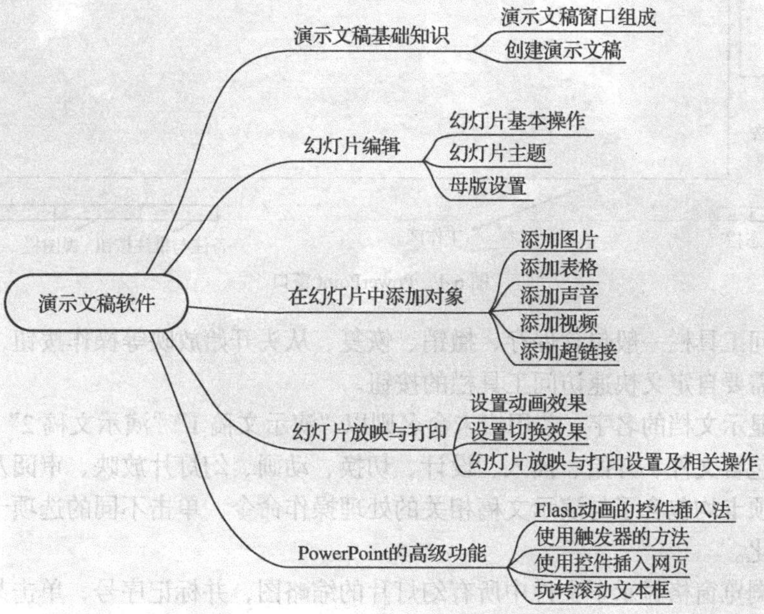

本章导读

演示文稿可以将多种媒体有机地结合起来，如文字、图片、视频等，使枯燥的内容变得生动有趣。目前，演示文稿的应用领域非常广泛，如工作汇报、产品推介、企业宣传、婚礼庆典等。本章以 Microsoft Office PowerPoint 2016（以下简称 PowerPoint）为例，主要介绍演示文稿基础知识、幻灯片编辑、在幻灯片中添加对象、幻灯片放映与打印、PowerPoint 的高级功能等内容。

6.1 演示文稿基础知识

6.1.1 演示文稿窗口组成

PowerPoint 是人们常用的办公软件之一。图 6-1 所示为 PowerPoint 窗口，主要由快速访问工具栏、标题栏、窗口操作按钮、选项卡、功能区、幻灯片浏览窗格、工作区、状态栏、备注与批注按钮、视图栏、显示比例按钮等组成，其中大部分功能与 Word、Excel 中的对应功能相似。

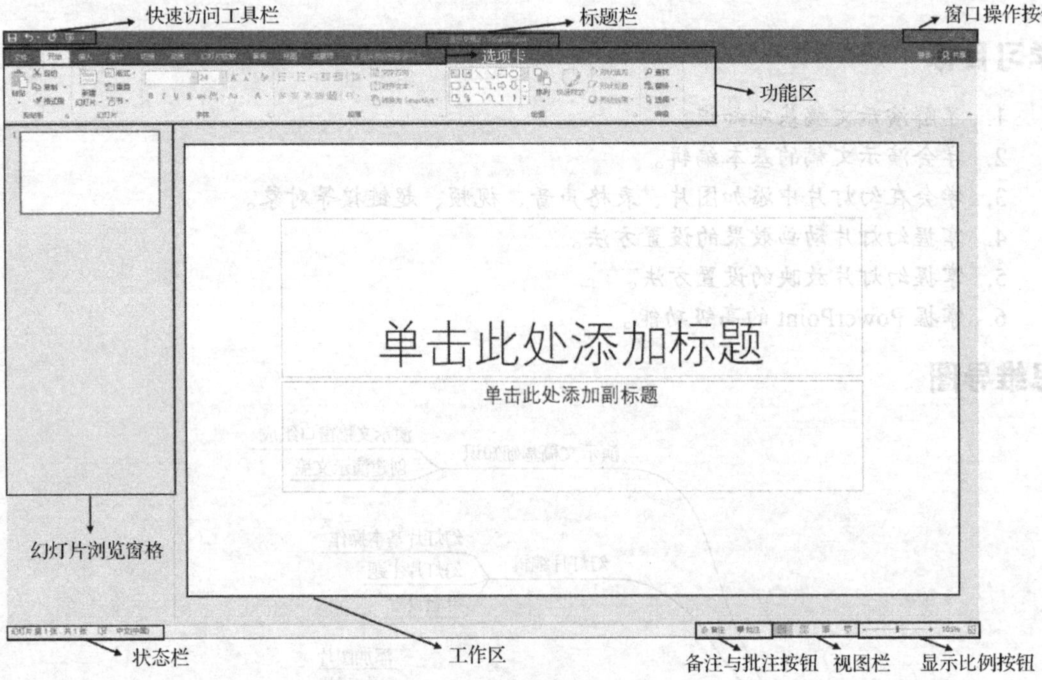

图 6-1 PowerPoint 窗口

快速访问工具栏一般包含保存、撤销、恢复、从头开始放映等操作按钮，用户也可以根据自己的需要自定义快速访问工具栏的按钮。

标题栏显示文档的名字，若用户未命名则以“演示文稿 1”“演示文稿 2”的方式命名。

功能区包含文件、开始、插入、设计、切换、动画、幻灯片放映、审阅及视图等选项卡，每个选项卡均包含了与演示文稿相关的处理操作命令，单击不同的选项卡，功能区会随之发生变化。

幻灯片浏览窗格显示了文件中所有幻灯片的缩略图，并标记序号，单击某个幻灯片的缩略图，工作区便会出现该幻灯片，此时用户可以对该幻灯片进行编辑。

工作区是处理幻灯片的主要区域，可以在此对每张幻灯片进行编辑，如文本、图片、音频、视频的插入与编辑等。

状态栏用于显示幻灯片的页数、当前位置、语言等信息。

备注与批注按钮可用于快速打开备注栏与批注栏，方便用户备注与批注。

视图栏中包括“普通视图”“幻灯片浏览”“阅读视图”“幻灯片放映”4 个按钮，单击相应按钮可以切换到相应界面。

显示比例按钮用于调整工作区的比例，可以放大或缩小，方便用户编辑幻灯片。

6.1.2　创建演示文稿

制作幻灯片的第一步就是创建演示文稿，此处简单列举两种创建演示文稿的方法。

1. 新建空白演示文稿

启动 PowerPoint 时，会自动打开一个空白演示文稿。若需另建一个空白演示文稿，单击【文件】→【新建】→【空白演示文稿】即可，如图 6-2 所示。使用组合键“Ctrl+N”也可新建空白演示文稿。

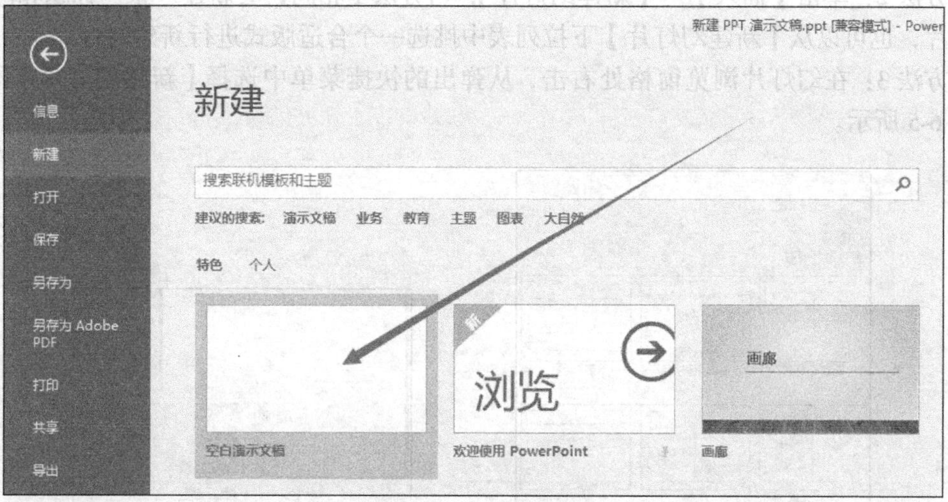

图 6-2　新建空白演示文稿

2. 通过模板新建演示文稿

模板是包含初始设置的文件，根据模板创建演示文稿时，单击【文件】→【新建】便可看到模板列表，从中选择自己需要的模板即可，如图 6-3 所示。

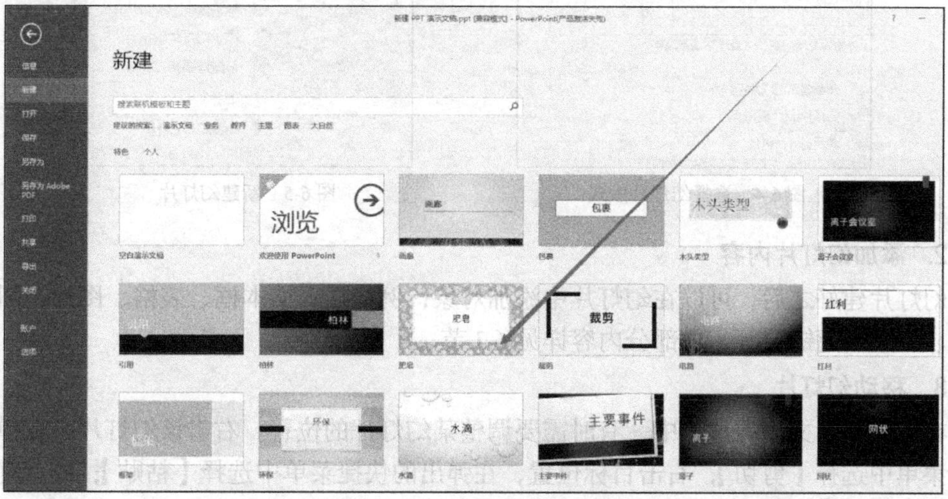

图 6-3　通过模板新建演示文稿

6.2 幻灯片编辑

6.2.1 幻灯片基本操作

制作演示文稿时，不免要对幻灯片进行一些操作，此处介绍一些幻灯片的基本操作。

1. 新建幻灯片

打开演示文稿后，可以通过以下 3 种方法新建幻灯片。

方法 1：单击【开始】→【新建幻灯片】，会新建一张“标题和内容”幻灯片，也可以从【新建幻灯片】下拉列表中挑选一个合适版式进行新建幻灯片，如图 6-4 所示。

方法 2：单击【插入】→【新建幻灯片】，与方法 1 相同，会新建一张“标题和内容”幻灯片，也可以从【新建幻灯片】下拉列表中挑选一个合适版式进行新建幻灯片。

方法 3：在幻灯片浏览窗格处右击，从弹出的快捷菜单中选择【新建幻灯片】即可，如图 6-5 所示。

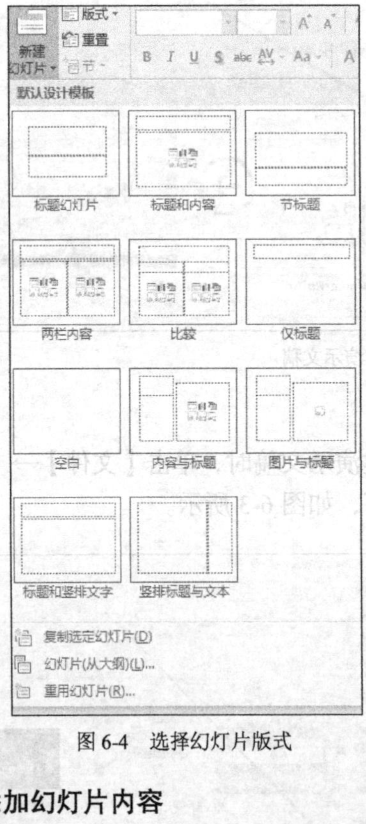

图 6-4 选择幻灯片版式

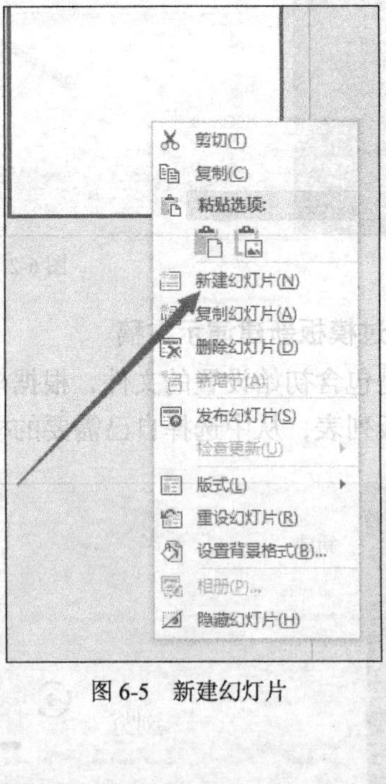

图 6-5 新建幻灯片

2. 添加幻灯片内容

幻灯片建好之后，可以在幻灯片中添加对象，例如插入文本框、表格、图片、图表、音频、视频、超链接等，这部分内容详见 6.3 节。

3. 移动幻灯片

在制作演示文稿的过程中，有时需要调整某幻灯片的位置。右击该幻灯片，在弹出的快捷菜单中选择【剪切】，右击目标位置，在弹出的快捷菜单中选择【粘贴】；或者直接选中该幻灯片，拖曳到目标位置即可。

4. 复制幻灯片

如果需要创建的幻灯片的内容与已有幻灯片的内容相似，那么可以复制已有幻灯片，只修改其中部分内容即可。此处介绍两种复制幻灯片的方法。

方法 1：右击要复制的幻灯片，在弹出的快捷菜单中选择【复制】，右击目标位置，在弹出的快捷菜单中选择【粘贴】。也可以使用组合键，选中要复制的幻灯片，按组合键“Ctrl+C”，鼠标指针定位到目标位置之后，按组合键“Ctrl+V”即可完成复制。

方法 2：右击要复制的幻灯片，在弹出的快捷菜单中选择【复制幻灯片】，此时在该幻灯片的下一页会出现一张与该幻灯片相同的幻灯片，根据需要将该幻灯片移动至合适的位置即可。

5. 删除幻灯片

制作演示文稿的过程中，需要将无用的幻灯片删除。在幻灯片浏览窗格中右击需要删除的幻灯片，在弹出的快捷菜单中选择【删除幻灯片】。也可以使用快捷键，选中要删除的幻灯片，按“Delete”键即可。

6. 隐藏幻灯片

如果不想放映演示文稿中的某些幻灯片，但同时又不想删除这些幻灯片，此时可以选择隐藏幻灯片。右击需要隐藏的幻灯片，在弹出的快捷菜单中选择【隐藏幻灯片】，此时我们可以看到被隐藏的幻灯片其标号上出现了一条斜线，这表明该幻灯片已经被隐藏，如图 6-6 所示。要恢复隐藏的幻灯片时重复此操作即可。

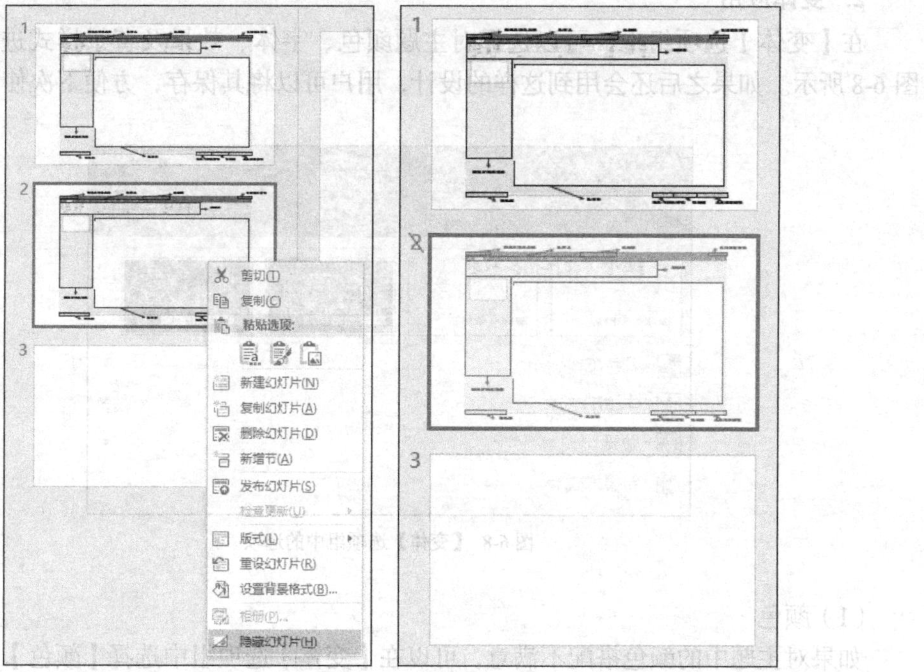

图 6-6　隐藏幻灯片

6.2.2　幻灯片主题

在【设计】选项卡中，包含【主题】、【变体】、【自定义】3 个选项组。

1. 主题应用

在【设计】选项卡的【主题】选项组中，有丰富的主题供用户选择，如图 6-7 所示。应用主题时更改的内容较多，包括背景、字体、配色等。从【主题】选项组中选择需要的主题，会将主题应用到所有幻灯片。如果需要将主题仅应用到选定幻灯片或设为默认主题时，直接右击主题，在弹出的快捷菜单中进行相应的选择即可。

图 6-7 选择主题

2. 变体应用

在【变体】选项组中，可以选择对主题颜色、字体、效果及背景样式进行更改，如图 6-8 所示。如果之后还会用到这样的设计，用户可以将其保存，方便下次使用。

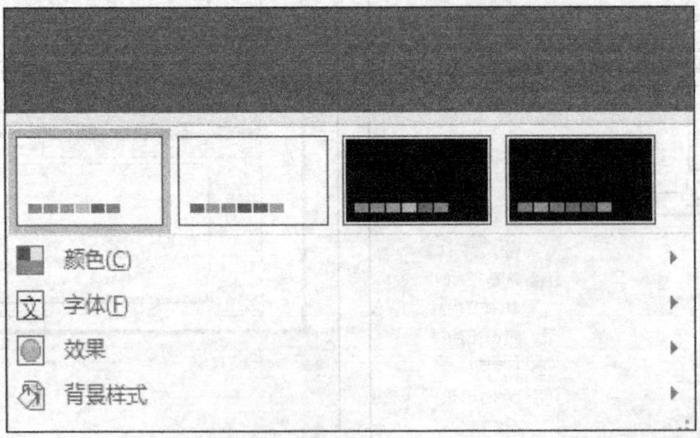

图 6-8 【变体】选项组中的选项

（1）颜色

如果对主题中的颜色搭配不满意，可以在【变体】选项组中选择【颜色】，如图 6-9 所示，用户可以直接使用 PowerPoint 中自带的颜色搭配，也可以自定义颜色搭配。选择【自定义颜色】后弹出“新建主题颜色”对话框，如图 6-10 所示，选择要更改的主题颜色，在【示例】下方可以看到更改后的效果，最后为更改好的主题颜色命名并保存即可。如果要将所有主题颜色元素还原为原来的主题颜色，单击【重置】按钮即可。

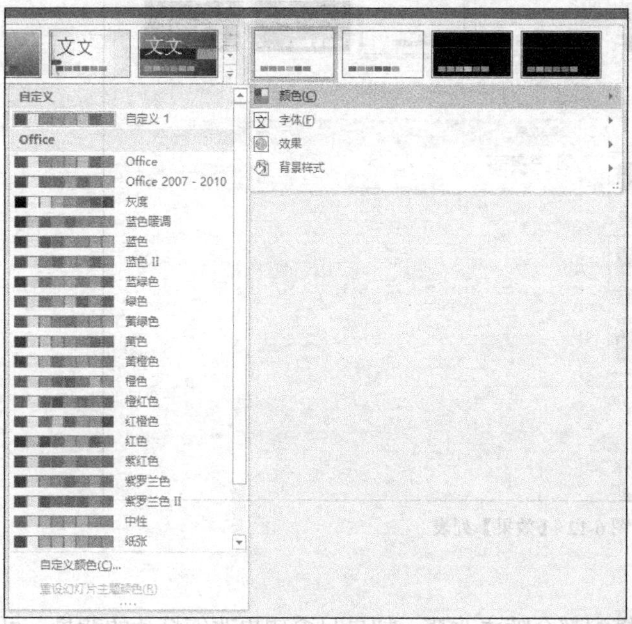

图 6-9　修改颜色搭配

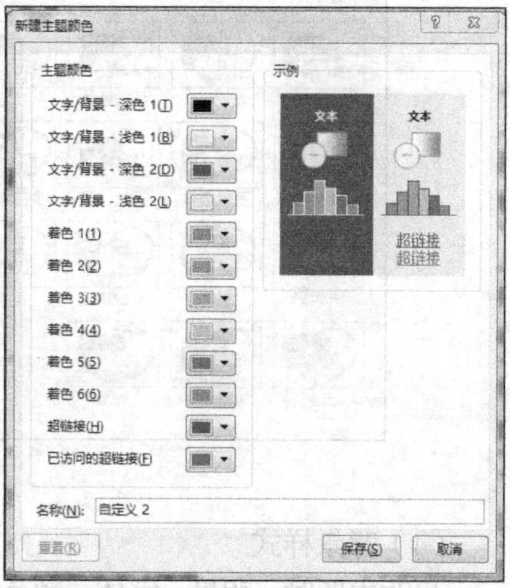

图 6-10　“新建主题颜色”对话框

（2）字体

在【变体】选项组中选择【字体】，在弹出的列表中包含多种字体，可用于改变幻灯片中的标题字体和正文字体。用户可以自定义标题字体和正文字体，在【字体】列表中选择【自定义字体】，会出现图 6-11 所示的对话框，在对话框中可以选择中文和西文的标题字体、正文字体，在【示例】处可以看到相应的字体效果，最后为新建的主题字体命名并保存即可。

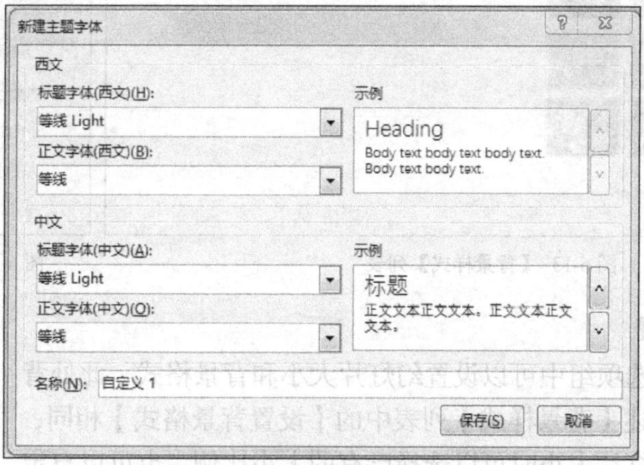

图 6-11　“新建主题字体”对话框

（3）效果

使用效果可以对插入图形的线条和填充效果进行更改，在【变体】选项组中选择【效果】，从【效果】列表中选择需要的样式即可，如图 6-12 所示。

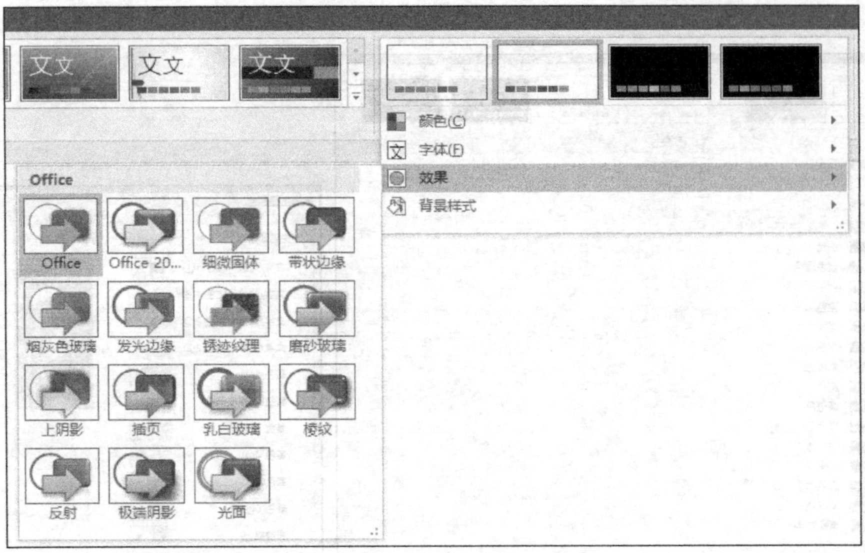

图 6-12 【效果】列表

（4）背景样式

更改主题时，背景、字体、颜色搭配都会随之改变，如果只希望更改幻灯片的背景，可以在【变体】选项组中选择【背景样式】，如图 6-13 所示，用户可以选择 PowerPoint 自带的背景样式，也可以设置背景格式，选择合适的填充效果、颜色和透明度，如图 6-14 所示。

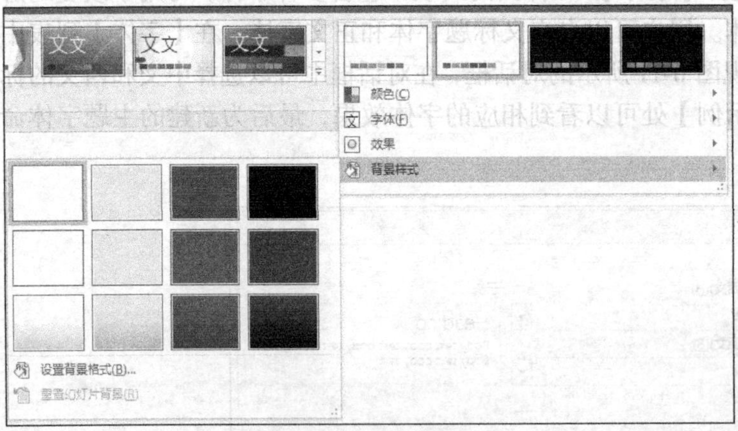

图 6-13 【背景样式】列表

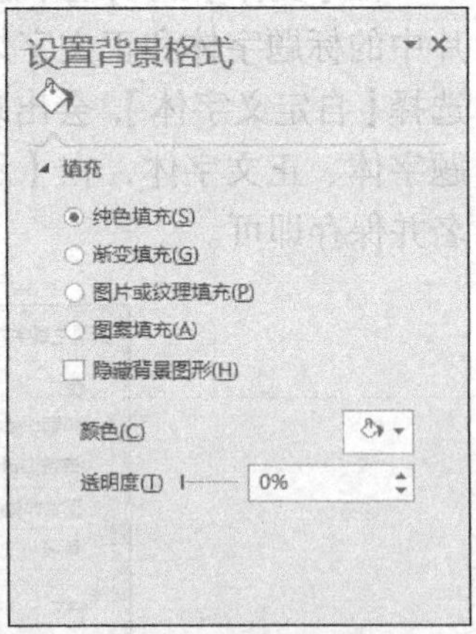

图 6-14 设置背景格式

3. 自定义设置

在【自定义】选项组中可以设置幻灯片大小和背景格式，此处背景格式的设置与上述【背景样式】列表中的【设置背景格式】相同，不再赘述。设置幻灯片大小时可以选择已有的大小比例，也可以自定义幻灯片大小，如图 6-15 所示。

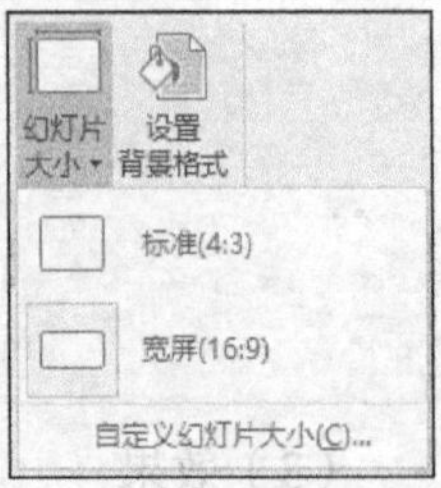

图 6-15 设置幻灯片大小

对颜色、字体、效果及背景样式的任何更改都可以另存为自定义主题。将需要的改变设置好之后，在【主题】选项组中选择【保存当前主题】即可，如图 6-16 所示。

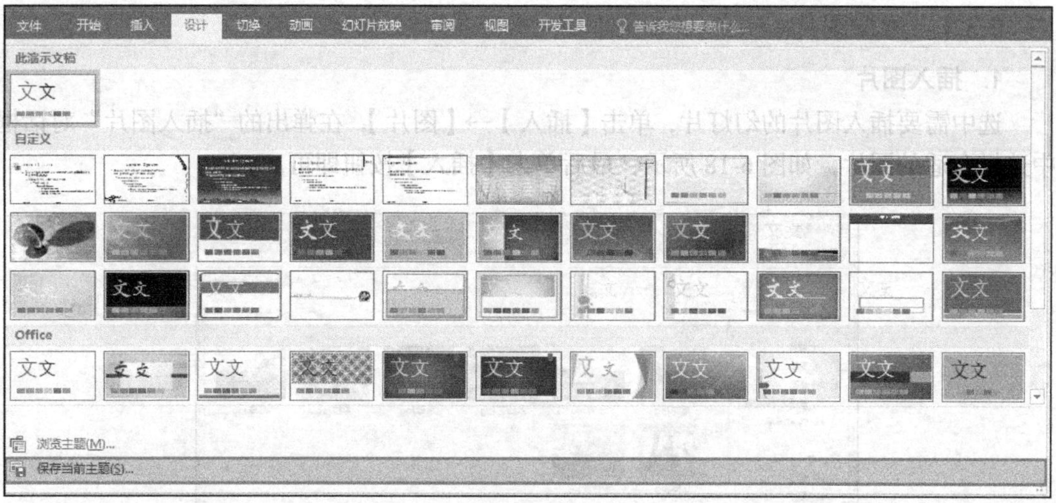

图 6-16　保存当前主题

6.2.3　母版设置

PowerPoint 中包含 3 种母版，即幻灯片母版、讲义母版和备注母版，如图 6-17 所示。

1. 幻灯片母版

幻灯片母版包含的信息很多，例如背景、动画、颜色主题、文本样式等。进入幻灯片母版视图可以看到一组默认的母版，其中有 Office 主题页、标题幻灯片、标题内容幻灯片等，用户可根据需要保留需要的格式，并通过更改页面信息来改变幻灯片的外观。值得注意的是，在 Office 主题页添加的内容会作为背景在下面所有页面中出现。

2. 讲义母版

讲义母版通常需要打印输出，可以将多张幻灯片打印在一张纸上，经常涉及的信息有页眉、页脚、页码、日期、背景等。单击【视图】→【讲义母版】，在打开的讲义母版中进行相应的设置即可。

3. 备注母版

备注母版一般也是用来打印输出的，日常生活中使用的并不多，涉及的信息有页眉、页脚、页码、日期等。单击【视图】→【备注母版】，在打开的备注母版中进行相关设置即可。

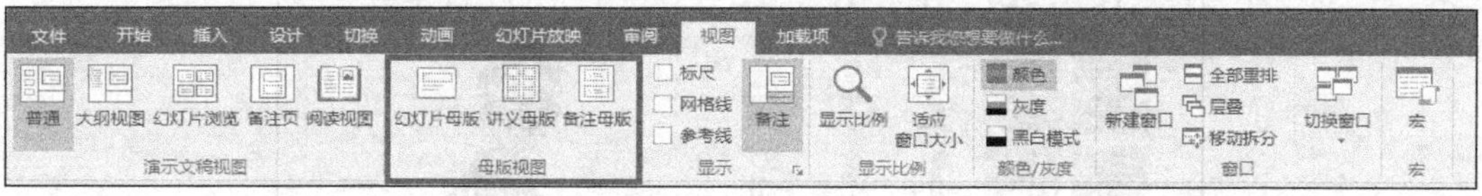

图 6-17　母版视图

6.3　在幻灯片中添加对象

一张幻灯片上可以插入多个对象，幻灯片就像一个舞台，而对象就像演员，演示文稿支持的对象种类非常多，包括文字、图片、表格、音频、视频、超链接等。正是由于对象的种类丰富，才使演示文稿生动活泼。

6.3.1 添加图片

1. 插入图片

选中需要插入图片的幻灯片，单击【插入】→【图片】，在弹出的“插入图片”对话框中选择合适的图片，如图 6-18 所示，最后单击【插入】按钮即可。

图 6-18 “插入图片”对话框

2. 图片处理

PowerPoint 提供了多种图片处理功能，此处简单介绍一些常用的功能。

（1）调整图片

PowerPoint 允许用户对图片的亮度、对比度、颜色等进行调整，允许用户为图片添加艺术效果。

① 调整亮度和对比度：选中图片，单击【格式】→【更正】，从弹出的下拉列表中选择合适的锐化/柔化、亮度/对比度即可，如图 6-19 所示。

图 6-19 调整图片的亮度和对比度

② 调整颜色：选中图片，单击【格式】→【颜色】，从弹出的下拉列表中选择合适的颜色饱和度、色调，也可重新着色，如图 6-20 所示。

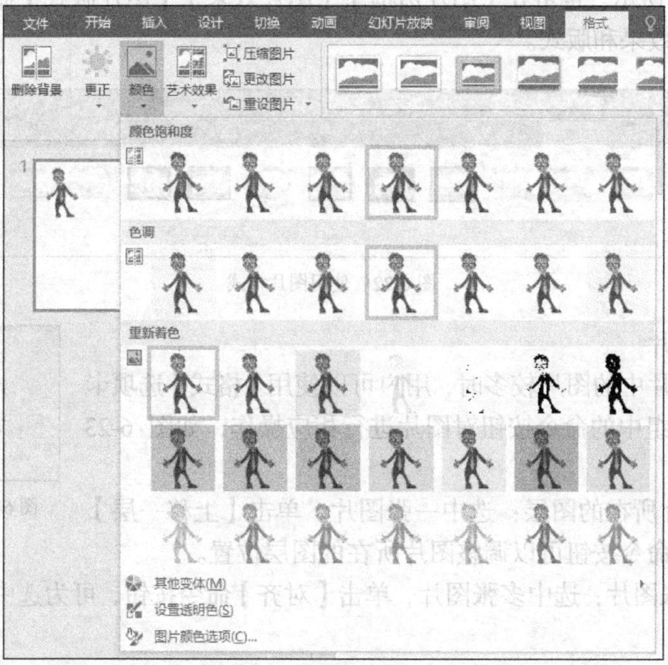

图 6-20　调整图片颜色

③ 添加艺术效果：选中图片，单击【格式】→【艺术效果】，在弹出的下拉列表中有多种艺术效果，例如粉笔素描、铅笔灰度、虚化等，用户可根据需要选择合适的艺术效果，如图 6-21 所示。

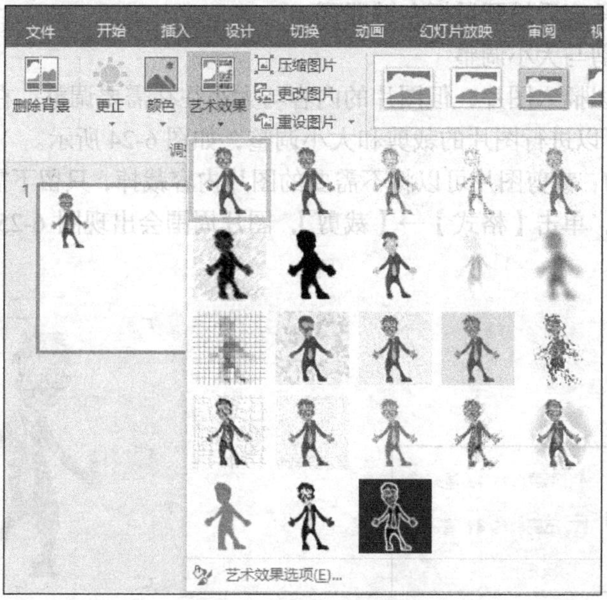

图 6-21　添加艺术效果

（2）使用图片样式

选中图片，在【格式】选项卡中单击【图片样式】的下拉按钮，选择合适的样式单击即可，如图 6-22 所示。也可在【图片边框】、【图片效果】、【图片版式】命令按钮为图片选择合适的边框、效果和版式。

图 6-22 使用图片样式

（3）排列图片

当一张幻灯片中的图片较多时，用户可以使用【格式】选项卡中【排列】选项组中的命令按钮对图片进行相应操作，如图 6-23 所示。

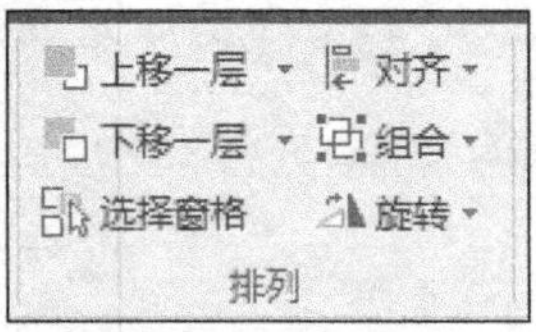

图 6-23 【排列】选项组

① 调整图片所在的图层：选中一张图片，单击【上移一层】或【下移一层】命令按钮可以调整图片所在的图层位置。

② 对齐多张图片：选中多张图片，单击【对齐】命令按钮，可为选中的图片设置合适的对齐方式。

③ 组合图片：当图片和图形繁多，但又需要一起移动它们时，可以将它们全部选中，单击【组合】命令按钮，这时所有的图片和图形便是一个整体，方便用户移动。若不需要组合时，单击【组合】命令按钮，选择【取消组合】即可。

④ 旋转图片：选中一张或多张图片，单击【旋转】命令按钮，选择合适的旋转角度旋转图片即可，或者选中图片后，将光标放在图片上方的处，按住鼠标左键的同时旋转图片，旋转到合适的角度后松开鼠标左键即可。

（4）图片的裁剪与大小调整

演示文稿中可以插入图片，但图片的内容与大小往往需要调整，在【格式】选项卡的【大小】选项组中可以进行图片的裁剪和大小调整，如图 6-24 所示。

① 图片的裁剪：裁剪图片可以将不需要的图片内容裁掉，只留下需要的图片内容。选中需要裁剪的图片，单击【格式】→【裁剪】，图片周围会出现图 6-25 所示的边框，移动边框进行裁剪即可。

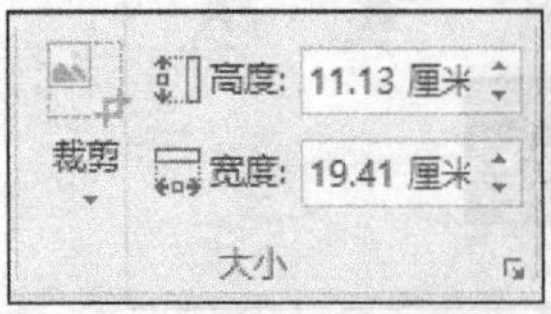

图 6-24 【大小】选项组

图 6-25 裁剪图片

② 图片大小调整：在【大小】选项组中设置图片的高度与宽度，即可改变图片大小。

6.3.2　添加表格

制作演示文稿的过程中可能需要用表格来简洁地呈现内容，下面简单介绍如何在演示文稿中插入表格和插入 Excel 电子表格。

1. 插入表格

插入表格的常用方法有以下两种。

方法 1：单击【插入】选项卡，再单击【表格】命令按钮，会出现图 6-26（a）所示的下拉列表，用鼠标指针在小方格区域滑动，选择合适的行和列即可，如图 6-26（b）所示。

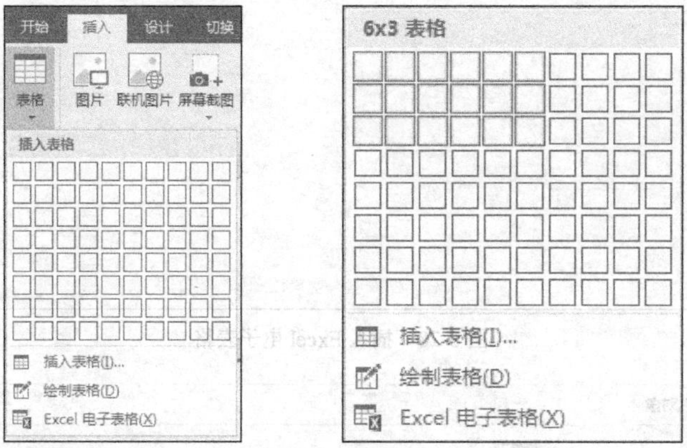

（a）　（b）

图 6-26　插入表格

方法 2：单击【插入】选项卡，再单击【表格】命令按钮，选择【插入表格】，这时会弹出图 6-27 所示的对话框，输入表格的行数和列数并单击【确定】按钮即可完成表格的插入。

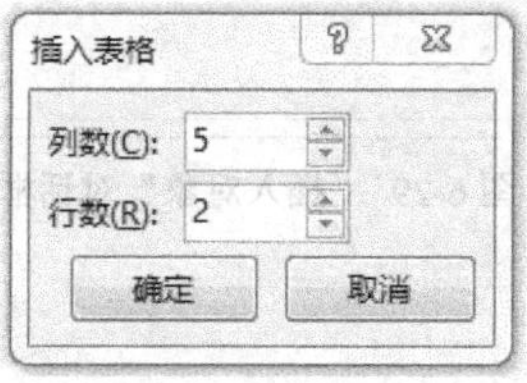

图 6-27　“插入表格”对话框

2. 插入 Excel 电子表格

在【插入】选项卡中，单击【表格】命令按钮，选择【Excel 电子表格】，此时出现的界面如图 6-28 所示。幻灯片上的电子表格可以根据需要进行放大或缩小，Excel 的一些基本操作在此界面都可实现。表格内容处理完成后，单击任意空白处即可返回原来的演示文稿界面，如果再想对表格中的内容进行更改，双击表格即可再次进入表格编辑界面。Excel 电子表格的编辑界面还有另外一种进入方式：在【插入】选项卡中，单击【文本】选项组中的【对象】命令按钮，会出现图 6-29 所示的对话框，选择“Microsoft Excel 工作表”并单击【确定】按钮即可。

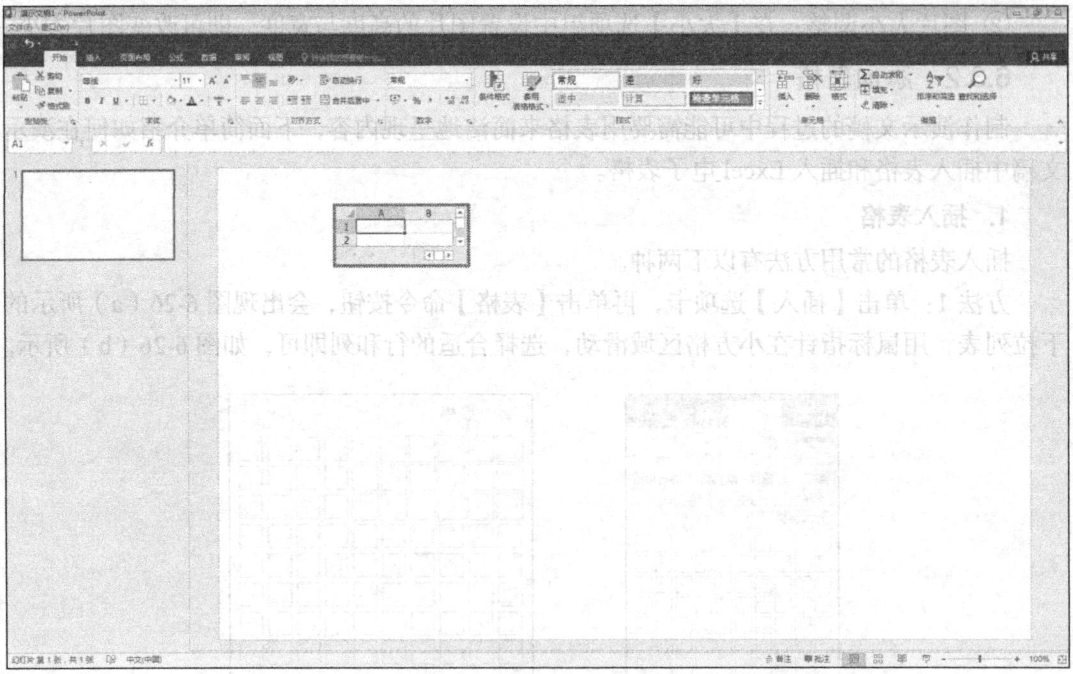

图 6-28　插入 Excel 电子表格

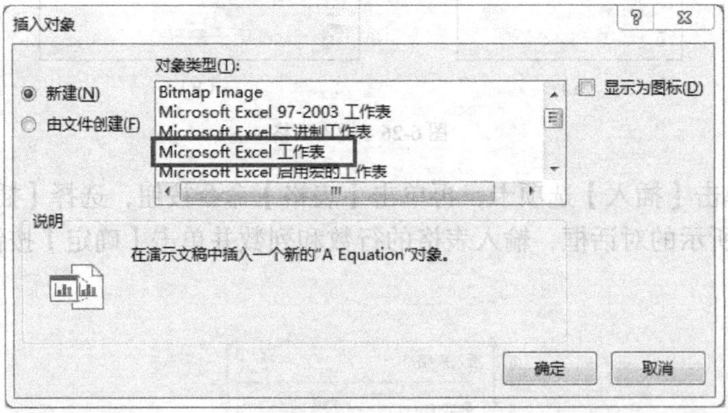

图 6-29 “插入对象”对话框

6.3.3　添加声音

利用声音可以营造某种氛围，例如欢快、悲伤等。制作幻灯片时，插入声音，可以使演示文稿更具感染力。

1. 插入音频

在【插入】选项卡中，单击【音频】命令按钮，选择【PC 上的音频】，在弹出的“插入音频”对话框中选择要插入的音频并单击【插入】按钮，如图 6-30 所示。演示文稿支持 MP3、WAV 等格式的音频文件。

2. 设置声音

插入了音频的幻灯片上会出现一个小喇叭，可将其拖曳到工作区的任意位置。单击小喇叭会出现【播放】选项卡，在此可以对音频进行相关的设置，下面介绍 4 个常用的操作。

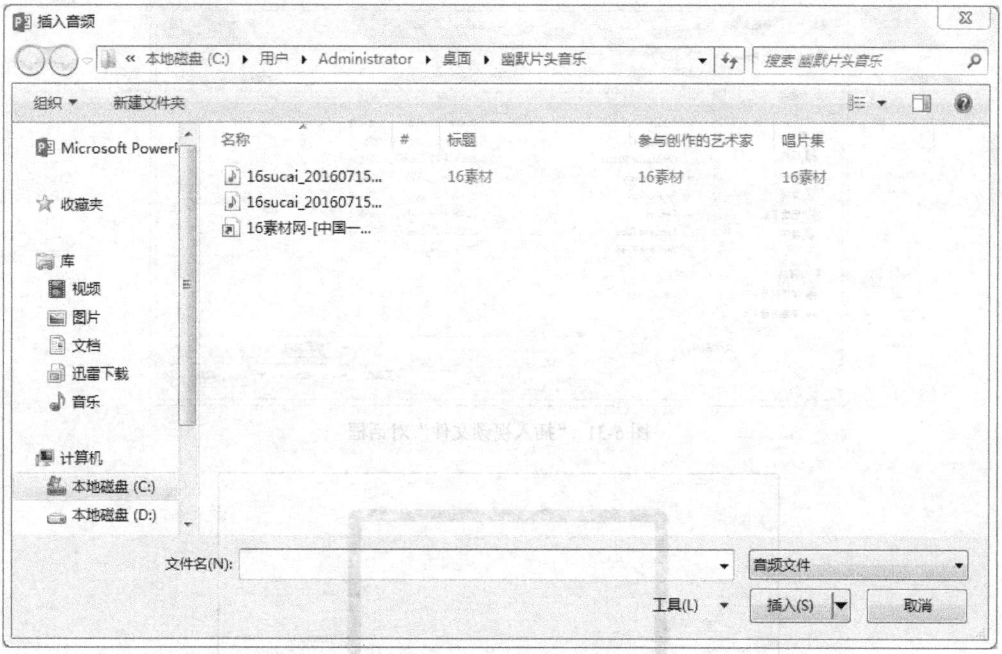

图 6-30 “插入音频”对话框

（1）放映时隐藏

为了不影响播放效果，我们通常将小喇叭移至幻灯片外。如果选择将小喇叭放在幻灯片内，那么在幻灯片放映时，小喇叭就会显示出来，选择【放映时隐藏】就可以在放映演示文稿时隐藏小喇叭，而在编辑演示文稿时显示小喇叭。

（2）设置音频开始方式

音频开始播放的方式有两种，即自动播放和单击时播放。

① 自动播放是指幻灯片播放时，音频随之播放。

② 单击时播放是指幻灯片播放时，单击小喇叭，音频才能播放。如果设置了触发器，则单击触发器音频才能播放。

（3）跨幻灯片播放

跨幻灯片播放是指即使切换幻灯片，音频播放也不会中断，会继续播放，直到音频播放结束或幻灯片放映结束。

（4）循环播放，直到停止

循环播放，直到停止，是指音频会一直播放，直至幻灯片结束放映，如果音频播放完了，但幻灯片还没有放映完，那么音频会从头开始播放。

6.3.4　添加视频

单击【插入】→【视频】→【PC 上的视频】，会弹出“插入视频文件”对话框，如图 6-31 所示，选择需要插入的视频文件并单击【插入】按钮即可。此时，视频窗口会出现在幻灯片上，可以根据需要调整视频窗口的大小和位置，单击视频窗口下方的播放按钮即可播放视频，如图 6-32 所示。

图 6-31 “插入视频文件”对话框

图 6-32 播放视频

6.3.5 添加超链接

在制作演示文稿时，很多情况下都需要插入一些超链接。

选中需要添加超链接的文字、图片、图形等对象，单击【插入】→【超链接】，此时会弹出“插入超链接”对话框，如图 6-33 所示，可以链接到现有文件或网页、本文档中的位置、新建文档和电子邮件地址。

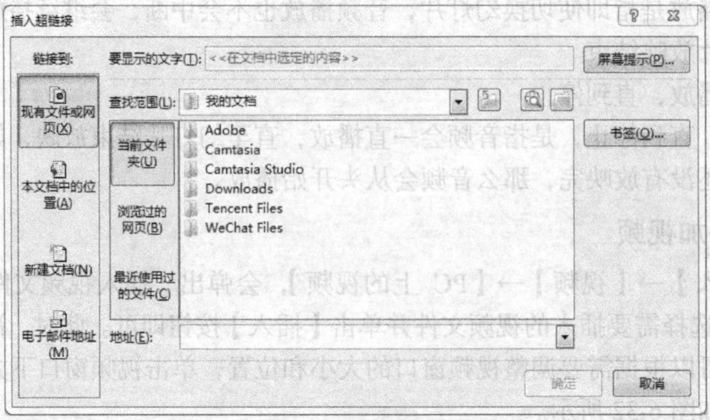

图 6-33 “插入超链接”对话框

1. 链接到现有文件或网页

（1）链接到现有文件

在“插入超链接”对话框中选择【现有文件或网页】，在【查找范围】处选择合适的路径，并单击需要链接的文件即可，如图 6-34 所示。

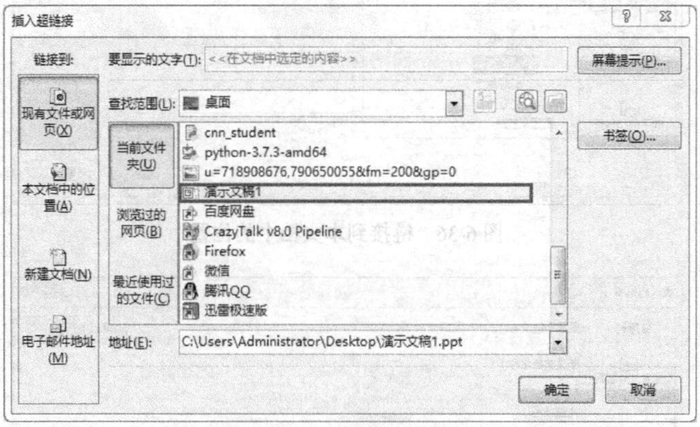

图 6-34　链接到现有文件

（2）链接到网页

单击【现有文件或网页】，在对话框下方的【地址】处输入需要链接到的网址即可，如图 6-35 所示。

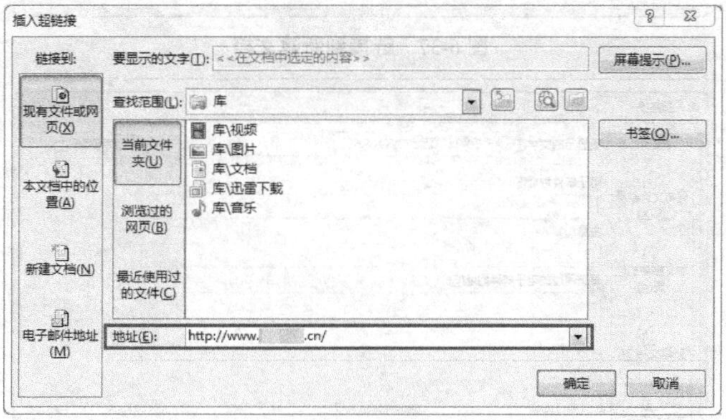

图 6-35　链接到网页

2. 链接到本文档中的位置

在“插入超链接”对话框中选择【本文档中的位置】，再从右边的列表中选择需要链接到的幻灯片即可，如图 6-36 所示。

3. 链接到新建文档

在“插入超链接”对话框中选择【新建文档】，如图 6-37 所示，可以输入新建文档的名称，还可以选择是现在编辑文档还是以后编辑文档。

4. 链接到电子邮件地址

在“插入超链接”对话框中选择【电子邮件地址】，如图 6-38 所示，输入电子邮件地址即可。

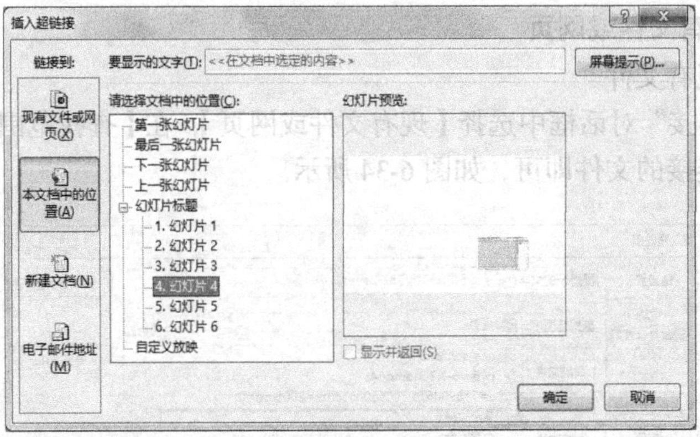

图 6-36　链接到本文档中的位置

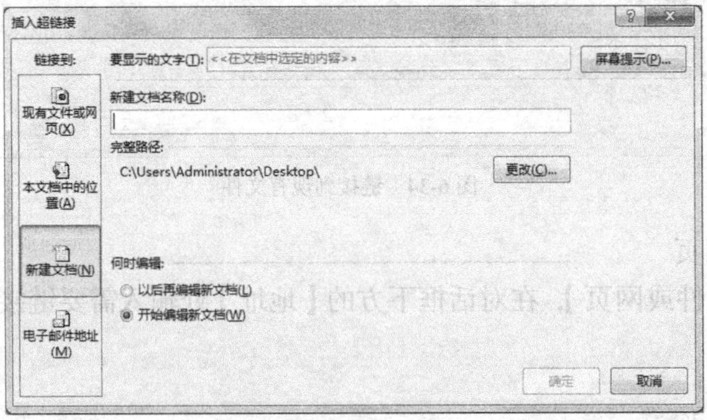

图 6-37　链接到新建文档

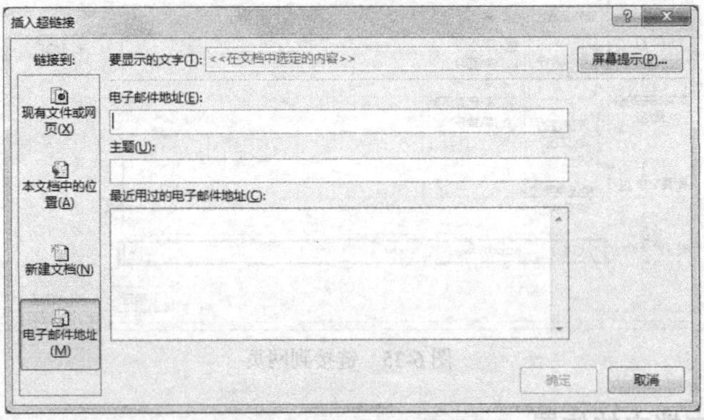

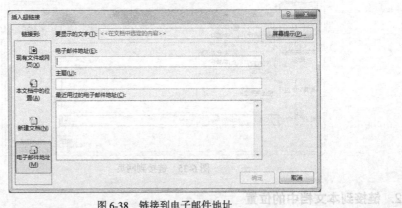

图 6-38　链接到电子邮件地址

6.4　幻灯片放映与打印

幻灯片放映前，为使幻灯片更加多彩，达到最佳的放映效果，用户可以根据需要为幻灯片中的元素设置动画效果和切换效果。此外，用户还可以对幻灯片的放映与打印进行设置。

6.4.1　设置动画效果

PowerPoint 可以实现多种动画效果，包括进入、强调、退出、动作路径等多种形式，用户可以单独使用任何一种形式的动画，也可以将多种形式的动画组合在一起使用，文本、图片、图形等都可作为添加动画的对象。

1. 添加动画效果

（1）添加进入动画

进入动画可以实现一个或多个对象从无到有、逐渐显现的动画效果。

为对象添加进入动画，需要先选中对象，单击【动画】→【添加动画】，在【添加动画】下拉列表中选择合适的进入动画即可，如图 6-39 所示。如果需要更多的进入效果，可以在【添加动画】下拉列表中选择【更多进入效果】，此时，会弹出图 6-40 所示的对话框，从中选择合适的效果并单击【确定】按钮即可。

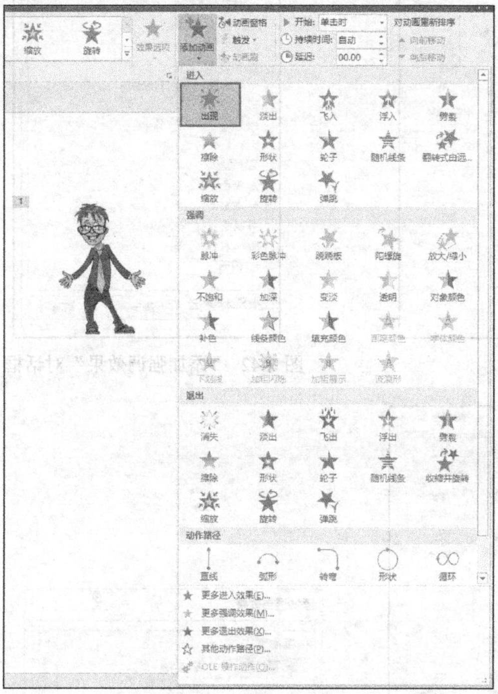

图 6-39　添加进入动画

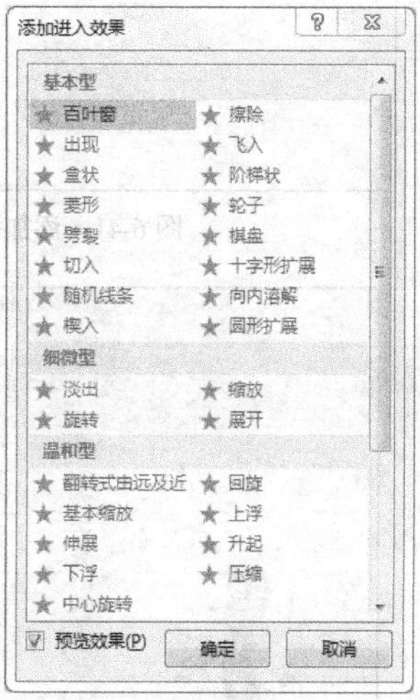

图 6-40　“添加进入效果”对话框

（2）添加强调动画

强调动画是在放映过程中通过闪烁、旋转、放大等方式来达到引人注意的目的。

选中需要添加动画的对象，单击【动画】→【添加动画】，在【添加动画】下拉列表中选择合适的强调动画即可，如图 6-41 所示。与添加进入效果类似，可以在【添加动画】下拉列表中选择【更多强调效果】，在弹出的“添加强调效果”对话框中选择合适的效果，以添加强调效果，如图 6-42 所示。

（3）添加退出动画

退出动画与进入动画相反，可以实现一个或多个对象从有到无、逐渐消失的动画效果。

选中需要添加动画的对象，单击【动画】→【添加动画】，在【添加动画】下拉列表中选择合适的退出动画即可，如图 6-43 所示。如果需要更多的退出效果，可以在【添加动画】下拉列表中选择【更多退出效果】，在弹出的“添加退出效果”对话框中选择合适的效果即可，如图 6-44 所示。

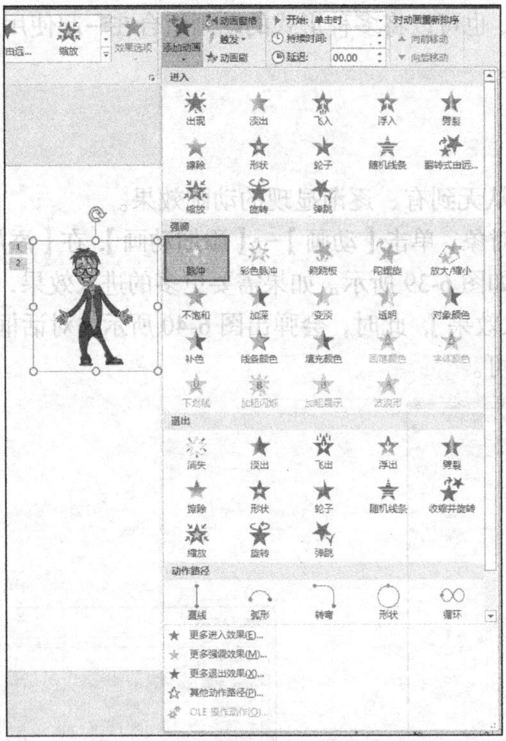

图 6-41　添加强调动画

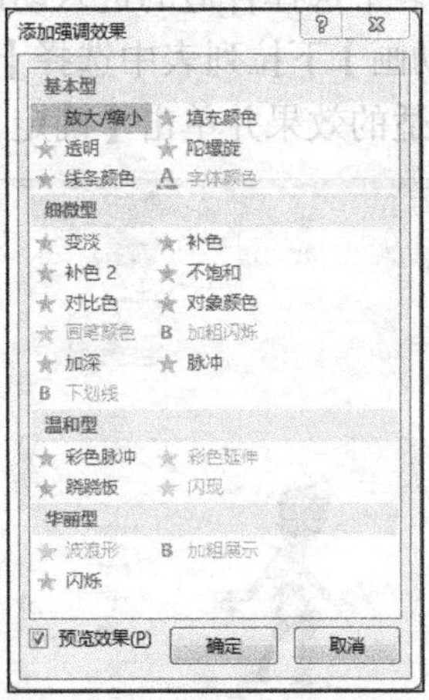

图 6-42 “添加强调效果”对话框

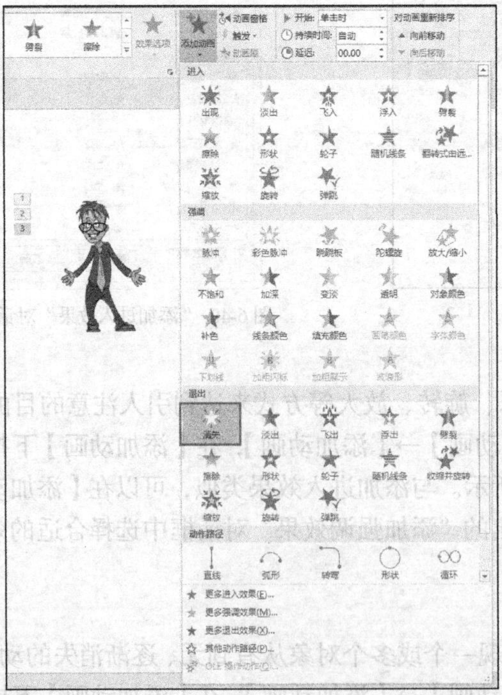

图 6-43　添加退出动画

图 6-44 “添加退出效果”对话框

（4）添加路径动画

路径动画可以实现对象按照预先设计好的路径运动的效果。

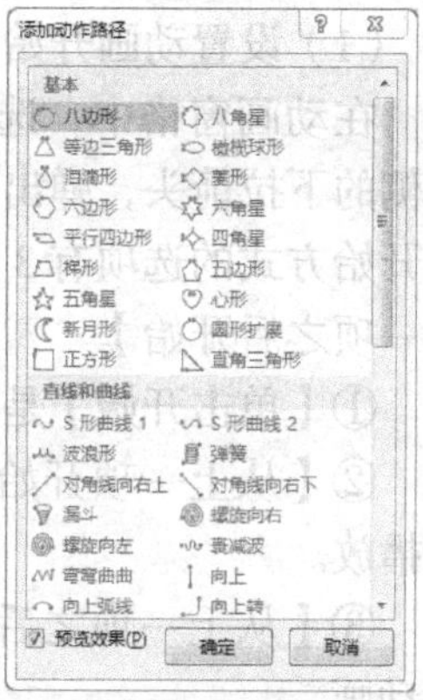

图 6-45 “添加动作路径”对话框

选中需要添加动画的对象，单击【动画】→【添加动画】，在【添加动画】下拉列表中选择合适的路径动画即可，也可选择【其他动作路径】，从弹出的“添加动作路径”对话框中挑选动画效果，图 6-45 所示为“添加动作路径”对话框。

如果 PowerPoint 自带的路径不能满足用户的需求，用户可以在【添加动画】下拉列表中选择【自定义路径】，在幻灯片上自己绘制对象的运动路径。

为对象添加动画时，若此对象只需一个动画，例如只需添加一个进入动画，那么在【动画】选项卡的【动画】选项组中直接单击便可添加，如图 6-46 所示。若此对象需要添加多个动画，例如添加一个进入动画和一个退出动画，那么在添加第二个动画时，需通过【动画】选项卡的【添加动画】命令按钮进行添加，如图 6-47 所示。

图 6-46 【动画】选项组

图 6-47 【添加动画】命令按钮

2. 修改动画效果

在对象添加了动画效果之后，该对象就应用了默认的动画格式，包括动画变化方向、运行时间、重复次数等。若需改变这些格式，可以在动画窗格中进行相关设置。选择【动画】选项卡，在【高级动画】选项组中单击【动画窗格】命令按钮，此时，在演示文稿右侧会弹出动画窗格，如图 6-48 所示。

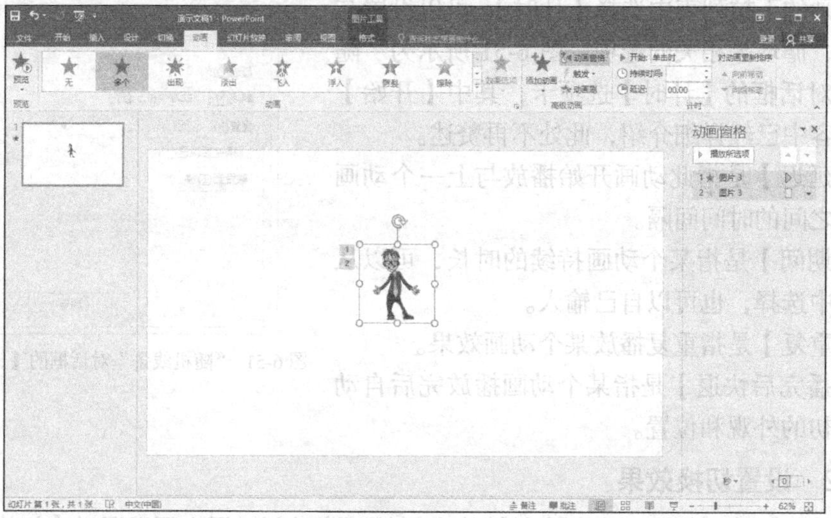

图 6-48 动画窗格

（1）设置动画开始方式

在动画窗格中，选中列表中需要设置开始方式的动画，单击其右侧的下拉箭头，弹出下拉列表，如图 6-49 所示，其中用于设置动画开始方式的选项有 3 个，即【单击开始】、【从上一项开始】和【从上一项之后开始】。

①【单击开始】是指单击幻灯片时动画开始播放。

②【从上一项开始】是指上一个动画开始播放时，此动画也开始播放。

③【从上一项之后开始】是指上一个动画播放结束后开始播放此动画。

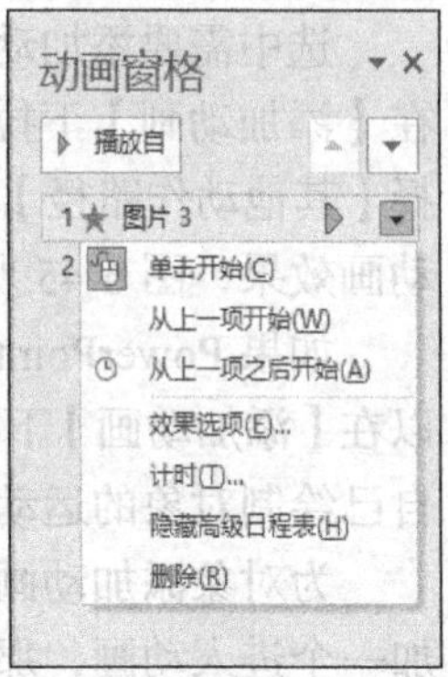

图 6-49 动画的下拉列表

（2）效果设置

在动画的下拉列表中单击【效果选项】，会弹出相应的对话框，用户可以根据需要进行相应的设置，动画效果不同，弹出的对话框可能不同，如图 6-50 所示。

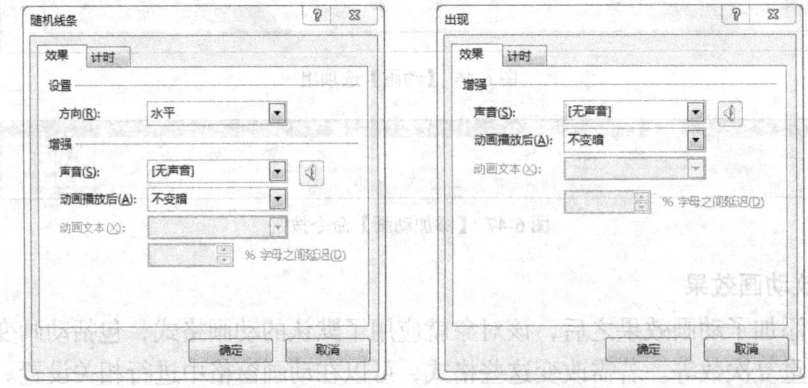

图 6-50 “随机线条”对话框与“出现”对话框

（3）设置计时选项

在动画的下拉列表中选择【计时】，可以设置与开始时间、循环等相关的选项，图 6-51 所示为“随即线条”对话框的【计时】选项卡，其中【开始】在上述内容中已经详细介绍，此处不再赘述。

①【延迟】是指此动画开始播放与上一个动画结束播放之间的时间间隔。

②【期间】是指某个动画持续的时长，可以从下拉列表中选择，也可以自己输入。

③【重复】是指重复播放某个动画效果。

④【播完后快退】是指某个动画播放完后自动恢复到最初的外观和位置。

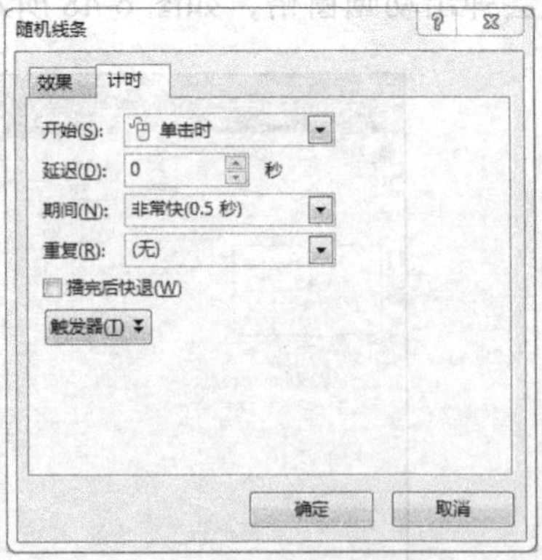

图 6-51 “随机线条”对话框的【计时】选项卡

6.4.2 设置切换效果

幻灯片的切换效果出现在两张幻灯片之间的过渡时刻，用户可以通过【切换】选项卡设置幻灯片的切换效果。

1. **添加切换效果**

单击需要添加切换效果的幻灯片缩略图，进入【切换】选项卡，在【切换到此幻灯片】选项组中选择合适的切换效果即可，如图 6-52 所示。若需将此切换效果应用到整个演示文稿，可以单击【全部应用】，这样每张幻灯片都会有此切换效果。

图 6-52 选择切换效果

2. **设置换片方式**

幻灯片之间的切换方式有两种，即【单击鼠标时】和【设置自动换片时间】，用户选定某个幻灯片缩略图后，可以在【切换】选项卡的【计时】选项组中进行设置。在【计时】选项组中，【单击鼠标时】是指单击鼠标后才会切换到下一张幻灯片；【设置自动换片时间】是指此幻灯片停留多长时间后自动切换下一张幻灯片，用户可以根据自己的需要设置停留的具体时间。

3. **设置切换声音**

为幻灯片设置切换声音后，从上一张幻灯片切换到此幻灯片时会播放声音。PowerPoint 提供了多种声音，如图 6-53 所示，同时也支持用户添加自己计算机中的声音。

选中某个幻灯片缩略图后，进入【切换】选项卡，单击【声音】下拉按钮，从下拉列表中选择合适的声音即可。若需添加自己计算机中的声音，在下拉列表中选择【其他声音】，会弹出“添加音频”对话框，如图 6-54 所示，选中要添加的音频并单击【确定】按钮即可。

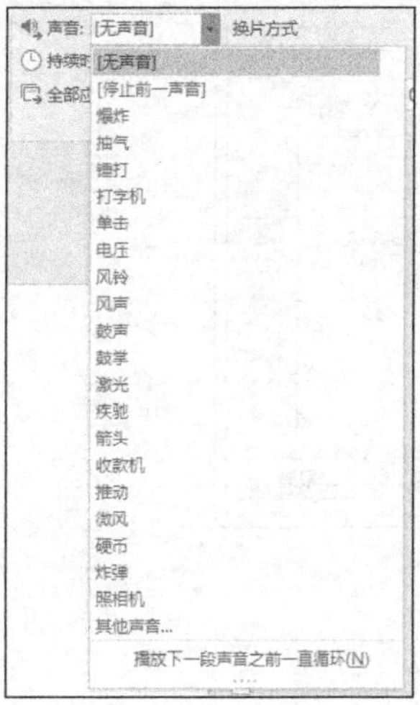

图 6-53 【声音】下拉列表

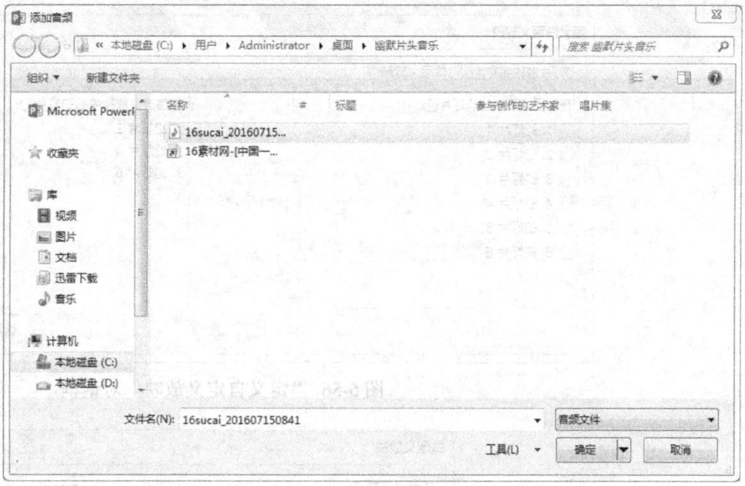

图 6-54 “添加音频”对话框

6.4.3 幻灯片放映与打印设置及相关操作

1. **幻灯片的放映**

（1）基本放映

幻灯片制作完成后，可以放映观看效果，若有不满意的地方，可以及时修改。

① 从头开始放映：单击【幻灯片放映】→【从头开始】，幻灯片会从第一页开始放映；或者按快捷键“F5”，也可以实现从头开始放映。

② 从当前幻灯片开始放映：单击【幻灯片放映】→【从当前幻灯片开始】，幻灯片会从当前页开始放映；或者按组合键“Shift+F5”，也可以实现从当前页开始放映。

（2）自定义幻灯片放映

为迎合不同用户的需求，有时只需要放映演示文稿中的部分幻灯片，这时就可以采用自定义放映。

单击【幻灯片放映】→【自定义幻灯片放映】→【自定义放映】，会弹出图 6-55 所示的对话框。单击【新建】按钮，会出现图 6-56 所示的对话框，选择需要放映的幻灯片并单击【添加】按钮，若需更改放映时幻灯片出现的顺序，可以选择某张幻灯片，单击旁边的上下箭头即可调整该幻灯片出现的顺序，如果不需要某张幻灯片，可以选中它并单击旁边的错号，即可删除该幻灯片。然后，输入幻灯片放映名称并单击【确定】按钮，此时会再次弹出“自定义放映”对话框，如图 6-57 所示，单击【放映】按钮即可立即放映，若单击【关闭】按钮，可在【自定义幻灯片放映】下拉列表中找到该定义好的幻灯片。

图 6-55 “自定义放映”对话框

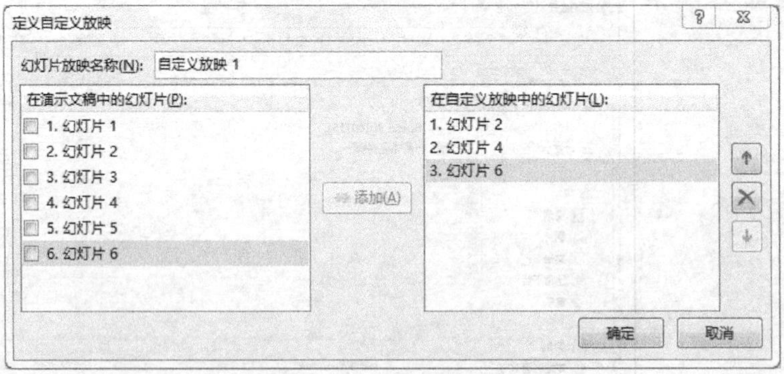

图 6-56 “定义自定义放映”对话框

图 6-57 再次弹出的“自定义放映”对话框

（3）设置放映方式

单击【幻灯片放映】→【设置幻灯片放映】，会出现图 6-58 所示的对话框，用户可根据需要对放映类型、放映选项、放映范围、换片方式等进行设置。

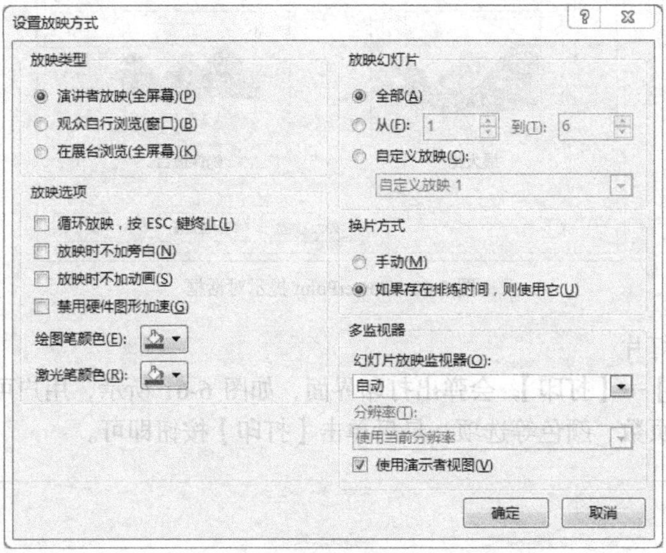

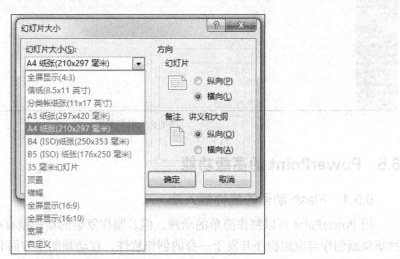

图 6-58 “设置放映方式”对话框

2. 幻灯片的打印

生活中，有时需要将制作好的演示文稿打印出来做成讲义或留做备份，这时就需要使用 PowerPoint 的打印设置了。

（1）幻灯片大小设置

单击【设计】→【幻灯片大小】→【自定义幻灯片大小】，会弹出图 6-59 所示的对话框，从中选择合适的纸张大小、设置幻灯片方向并单击【确定】按钮，此时会弹出图 6-60 所示的对话框，单击【确保适合】按钮即可。

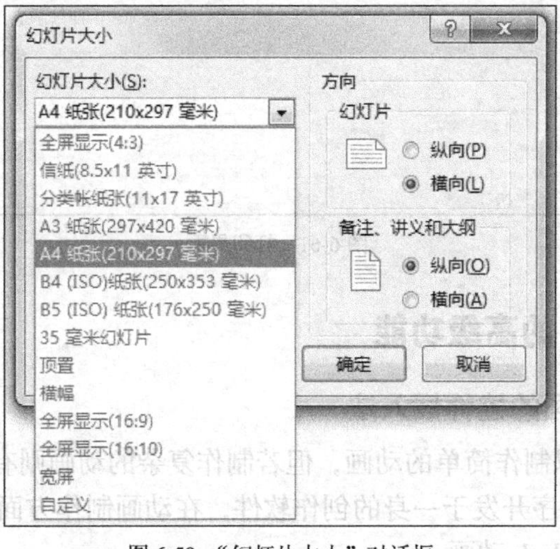

图 6-59 “幻灯片大小”对话框

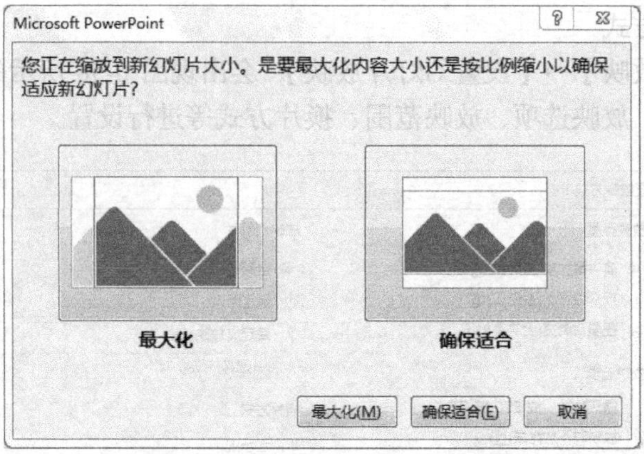

图 6-60 PowerPoint 提示对话框

（2）打印幻灯片

单击【文件】→【打印】，会弹出打印界面，如图 6-61 所示，用户可根据需要在打印界面中设置打印页数、颜色等选项，最后单击【打印】按钮即可。

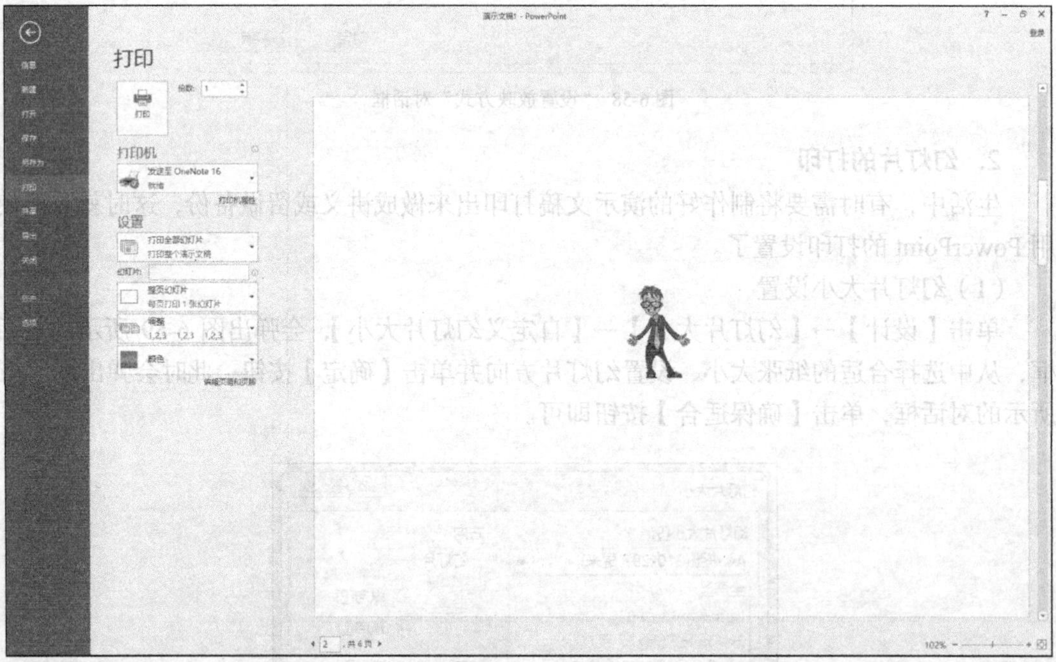

图 6-61 打印界面

6.5 PowerPoint 的高级功能

6.5.1 Flash 动画的控件插入法

用 PowerPoint 可以制作简单的动画，但若制作复杂的动画则有些困难，而 Flash 是一种集动画创作与应用程序开发于一身的创作软件，在动画制作方面非常优秀，必要时可以在 PowerPoint 中插入 Flash 动画。

1. 添加【开发工具】选项卡

将演示文稿和 Flash 动画放在一个文件夹内。打开演示文稿，如果没有【开发工具】选项卡，需要单击【文件】→【选项】，在弹出的“PowerPoint 选项”对话框中，单击【自定义功能区】，选中【开发工具】复选框，如图 6-62 所示，最后单击【确定】按钮即可。

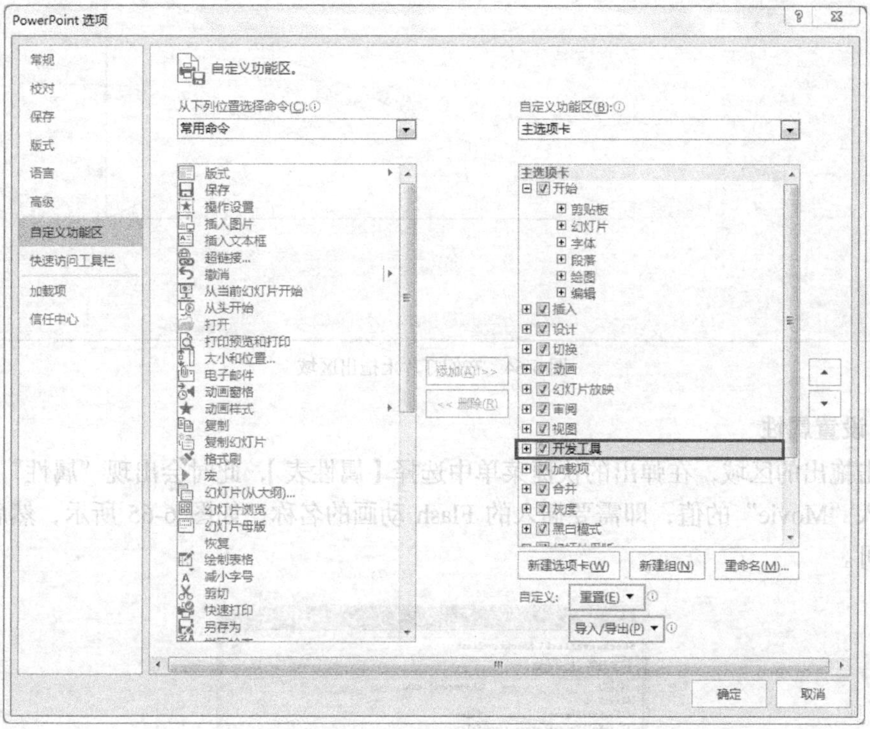

图 6-62 选中【开发工具】复选框

2. 插入控件

单击【开发工具】→【其他控件】，在弹出的“其他控件”对话框中，选择【Shockwave Flash Object】并单击【确定】按钮，如图 6-63 所示。此时可以用鼠标指针在幻灯片上拖出一个区域，这个区域便是 Flash 动画出现的地方，如图 6-64 所示。

图 6-63 选择控件

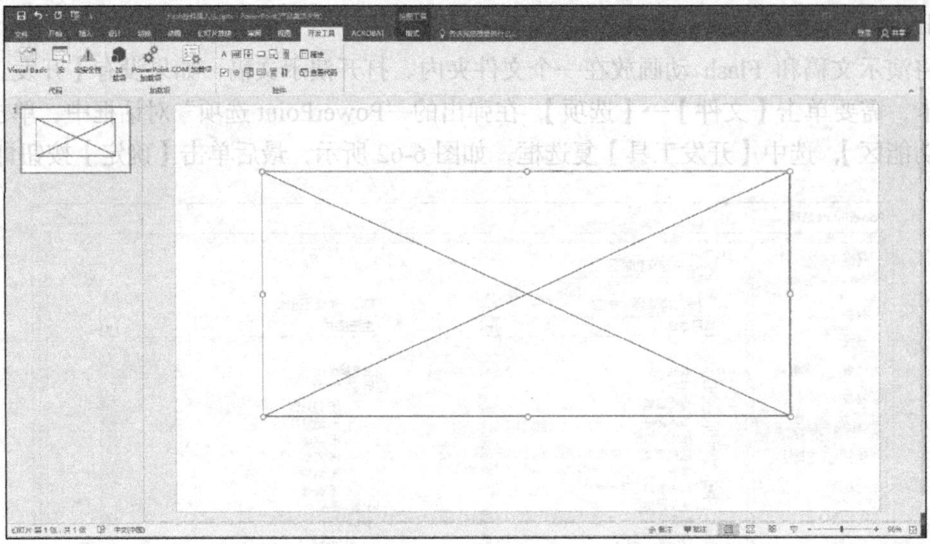

图 6-64 在幻灯片上拖出区域

3. 设置属性

右击拖出的区域，在弹出的快捷菜单中选择【属性表】，此时会出现“属性”对话框，手动输入“Movie”的值，即需要插入的 Flash 动画的名称，如图 6-65 所示，然后关闭对话框即可。

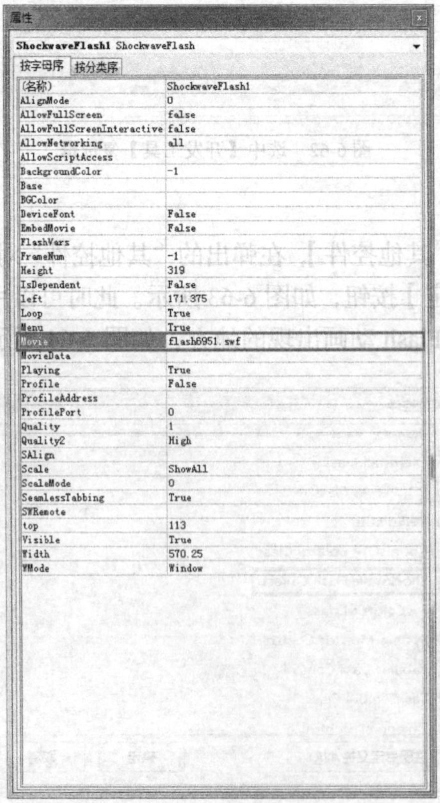

图 6-65 设置属性

6.5.2　使用触发器的方法

触发器可以是一个图片、一个图形，甚至可以是一个段落或一个文本框，单击触发器时会触发一个操作，该操作可以是声音、影片或动画。利用触发器可以灵活多变地控制动画、声音或视频等对象，实现许多特殊效果。

1. 以图片为触发器触发动画

此处以打招呼的场景为例，预期的效果是单击幻灯片中的小男孩，会出现“你好”的字样和声音，单击小女孩也会出现同样的效果。

（1）插入图片

单击【插入】→【图片】，选择合适的图片插入幻灯片中。在这里，插入了两张图片，如图 6-66 所示。

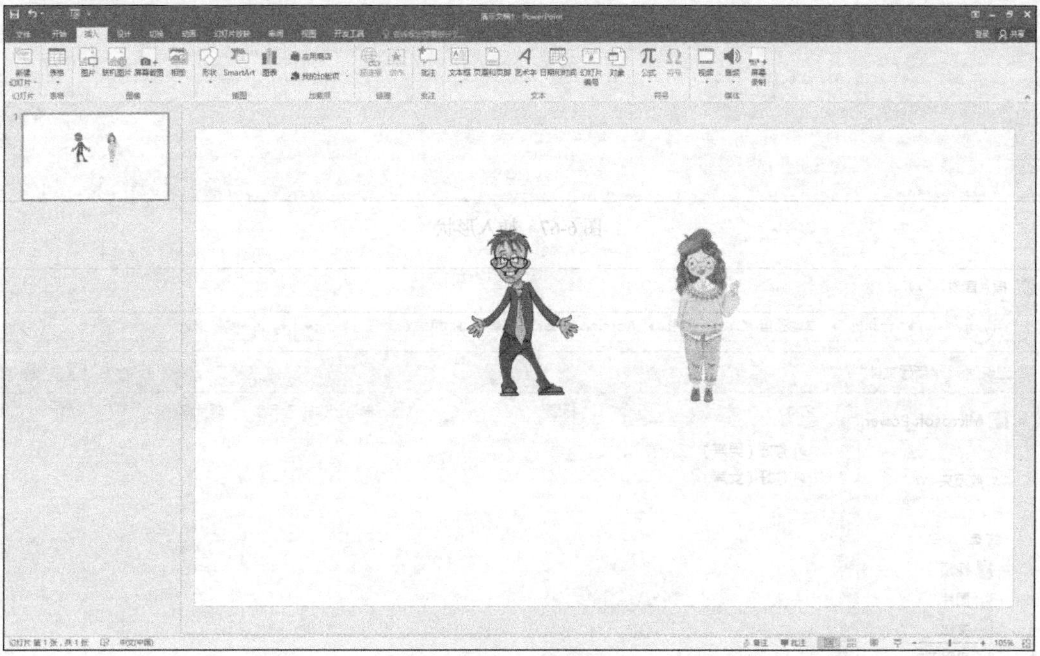

图 6-66　插入图片

（2）插入形状并添加动画

① 单击【插入】→【形状】，从中选择合适的形状。在这里，我们选择“云形标注”，并在其中输入“你好”，如图 6-67 所示。

② 选中“云形标注”，为其添加“随机线条”进入动画，也可以选择其他的动画效果。

（3）插入音频

单击【插入】→【音频】→【PC 上的音频】，这里插入了“你好（男声）”和“你好（女声）”两个音频文件，如图 6-68 所示。

（4）设置触发器

① 选中小男孩旁边的“云形标注”，单击【动画】→【触发】→【单击】→【图片 7】，如图 6-69 所示，这里的图片 7 是带有小男孩的图片，之后按照上述方法设置小女孩旁边的“云形标注”。设置触发器时可根据具体情况选择合适的图片、图形等。

图 6-67　插入形状

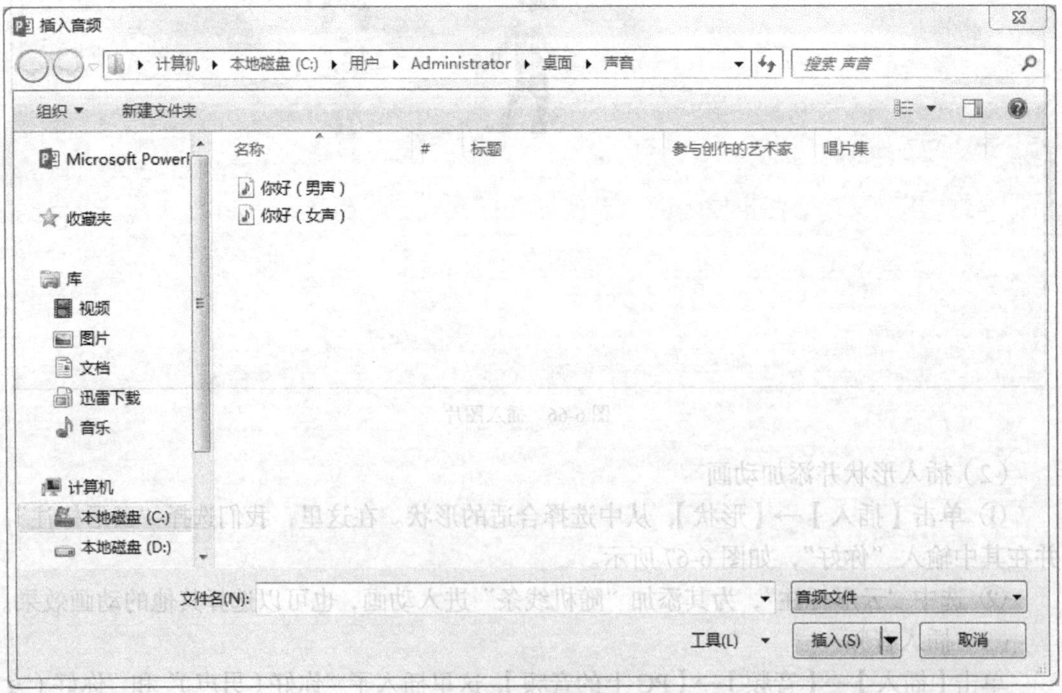

图 6-68　插入音频

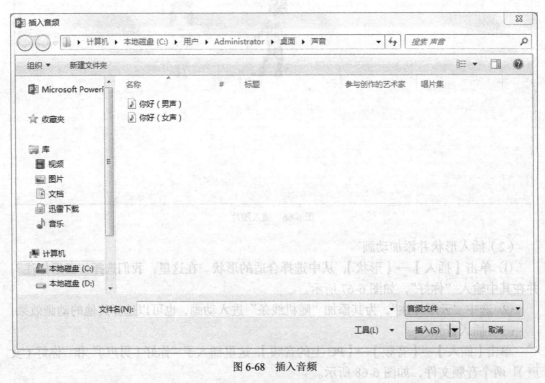

② 插入音频后会出现小喇叭的图样，选中“你好（男声）”小喇叭，单击【动画】→【触发】→【单击】→【图片 7】，并按照同样的方法设置“你好（女声）”小喇叭。

③ 打开动画窗格，在音频“你好（男声）”的下拉列表中选择【从上一项开始】，如图 6-70 所示，并按照同样的方法设置音频“你好（女声）”。

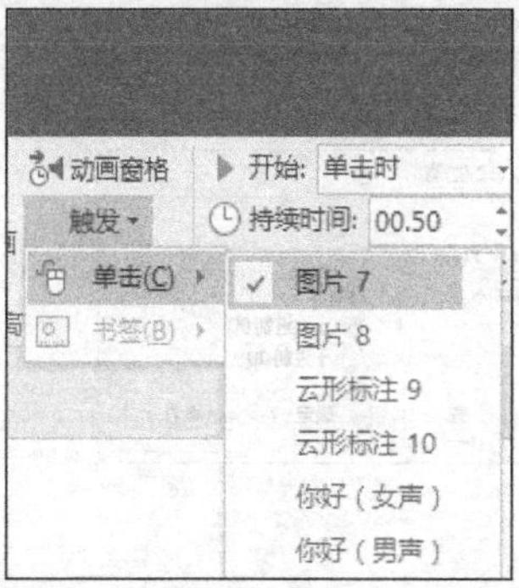

图 6-69　为“云形标注”设置触发器

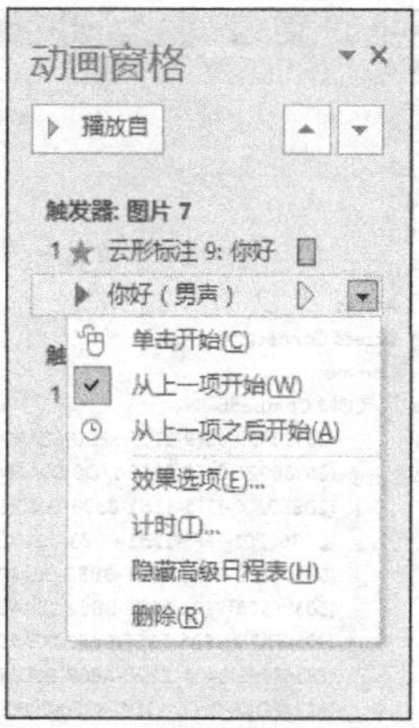

图 6-70　设置音频开始方式

2. 以文本框为触发器控制音频

此处设置文本框为触发器来控制音频的播放、暂停和停止。

（1）插入音频和文本框

① 单击【插入】→【音频】→【PC 上的音频】，插入合适的音频。

② 插入文本框 1、文本框 2 和文本框 3，分别输入“播放”、“暂停”和“停止”。

（2）设置触发器

① 选中小喇叭，单击【动画】→【添加动画】→【播放】。

② 选中小喇叭，单击【动画】→【触发】→【单击】→【文本框 1】，这样文本框 1 就成了触发音频播放的触发器。按照相同的方法设置文本框 2 为触发音频暂停的触发器，设置文本框 3 为触发音频停止的触发器。

6.5.3　使用控件插入网页

1. 修改注册表

单击【开发工具】→【其他控件】→【Microsoft Web Browser】，会弹出图 6-71 所示的对话框。

图 6-71　“Microsoft PowerPoint”对话框

这个问题可以通过修改注册表来解决，在“运行”对话框中输入“regedit”调出注册表。修改“HKEY_LOCAL_MACHINE\SOFTWARE\Microsoft\Office\16.0\Common\COMCompatibility\{8856F961-340A-11D0-A96B-00C04FD705A2}”中的“Compatibility Flags”的值为 0 即可，如图 6-72 所示。

2. 利用控件插入网页

解决了控件无法插入的问题后，单击【开发工具】→【其他控件】→【Microsoft Web Browser】插入控件，在【开发工具】选项卡的【控件】选项组中，单击相应的按钮分别插入文本框和命令按钮。

双击命令按钮可以查看代码，在“CommandButton1_Click()”和“End Sub”之间添加代码“WebBrowser1.Navigate Trim(TextBox1.Text),0,0,0,0”，如图 6-73 所示，其中“WebBrowser1”是 Web 控件的名称，“TextBox1”是文本框名称。最后关掉代码窗口，放映演示文稿，在文本框中输入网页地址，单击命令按钮，即可跳转到指定网页，如图 6-74 所示。

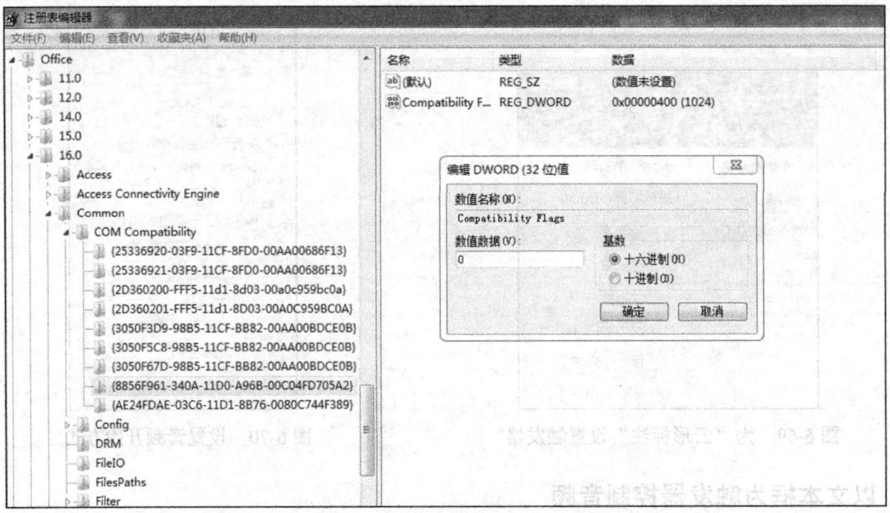

图 6-72 修改注册表

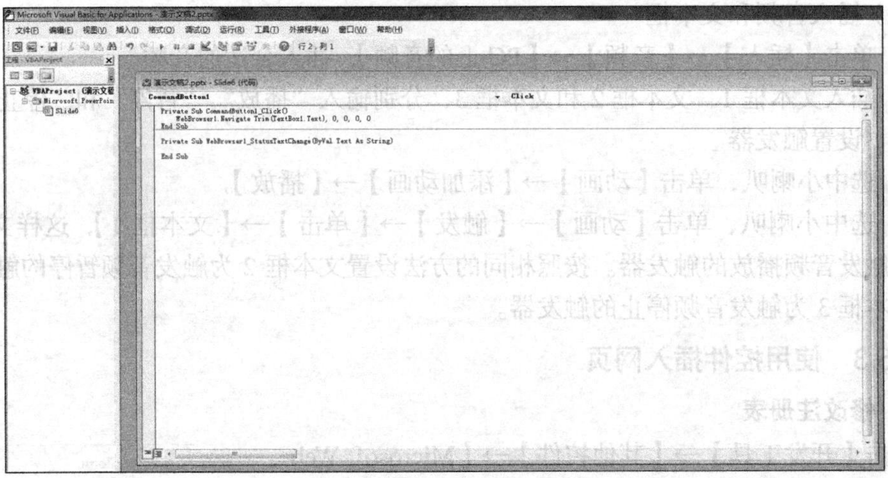

图 6-73 输入代码

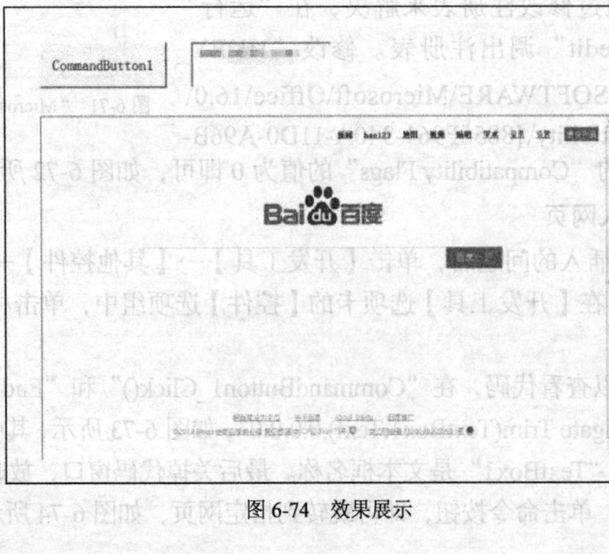

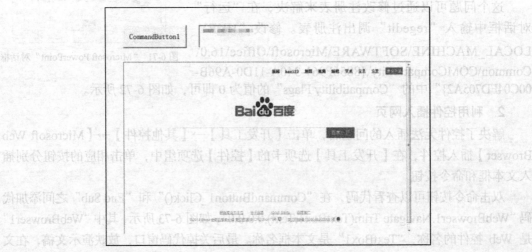

图 6-74 效果展示

6.5.4　玩转滚动文本框

制作演示文稿的时候难免会遇到如下情况：文字太多，一张幻灯片放不下，如果分割成两个甚至更多的幻灯片，又会破坏内容的完整性。这时滚动文本框就可以大显身手了。

1. 插入文本框控件

进入【开发工具】选项卡，在【控件】选项组中单击 abl 按钮，如图 6-75 所示，这时可以在幻灯片上画出一个文本框控件。

图 6-75　插入文本框控件

2. 设置文本框控件的属性表

右击文本框控件，在弹出的快捷菜单中选择【属性表】，此时会打开“属性”对话框，将其中“ScrollBars”的值设为“2-fmScrollBarsVertical”，“MultiLine”的值设为“True”，表示启动滚动条且文字可以自动换行，如图 6-76 所示。设置完成后关闭“属性”对话框，一个带滚动条的文本框就出现了。如果需要使页面变得更加美观，可以在“属性”对话框中修改外观、字体等相关参数。

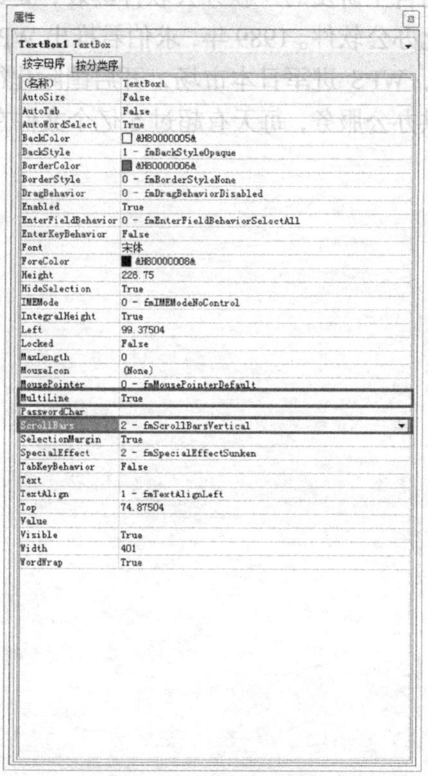

图 6-76　设置文本框控件的属性表

本章小结与知识延伸

本章主要介绍了演示文稿基础知识、幻灯片编辑、在幻灯片中添加对象、幻灯片放映与打印及 PowerPoint 的高级功能等内容。首先我们应了解演示文稿窗口组成，然后掌握创建演示文稿的操作。编辑幻灯片的基本操作主要有新建幻灯片、添加幻灯片内容、移动幻灯片、复制幻灯片、删除幻灯片和隐藏幻灯片。另外，我们可以通过主题、变体和自定义设置对幻灯片的外观进行调整。PowerPoint 中包含 3 种母版：幻灯片母版、讲义母版和备注母版。一张幻灯片上可以插入多个对象。我们可以插入图片，并调整图片的亮度、对比度、颜色、大小、艺术效果和图片样式，也可以对图片进行排列和裁剪。我们还可以在演示文稿中插入表格和插入 Excel 电子表格。制作幻灯片时，我们可以插入音频并对音频进行相关设置。另外，我们还可以在幻灯片上插入视频和超链接，使幻灯片的内容更加丰富。为了使幻灯片效果更加多彩，我们可以在幻灯片上添加动画。动画效果包括进入、强调、退出和路径等多种形式。添加完动画后，我们还可以设置动画效果。在两张幻灯片之间的过渡时刻，我们可以添加并设置幻灯片切换效果和切换声音。将幻灯片设置好之后，我们就可以对幻灯片进行放映和打印了。最后，我们还需要了解 PowerPoint 的高级功能，即 Flash 动画的控件插入法、使用触发器的方法、使用控件插入网页和玩转滚动文本框这 4 部分内容。

说到演示文稿软件就不得不提我国自主开发的 WPS Office 软件。WPS Office 是由北京金山办公软件股份有限公司自主研发的一款办公软件套装，是集文字处理、电子表格、电子文档演示为一体的信息化办公软件。1989 年，求伯君推出 WPS 1.0。2005 年，WPS Office 个人版宣布免费。2007 年，WPS 进军日本市场，开启国际化征程。现如今，WPS Office 为全球多个国家和地区提供办公服务，每天有超过 5 亿个文件在 WPS Office 上被创建、编辑和分享。

第 7 章　计算机网络应用技术

学习目标

1. 掌握计算机网络基础知识。
2. 了解 Internet 及其服务。
3. 了解信息时代的开放教育资源。

思维导图

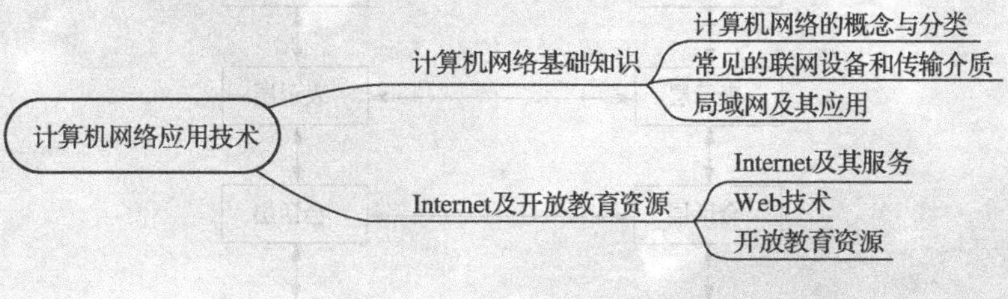

本章导读

信息化是当今全球的发展趋势，随着我国经济的飞速发展，我国的信息化有了显著的进步。要实现信息化就必须依靠完善的网络，可以说，网络现在已经成为信息社会的命脉和发展知识经济的重要基础。本章主要讲解计算机网络基础知识、Internet 及开放教育资源等内容。

7.1 计算机网络基础知识

如今在人类社会的各个领域，几乎都缺少不了计算机网络。计算机网络改变了人们的工作、学习和生活方式，为人们带来极大的便利。

7.1.1 计算机网络的概念与分类

1. 计算机网络的概念

计算机网络就是利用通信线路将地理上分散的、具有独立功能的计算机及通信设备连接起来，在网络管理软件及网络通信协议的协调下实现资源共享和信息传递。计算机网络由通信子网和资源子网构成。其中，通信子网主要实现计算机的通信功能，其包括联网设备、传输介质等；资源子网由提供资源服务的独立计算机构成，可以共享硬件资源、数据资源及应用软件、服务等资源。

（1）网络协议

20 世纪 70 年代，各个计算机厂商都有自己的网络通信协议，这使计算机厂商相同的设备可以互联，而计算机厂商不同的设备难以互联。随着时代的发展，不同网络体系结构的用户之间迫切需要通信，于是国际标准化组织提出了开放系统互联参考模型（Open System Interconnection，OSI）。OSI 将通信过程划分为应用层、表示层、会话层、传输层、网络层、数据链路层和物理层，如图 7-1 所示。

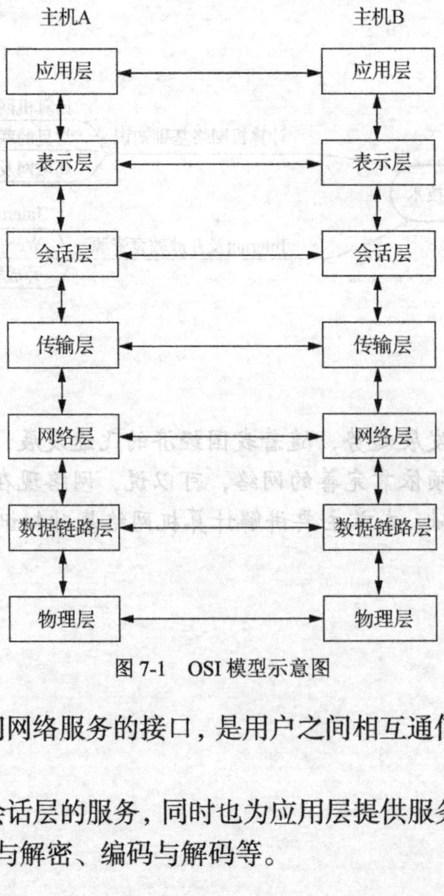

图 7-1 OSI 模型示意图

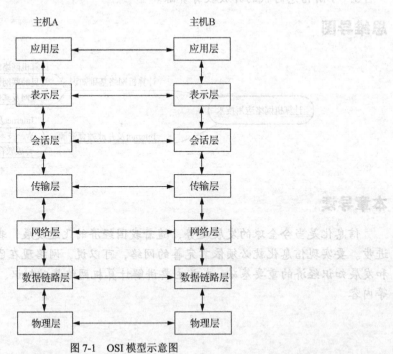

① 应用层提供了访问网络服务的接口，是用户之间相互通信的窗口。应用层协议包括 FTP、HTTP、Telnet 等。

② 表示层接收来自会话层的服务，同时也为应用层提供服务。它的主要工作是完成数据的压缩与解压缩、加密与解密、编码与解码等。

③ 会话层不参与具体的数据传输，它主要负责建立并维护应用之间的通信，使会话获得同步。

④ 传输层是很重要的一层，负责端到端的数据可靠传输。传输层协议包括 TCP、UDP、SPX 等。

⑤ 网络层的主要任务是选择合适的网间路由和交换结点，以确保数据可以及时传送。网络层协议包括 IP、IPX、OSPF 等。

⑥ 数据链路层的目的是提供可靠无错误的数据信息，具有差错检测、封装数据包为数据帧等功能。数据链路层协议包括 SDLC、PPP、STP、HDLC 等。

⑦ 物理层是此分层结构体系中最基础的一层，提供了数据传输所需要的实体。

（2）计算机网络的发展

计算机网络的发展大概经历了 4 个阶段。

第一阶段：20 世纪 50 年代初，以单台计算机为中心的远程联机系统构成了面向终端的计算机网络。这一阶段计算机网络的优点是主机的维护与管理较为方便，数据的一致性较好；缺点是数据处理和通信处理都由主机完成，对主机依赖性大，这使数据的传输速率受到了限制，通信线路的利用率较低。

第二阶段：20 世纪 60 年代中期，计算机网络的发展以通信子网为中心，这个阶段又称为计算机-计算机网络阶段，由若干台计算机相互连接成一个系统，实现计算机之间的通信。这一阶段出现了分组交换技术和 TCP/IP 协议的雏形，但没有形成统一的互联标准，使网络在应用等方面受到了限制。

第三阶段：20 世纪 70 年代末至 20 世纪 80 年代初，微型计算机得到了广泛的应用，各机关和企事业单位为了便于资源共享和相互传递信息，迫切要求将自己拥有的微型计算机、工作站、小型计算机等连接起来。然而，这一时期的计算机组网是有条件的，只能是同一厂商生产的计算机组成网络，而其他厂商生产的计算机无法接入该网络。之后逐渐形成了以 TCP/IP 为核心的因特网，只要计算机拥有合法的 IP 地址并遵循 TCP/IP 协议，就可以接入因特网。

第四阶段：20 世纪 90 年代以后，计算机网络进入第四个发展阶段，这一时期出现了高速以太网、虚拟专用网络、无线网络、对等网络等技术，在计算机通信与网络技术方面一般以高服务质量、高可靠性、高速率等为评价指标。人们生活、学习、工作等各个方面都渗入了计算机网络，计算机网络由此进入了一个多层次的发展阶段。

2. 计算机网络的分类

计算机网络的分类方式有很多种，依据不同的标准可以分出不同的类别。

（1）按照网络覆盖的地域范围分类

按照覆盖地域范围的大小，计算机网络可以分为局域网、城域网和广域网 3 类。其中，局域网的覆盖范围为几千米，适合在小区域范围内使用，如园区、企业单位等；城域网的覆盖范围介于广域网与局域网之间，覆盖范围一般为几十千米，可以延伸到整个城市；广域网是一种远程网，支持远距离通信，覆盖范围可从几十千米到几千千米，覆盖范围可以是整个国家或多个国家，典型的广域网有因特网、我国的教育科研网络等。

（2）按照网络拓扑结构分类

“拓扑”这个名词来源于几何学，计算机网络拓扑结构则是运用几何学来研究计算机网络。我们把网络中的计算机和通信设备抽象为节点，把传输介质抽象为连线，这样便可得到计算机网络的几何图形。按照网络拓扑结构可以将计算机网络分为星型、环型、总线型、网状等结构，如图 7-2 所示。

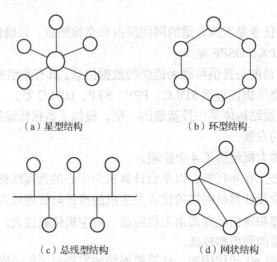

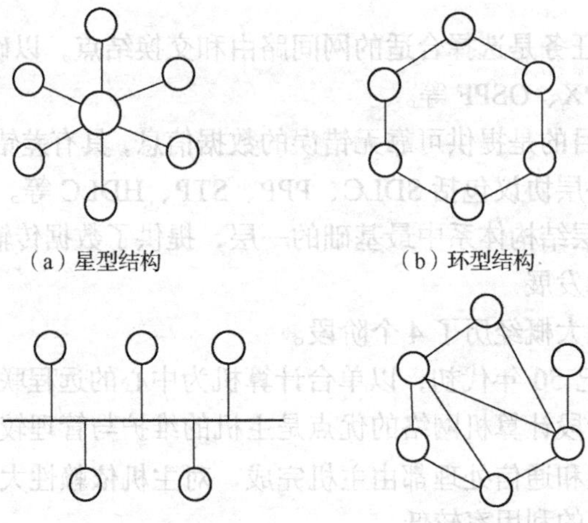

（a）星型结构　　（b）环型结构

（c）总线型结构　　（d）网状结构

图 7-2　按网络拓扑结构分类

① 星型结构：在星型结构中，中央节点执行集中式通信控制策略，其他各节点都通过一条单独线路连接到中央节点上，并且任何两个节点之间进行通信都必须经过中央节点，因此，中央节点的负担比其他各节点要重许多。这样的结构控制简单，便于服务，单个连接点的故障不会影响全网，一般只有一个设备会受到影响，但若中央节点出现故障，那么全网都会受到影响。

② 环型结构：在环型结构中，各个节点的地位是相同的，它们通过线路接口形成一个首尾相连的闭合回路。信息按照一定的方向从环上的一个节点发送到另一个节点，每经过一个节点，“令牌”都会进行判断该节点是不是接受信息的节点，若是则接收，否则传向下一个节点。这样的结构比较适合使用光纤进行数据传输，但环上一个节点的故障会引起全网故障。

③ 总线型结构：在总线型结构中，所有设备都通过相应的硬件接口连接到一条公共总线上，也就是说网络中的节点共享一条传输线路。这样的结构较为简单，可靠性高，易于扩充，但故障检测比较困难。

④ 网状结构：在网状结构中，各节点通过线路互相连接起来，且连接的方式没有任何规律。这种结构可靠性高，可选择最佳传输路径以减少传输延迟，但结构复杂，线路费用较高，不易管理和维护。

7.1.2　常见的联网设备和传输介质

计算机网络是计算机领域的一个重要部分，它的构建需要用到多种联网设备和传输介质。

1. 常见的联网设备

常见的联网设备包括网络接口卡、交换机、路由器等。

（1）网络接口卡

图 7-3　网卡

网络接口卡又称网卡，如图 7-3 所示，它通过连接电缆或无线使计算机在网络中可以进行通信，因此，需要连接网络的计算机都必须安装一块网卡。每个网卡都拥有一个独一无二的 MAC 地址，并且它上面装有处理器和存储器。按照不同的标准，网卡可以分为不同的类型。按照网卡支持的计算机种类进行分类，可以将网卡大致分为标准以太网卡和 PCMCIA 网卡，前者用于台式计算机，后者用于笔记本电脑；按网卡所支持的总线类型进行分类，网卡主要可以分为 ISA、EISA、PCI 3 类，ISA 总线接口网卡正在逐渐退出市场，EISA 总线接口网卡数据传输速率比较快，但价格相对其他网卡较高。

（2）交换机

交换机是一种用于电信号转发的网络设备，如图 7-4 所示。按照不同的标准，交换机可以分为不同的类型。根据工作位置的不同，交换机可以分为广域网交换机和局域网交换机两种，前者主要提供通信的基础平台，后者主要用于连接个人计算机、网络打印机等终端设备；根据规模应用的不同，可以将交换机分为企业级交换机、部门级交换机和工作组级交换机 3 类，一般来讲，企业级交换机都是机架式，用于搭建企业网络主干，部门级交换机可以是机架式或固定配置式，而工作组级交换机为固定配置式。

（3）路由器

一个局域网内的计算机可以通过交换机进行通信，但当不同网络内的计算机需要通信时就要用到路由器。路由器又称为网关设备，如图 7-5 所示，它可以将因特网中多个逻辑上分开的网络连接在一起，例如实现局域网与广域网互连。通信时，路由器会根据信道的情况进行相关的设定，以选择最佳路径传输信息。

图 7-4　交换机

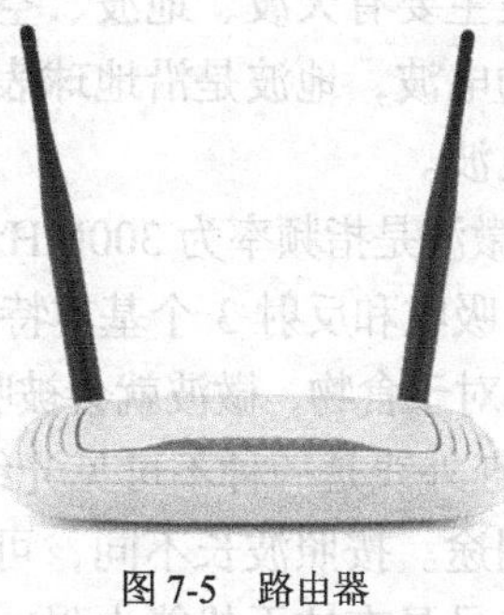

图 7-5　路由器

2. 常见的传输介质

不同的传输介质有不同的特性，对网络中信号传输的速度、质量等有不同的影响。传输介质可以分为有线传输介质和无线传输介质两大类。

（1）有线传输介质

有线传输介质是实现两设备通信的物理连接部分，常见的有线传输介质有双绞线、光纤等。

① 双绞线是一种常用的传输介质，由两根被包裹绝缘保护层的铜导线组成，如图 7-6 所示。两根铜导线按照一定的角度缠绕在一起，传输信号时两根铜导线上发出的电波会相互抵消，从而可以降低信号干扰的程度。日常生活中人们通常将多根双绞线放在一个绝缘套管中使用。双绞线的价格较为低廉，但传输距离、传输速率等方面均受到一定的限制。

② 光纤是一种由玻璃或塑料制成的纤维，如图 7-7 所示。光纤传输信号时利用了光的全反射原理，具有损耗低、重量轻、可靠性高、抗干扰能力强等优点。光纤发明之初只用于装饰照明灯，随着时代的发展，目前光纤在医学、传感器、通信等领域都得到了应用。按照光纤传输的模式数量，光纤可以分为多模光纤和单模光纤两类。多模光纤可以在一根光纤上传输多种模式的光，而单模光纤只允许一根光纤传输一种模式的光，但相比于多模光纤，单模光纤具有更大的带宽。

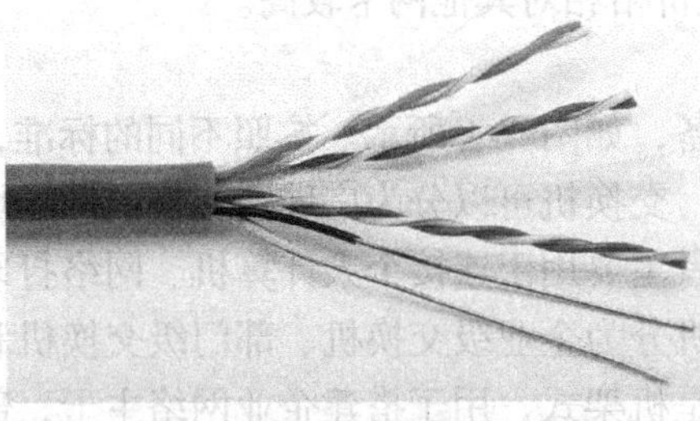

图 7-6 双绞线

图 7-7 光纤

（2）无线传输介质

无线传输突破了有线传输的限制，它利用电磁波发送和传输信号，实现了移动通信。常见的无线传输介质包括无线电波、微波和红外线等。

① 无线电波是指在自由空间传播的射频频段的电磁波，分布在 3Hz～3 000GHz 的频率范围之间。无线电技术最早应用于航海，现在应用于通话、视频、数据传输等多个方面。无线电波主要有天波、地波、空间直线波 3 种传播方式，天波是依靠大气层中的电离层反射传播的电波，地波是沿地球表面传播的电波，空间直线波是从发射地点向接收地点直线传播的电波。

② 微波是指频率为 300MHz～300GHz 的电磁波，比一般的无线电波频率要高。微波具有穿透、吸收和反射 3 个基本特性，对于塑料、玻璃等材质的物体，微波可以穿透，几乎不被吸收；对于食物，微波就会被吸收，食物也因此发热；对于金属类物体，微波则会被反射。

③ 红外线是一种不可见光线，由德国科学家霍胥尔发现，在通信、探测、医疗等方面有广泛用途。按照波长不同，可将红外线分为近红外线、中红外线和远红外线。利用红外线传输信号具有抗干扰能力强、保密性强等优点。

7.1.3 局域网及其应用

1. 局域网的定义

局域网（Local Area Network，LAN）是在一定地理范围内将计算机、数据库等设备连接在一起组成的计算机通信网。局域网主要由服务器、传输介质等网络硬件和操作系统、应用软件等网络软件组成，可以实现打印机共享、应用软件共享、文件管理、传真通信服务等功能。相比于广域网，局域网覆盖的地理范围较小，传输距离有一定的限制，但局域网的传输速率高，通信延迟时间短。

由于局域网是利用物理线路组成的有线网络，所以在进行组建、拆装或重新布局等工作时比较困难且成本相对较高。在这种情况下无线局域网（Wireless Local Area Networks，WLAN）应运而生，它采用电磁波进行通信，避免了烦琐的布线。目前，无线局域网在餐饮、医疗、通信等方面得到了应用。无线局域网具有良好的灵活性，便于安装、扩展、规划调整，但同时无线局域网也存在覆盖范围、安全性等方面的问题。无线局域网中采用的无线网络技术主要包括蓝牙和 Wi-Fi 两种。

2. 局域网的主要应用

（1）资源共享

资源共享是局域网的一个重要应用，常见的资源共享包括文件共享、磁盘空间共享和打印机共享等。文件共享是指用户主动地在网络上共享自己的文件资源，这种共享一般采用 P2P 模式；磁盘空间共享是指用户将自己闲置的存储空间共享给网络中的其他用户；打印机共享是指将本地打印机通过网络共享给其他用户，使网络中的其他用户也可以使用打印机。

（2）远程桌面连接

微软公司从 Windows 2000 Server 起，开始提供远程桌面连接工具，最初远程桌面连接组件并不是默认安装的，需要用户进行相关的选择，该组件推出后受到了用户的喜爱。在计算机开启远程桌面连接后，就可以实现在网络的另一端控制这台计算机，远程实时地控制计算机进行相关操作，例如配置计算机、运行程序等。目前 Windows 系列的操作系统中都内置了远程桌面连接组件，用户无须安装其他程序就可以使用远程桌面连接。远程桌面连接包括服务器端的远程设置和远程登录连接两部分。

① 服务器端的远程设置：右击“计算机”图标，在弹出的快捷菜单中选择【属性】，会弹出图 7-8 所示的对话框，单击【远程设置】，此时会出现“系统属性”对话框，如图 7-9 所示，在其中的【远程】选项卡中，选中【允许远程协助连接这台计算机】复选框，然后单击【高级】按钮，会出现“远程协助设置”对话框，如图 7-10 所示，选中其中的【允许此计算机被远程控制】复选框，最后单击【确定】按钮即可。

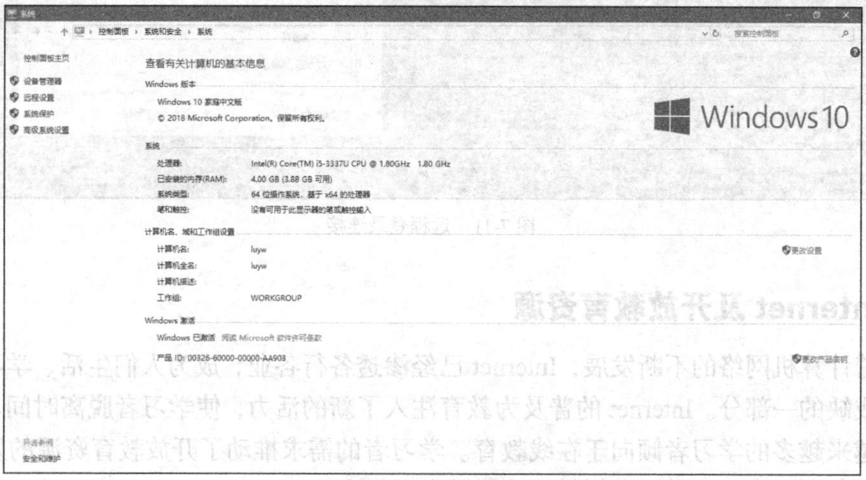

图 7-8　计算机属性

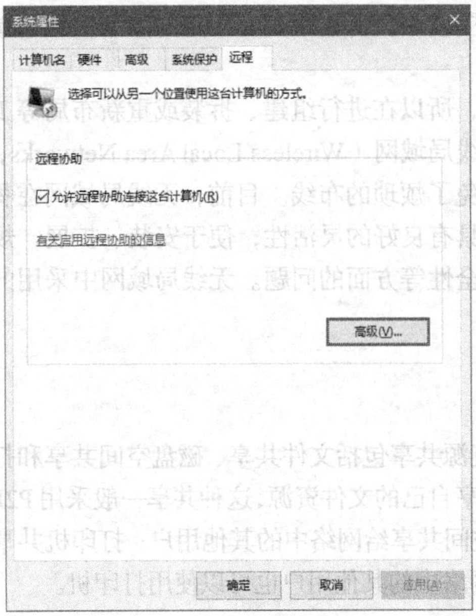

图 7-9 “系统属性”对话框

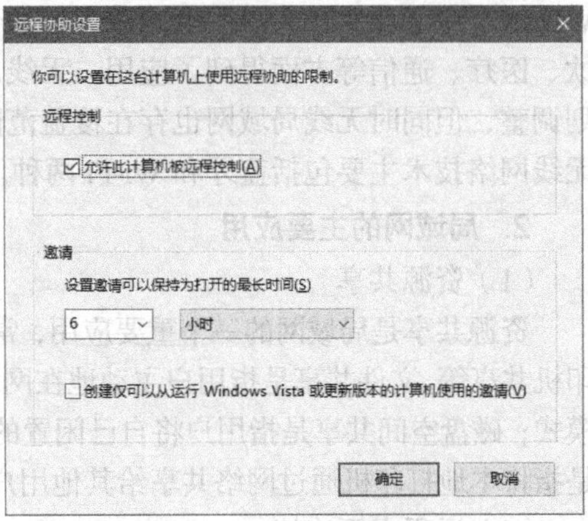

图 7-10 “远程协助设置”对话框

② 远程登录连接：单击【开始】→【附件】→【远程桌面连接】，会出现“远程桌面连接”对话框，在其中输入计算机名称及用户名，最后单击【连接】按钮即可，如图 7-11 所示。

图 7-11 远程登录连接

7.2 Internet 及开放教育资源

随着计算机网络的不断发展，Internet 已经渗透各行各业，成为人们生活、学习、工作中不可或缺的一部分。Internet 的普及为教育注入了新的活力，使学习者脱离时间、空间的束缚，越来越多的学习者倾向于在线教育。学习者的需求推动了开放教育资源的发展，同时开放教育资源为所有学习者提供了公平的学习机会。

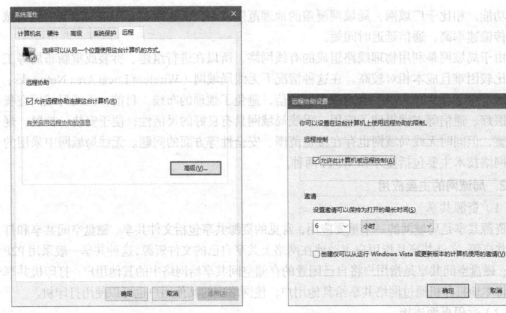

7.2.1　Internet 及其服务

1. Internet 的概念

Internet 即互联网，是全球最大的、资源非常丰富的计算机网络。随着时代的发展，Internet 几乎成了人们生活中不可或缺的一部分，Internet 之所以发展如此迅速，这与它自身的特点密切相关，即它是一个全球计算机互联网络且拥有极其丰富的信息资源。Internet 起源于美国国防部高级研究计划局建设的阿帕网（ARPANET），之后万维网的成功开发为 Internet 实现广域超媒体信息截取/检索奠定了基础。20 世纪 90 年代后，部分商家开始关注 Internet，这使 Internet 开始走向商业化。目前，Internet 已经渗入人类社会的各个领域，人们的学习方式、工作方式、娱乐方式、购物方式也开始慢慢依赖 Internet。

2. TCP/IP 协议

网络中的计算机要进行通信，就必须遵守相关的规则、标准等，这些规则、标准的集合称为网络协议。在网络的发展完善过程中，出现了很多协议，其中 TCP/IP 协议应用较为广泛。

TCP/IP 协议包括两个核心协议：传输控制协议（Transmission Control Protocol，TCP）和网际协议（Internet Protocol，IP）。TCP 协议是 Internet 中的传输层协议，提供点对点的链接机制，负责把数据流分割成长度适当的数据包，然后将数据包传给 IP 层，IP 层通过网络将数据包发送到接收端的 TCP 层。为保证传输的可靠性，TCP 将每个包都编上序号，这样接收端也可按序接收。若接收端成功收到数据包就会返回一个确认信息，如果在合理的往返时延内发送端没有收到确认信息，就会重新发送该数据包。IP 协议规定了在网络上进行数据传输时应遵循的规则等，它的任务是把数据包从发送端传送到接收端，但不保证传输的可靠性，对数据没有差错控制，主要功能是寻址、数据分段等。

TCP/IP 参考模型分为 4 层，即网络访问层、互联网层、传输层和应用层，如图 7-12 所示。应用层对应于 OSI 7 层参考模型中的应用层、表示层和会话层，其包含所有的高层协议，如 FTP、SMTP 等；传输层对应于 OSI 7 层参考模型中的传输层，其提供可靠的传输服务；互联网层对应于 OSI 7 层参考模型中的网络层，其完成最佳传输路径的选择；网络访问层是 TCP/IP 参考模型中的底层，其对应于 OSI 7 层参考模型中的数据链路层和物理层。TCP/IP 协议的层次结构如图 7-13 所示。

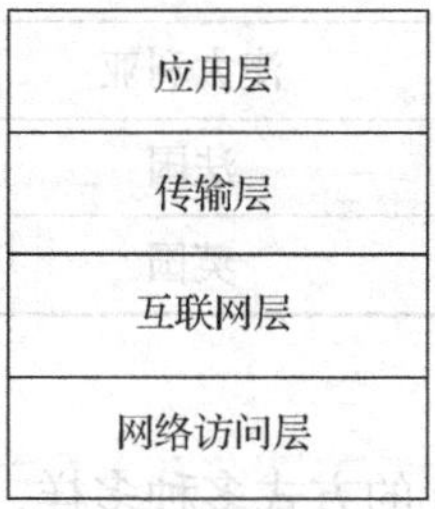

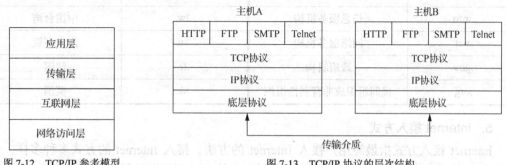

图 7-12　TCP/IP 参考模型

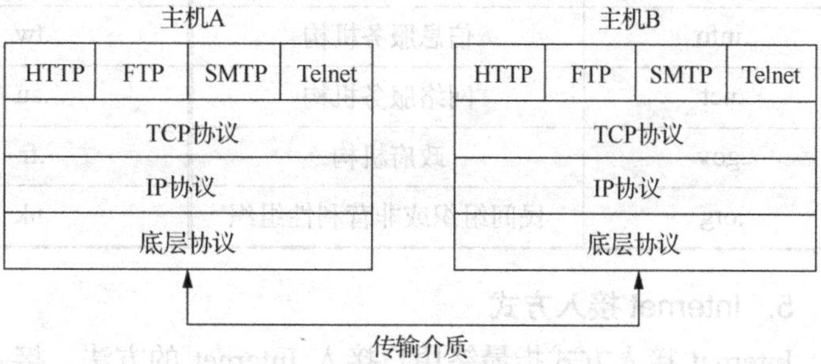

图 7-13　TCP/IP 协议的层次结构

3. IP 地址

互联网上的设备数量极其庞大，为实现信息的正确传送，需要为互联网上的每个设备都分配一个“编号”。基于 TCP/IP 协议分配的地址称为 IP 地址或网络协议地址，互联网上的每台主机都拥有一个唯一的可识别的 IP 地址，我们可以把一台计算机比作一部手机，那么 IP 地址就相当于手机号码。为了便于寻址以及层次化构造网络，每个 IP 地址都包括网络地址和主机地址两部分，同一个物理网络上的主机使用的网络地址相同，不同的主机拥有不同的主机地址，即主机地址是区分各个主机的依据。

IP 地址有 IPv4 和 IPv6 两大类。IPv4 地址的长度为 32 位，因此大约有 43 亿个地址，由此产生了 IPv4 地址耗尽的问题。为了从根本上解决 IPv4 地址耗尽的问题，IPv6 应运而生。

将组成 IPv4 地址的 32 位二进制数分成 4 段，每段 8 位，例如 11001010 11001001 00000111 00001100，但这样表示不便于记忆，将二进制数转化为十进制数后就方便许多。用十进制数表示时，每段数字范围为 0～255，通常采用“点分十进制”的方法表示。

IPv6 的优势就在于它大大地扩展了地址的可用空间，IPv6 地址的长度为 128 位。IPv6 的 128 位地址通常写成 8 组、每组为 4 个十六进制数的形式。

4. 主机域名

IP 地址是用数字进行表示的，为了便于人们记忆和使用，出现了一套为主机命名的机制，用来标识网络上的主机，即域名。IP 地址与域名的表示方式不同，但都具有唯一性，每个域名对应着主机的 IP 地址。当用户利用域名在互联网上进行查询等相关操作时，域名解析服务器会将用户输入的域名转换为其对应的 IP 地址，这样计算机才可以完成相关工作。

域名是由一串用“.”分隔的字符组成的，代表了互联网上某一计算机或计算机组的名称。域名一般包含 3～4 个子域，子域级别由左向右逐渐升高，最右边的子域称为顶级域，最左边的子域是互联网上主机的名字。

顶级域名一般可以分为机构域和地理域两类，如表 7-1 所示。

表 7-1　　部分常见的顶级域名

机构域	说明	地理域	说明
.com	商业机构	.cn	中国
.edu	教育及研究机构	.hk	中国香港
.info	信息服务机构	.tw	中国台湾
.net	网络服务机构	.au	澳大利亚
.gov	政府机构	.fr	法国
.org	民间组织或非营利性组织	.uk	英国

5. Internet 接入方式

Internet 接入方式指最终用户接入 Internet 的方法。接入 Internet 的方式多种多样，例如拨号上网、ISDN 接入、ADSL 接入、光纤入户接入、无线网络等。

（1）拨号上网

拨号上网是家庭用户普遍使用的一种接入 Internet 的方式。用户通过电话线，利用当地运营商提供的接入号码，拨号接入 Internet。这种方式的优点是使用方便，缺点是传输速率较低。

（2）ISDN 接入

ISDN 俗称“一线通”，用户利用一条 ISDN 线路，就可以在上网的同时拨打电话、收发传真，就像拥有两条电话线一样。这种接入 Internet 的方式比拨号上网传输速率要快，但仍无法实现一些高传输速率要求的网络服务。

（3）ADSL 接入

ADSL 可以在普通电话线上传输高速数字信号，通过在线路两端安装 ADSL 设备，用户便可使用宽带服务。ADSL 与普通电话线共用一条线，接听、拨打电话与 ADSL 传输互不影响。相比于拨号上网和 ISDN 接入方式，ADSL 的费用相对较低，因为它传输数据时不通过电话交换机，用户无须支付额外的电话费。

（4）光纤入户接入

现在很多小区都支持光纤到户，用户只需办理相关业务便可接入 Internet。光纤入户接入的优点是传输速率高，可以实现各类高传输速率要求的互联网应用，例如视频服务、远程交互等，并且它的抗干扰能力很强；其缺点是一次性布线成本较高。

（5）无线网络

无线网络是有线接入的一种延伸，主要使用无线射频技术收发数据，可以减少线路连接。一般情况下，无线网络会作为已存在的有线网络的补充。

6. Internet 服务

（1）Web 服务

Web 服务是目前应用最为广泛的一种 Internet 服务，可以帮助运行在不同机器上的不同应用相互交换数据，而无须借助第三方软硬件。它建立在请求/服务模式上，用户只需请求服务，无须知道所请求的服务是怎样实现的。在 Web 服务的体系结构中，有 Web 服务提供者、Web 服务请求者和 Web 服务中介者 3 类角色。Web 服务提供者将自己已有的功能、服务提供给其他用户；Web 服务请求者就是 Web 服务功能的使用者；Web 服务中介者相当于管理者，主要负责将合适的 Web 服务请求者与 Web 服务提供者联系在一起。这 3 类角色在实际应用中可能存在交叉，例如 Web 服务提供者在某种情况下也可以是 Web 服务请求者。

（2）FTP 服务

早期在 Internet 上传输文件并不容易，Internet 环境比较复杂，有各种各样的终端且终端的操作系统可能不同。为解决各种操作系统之间的文件交流问题，出现了 FTP，即文件传输协议。FTP 服务与大多数 Internet 服务一样，也是一种请求/服务模式的应用。初期用户只有通过 FTP 客户端软件才可以访问 FTP 服务，实现文件的上传和下载，现在使用浏览器就可以完成相应的工作，但用户需要在获得相应的权限后，才能上传或下载文件。Internet 上存在大量的匿名 FTP 服务器，为了网络安全，大多数匿名 FTP 服务器允许用户从其下载文件，但不允许用户向其上传文件。也有部分匿名 FTP 服务器允许用户向其上传文件，但之后系统管理员会检查这些文件，这样可以有效保护远程主机的安全，防止病毒文件传播。

（3）E-mail服务

E-mail 服务是 Internet 上应用较广的服务之一，用户通过电子邮件系统可以快速地与其他网络用户联系。起初，用户发送和接收 E-mail 需要使用专门的客户端软件，例如 Outlook。现在 Internet 上有许多免费的邮件系统，例如腾讯邮件系统，用户只需要一台联网的计算机便可进行访问。用户使用邮件系统时需要先开通自己的邮箱账号，邮件内容可以是文字、图片、音频等。在邮件收发过程中涉及发送方和接收方，发送方编辑好的电子邮件会被送到服务器，服务器识别接受者的地址并将电子邮件存放在接受者的邮箱内，之后接受者便会收到邮件提醒。

（4）电子公告板

电子公告板（Bulletin Board System，BBS）是一种发布并交换信息的在线服务系统。早期的 BBS 只能同时接受一两个人访问，而且内容没有严格的规定。之后出现了以 Internet 为基础的 BBS，受到了广大网友的欢迎，BBS 的功能也逐渐扩展，目前 BBS 主要包括信件讨论区、文件交流区、信息布告区和交互讨论区等功能模块。

（5）网格计算

网格计算是分布式计算的一种，它可以将一个需要巨大计算能力才能解决的问题分割成许多小的部分，例如分析来自外太空的电信号、寻找隐蔽黑洞等，然后把这些小部分分配给许多计算机进行处理，最后把这些计算结果综合起来得到最终结果。参与分布式计算可以充分发挥个人计算机的利用价值且不会对个人计算机的使用造成影响。参与分布式计算的绝不是一台计算机，而是一个计算机网络，这样的计算方式拥有很强的数据处理能力，具有共享稀有资源和平衡计算负载等优点，很多超级计算机都难以完成的项目，却可以通过网格计算得以实现。

（6）P2P

P2P（Peer to Peer）即对等网络，是一种分布式网络，具有非中心化、可扩展性、健壮性和负载均衡等特点。在 P2P 网络结构中不存在中心服务器，所有节点都是平等的，每个节点既可以是信息消费者，同时也可以是信息提供者，即每个节点既充当服务器为其他节点提供服务，同时也享用其他节点提供的服务。P2P 网络打破了传统的客户端/服务器模式，没有服务器的介入，避免了可能的瓶颈，并且网络中的节点越多，下载速度就越快。常见的 P2P 应用包括协同处理服务、文件资源服务、及时通信等。

7.2.2 Web 技术

Web 是一种基于超文本和 HTTP 的分布式图形信息系统。1994 年，人们进入了 Web 1.0 时代，这个时候的信息主要通过静态的 HTML 网页进行发布，传递过程主要是单向的，用户只是信息的消费者。Web 1.0 将众多信息聚集在一起，满足了用户搜索信息的需求。与 Web 1.0 时代不同，Web 2.0 强调用户的参与，用户不仅仅是信息的消费者，还是信息的创造者、共建者，维基百科就是 Web 2.0 时代的一个典型产物。Web 3.0 是 Web 2.0 的发展与延伸，其拥有智能化及个性化的搜索引擎，可提供更多人工智能服务，同时用户可以实现实时参与。

Web 技术是 Web 应用开发的技术总称，大体可以分为 Web 服务器端技术和 Web 客户端技术两大类。由于 Web 技术涉及的内容很多，这里仅介绍一些基础概念。

1. HTML

HTML 为超文本标记语言，是网页内容的描述语言，“超文本”是指页面内不仅可以包含文字，还可以包含图片、链接、音乐等非文字元素。HTML 可以利用标记符号来描述网页内容，浏览器解释标记符后将页面呈现给用户，不同的浏览器对同一标记符可能会有不同的解释，呈现给用户的界面也就不同。HTML 的结构包括头部和主体，头部主要提供网页的相关信息，例如页面的标题等；主体部分主要提供网页的具体内容。在 HTML 文件中，大多数标记符都是成对出现的，例如文件的开始与结尾分别用<html>和</html>来标记，头部信息的开始与结尾分别用<head>和</head>来标记，主体信息的开始与结尾分别用<body>和</body>来标记。

2. 网页与网站

网页是一个包含 HTML 标签的纯文本文件，包括文字、图片、动画、音乐、程序等元素。网页可以分为静态网页和动态网页，静态网页是存储在 Web 服务器或本地服务器上的内容确定的页面，静态网页具有制作周期短、制作成本低、确定后不易修改、对服务器的性能要求较低等特点；动态网页由服务器端的程序动态创建，页面内容取决于用户提供的参数和存储在数据库中的数据，动态网页对服务器的性能要求较高。我们可以将静态网页看作照片，不会轻易改变，而动态网页则是镜子，不同的人会出现不同的镜像，即不同的参数会呈现不同的页面内容。

网站是按照一定规则展示特定内容的网页集合。初期，网站只能呈现单纯的文本，随着网络技术的发展，图像、声音、动画、视频等都可以呈现给用户，现在部分网站还为用户提供了业务处理服务、在线交流服务等。

3. URL

统一资源定位符（Uniform Resource Locator，URL）是 Internet 上各种资源地址的表示。Internet 上的每个资源文件都拥有一个唯一的 URL，URL 可以分为绝对 URL 和相对 URL 两类，绝对 URL 表示文件在硬盘上真正完整的绝对路径，相对 URL 表示目标文件相对于当前文件的位置。一个完整的 URL 包括协议、服务器名称或 IP 地址、路径和文件名等内容。

4. HTTP

超文本传输协议（Hyper Text Transfer Protocol，HTTP）是一种应用较为广泛的网络协议，它提供了一种发布和接收 HTML 页面的方法，各学校的门户网站、文献检索平台等大多是采用 HTTP 进行服务的。HTTP 协议采用了请求/响应模型，客户端向服务器发送服务请求，服务器处理客户端发送的请求并将处理结果返回给客户端，呈现给用户。

HTTP 的工作过程：首先客户端与服务器建立连接；连接成功之后客户端向服务器发送请求，请求的参数中包含请求页面的 URL 地址；服务器接收到请求后进行相关的处理，并把处理结果返回给客户端，处理结果的相关信息通过浏览器呈现给用户；之后客户端与服务器之间的连接会断开，以保证其他客户端与服务器能够建立连接。如果上述过程中出现了错误，那么产生错误的信息会返回到客户端。整个过程中，用户只需操作鼠标并等待信息即可，具体工作由 HTTP 完成。图 7-14 所示是 HTTP 工作原理示意图。

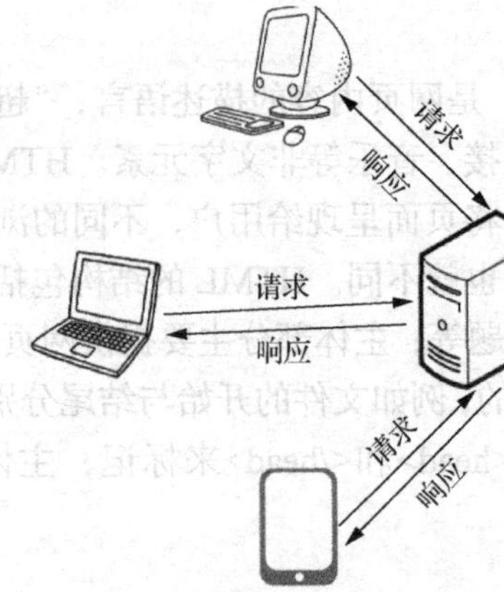

图 7-14 HTTP 工作原理示意图

5. Web 服务器端技术与 Web 客户端技术

Web 服务器端技术是 Web 服务器实现相关服务时所使用的技术，主要包括 PHP、ASP、ASP.NET、Servlet 和 JSP 技术；Web 客户端的主要任务是将服务器返回的响应内容呈现给用户，主要使用到的技术有 HTML 语言、Java Applets、脚本程序、CSS、DHTML、插件技术及 VRML 等技术。

7.2.3 开放教育资源

联合国教科文组织曾指出：开放教育资源（Open Educational Resources，OER）是缩小教育鸿沟、推动教育公平、增进教育机会、提高教学品质、激发教育创新的重要驱动力。开放教育资源是指使用者可以无限制或较少限制地获取、使用、重组、重用并重新散播置于公共领域的、在开放许可协议下的任何形式资料。互联网时代，世界各国都在积极建设开放教育资源，开放教育资源平台则是开放教育资源的支撑。

大规模开放在线课程（Massive Open Online Courses，MOOC）是“互联网+教育”的产物。它打破了时间和空间的限制，突破传统课程人数限制，增强了学习者参与课程的自主性，使终身学习变得越来越容易。MOOC 最初在美国兴起，之后便以其独特的优势席卷全球，目前知名度较高、影响力较大的 MOOC 平台是 edX、Coursera 和 Udacity。我国大力支持 MOOC 的发展，《教育信息化“十三五”规划》中提出：发展在线教育与远程教育，推动各类优质教育资源开放共享，向全社会提供服务。下面简要介绍 6 个具有影响力、发展较为成熟的 MOOC 平台。

1. 学堂在线

学堂在线是清华大学研发的中文在线教育平台。在 2016 年果壳网发布的“全球 MOOC 排行榜”中，学堂在线被评为“拥有最多精品好课”的三甲平台之一。学堂在线的课程涵盖面较广，涉及的学科较多，部分课程需要付费才可学习。图 7-15 所示为学堂在线官网主页。

2. 中国大学 MOOC

中国大学 MOOC 是由网易与高等教育出版社合作推出的大型开放式在线课程学习平台，于 2014 年 5 月上线，它联合北京大学、复旦大学、浙江大学、南京大学、同济大学、北京师范大学等众多知名高校和机构推出上千门精品课程，涉及计算机、心理学、经济学、管理等领域，还有专门针对英语四六级、考研的课程。图 7-16 所示为中国大学 MOOC 官网主页。

图 7-15 学堂在线官网主页

图 7-16 中国大学 MOOC 官网主页

3. 好大学在线

好大学在线是上海交通大学发起的中国高水平大学 MOOC 联盟官方网站，旨在通过交流、研讨、协商与协作等活动，建设具有中国特色的、高水平的大规模在线开放课程平台，向成员单位内部和社会提供高质量的慕课课程。平台的界面支持中文和英文显示。目前好大学在线的课程涵盖了哲学、经济学、法学、教育学、理学、工学、农学、医学等领域，部分课程采用英文作为授课语言。图 7-17 所示为好大学在线官网主页。

图 7-17 好大学在线官网主页

4. edX

edX 是麻省理工和哈佛大学联手创建的大规模开放在线课程平台，主要目的是配合校内教学，提高教学质量、推广网络在线教育，为所有学习者提供免费开放的课程。edX 汇集诸多名校的教学内容，可以让全球学习者利用机构网站学习名校课程。同时，edX 平台的技术是开源的，这就为全球其他高校提供了范型，以支撑其研发自己的在线教育产品。图 7-18 所示为 edX 官网主页。

图 7-18 edX 官网主页

5. Coursera

Coursera 平台属于由吴恩达和达夫妮·科勒（Daphne Koller）于 2012 年 7 月 17 日共同创立的 Coursera 公司，该公司利用网络技术和视频技术为全球学习者提供免费的在线视频课程。课程学习合格后可获得证书，但是认证证书是收费的。为了使视频观看起来更流畅，Coursera 平台与网易公司合作，将课程的视频镜像放在了我国，且该平台的中文版可以降低对学习者英语水平的要求。此外，Coursera 平台强大且丰富的功能支持较强交互，且在提交作业方面，学习者除协作学习外的任务均需由自己独立完成，在提交作业前需签写诚信保证书。由此可见，该平台的课程非常适合学习者自学，而且对学习者的自律性要求较高。图 7-19 所示为 Coursera 官网主页。

图 7-19 Coursera 官网主页

6. Udacity

Udacity 是由斯坦福大学教授塞巴斯蒂安·特龙（Sebastian Thrun）创办的，该平台以促进高等教育的大众化为目标，目前已开设计算机类、数理类及商务类等学科门类的在线课程，每一门课程都是经过精心设计后开发的，包含数个学习单元，而每个学习单元中又包含由针对性练习和可打印式笔记等构成的知识块。除此之外，Udacity 平台还为学习者提供免费的就业匹配计划。图 7-20 所示为 Udacity 官网主页。

图 7-20　Udacity 官网主页

本章小结与知识延伸

本章主要介绍了计算机网络基础知识、Internet 及开放教育资源。随着全球信息化的发展，网络已经成为信息社会必不可少的一部分，本章以计算机网络的概念为开端，重点介绍了 OSI 参考模型、计算机网络的发展、计算机网络的分类、联网设备、传输介质、局域网、Web 技术、开放教育资源等内容。OSI 将通信过程划分为 7 层，每一层各司其职，有不同的作用。计算机网络的发展可分为 4 个阶段，现今处于飞速发展的第四个阶段。计算机网络按照覆盖地域范围的大小可以分为局域网、城域网、广域网 3 类，按照网络拓扑结构可分为星型结构、环型结构、总线型结构、网状结构等。我们在生活中较常使用到的是局域网，局域网是在一定地理范围内将计算机、数据库等设备连接在一起组成的计算机通信网，它可以用于实现资源共享和远程桌面连接。计算机网络的构建需要用到联网设备和传输介质，常见的联网设备包括网络接口卡（又称网卡）、交换机、路由器，常见的传输介质可分为有线和无线两大类。互联网作为全球最大的计算机网络，已经成为人们生活中不可或缺的一部分，而网络中的计算机进行通信需要遵守互联网的基础协议——TCP/IP 协议，基于 TCP/IP 协议分配的地址称为 IP 地址，互联网上的每一台主机都拥有唯一且可识别的 IP 地址；同时，为了方便人们记忆和使用，出现了为主机命名的机制来表示网络上的主机，即域名，域名和主机的 IP 地址相对应。用户连接互联网的方式较为多样，主要包括拨号上网、ISDN 接入、ADSL 接入、光纤入户接入、无线网络等。另外，本章还介绍了

Internet 服务和 Web 技术，并简要介绍了一些 MOOC 平台。

随着计算机网络的不断发展，我国出现了许多为我们的生活带来方便的互联网产品，例如被大家所熟知的中文搜索引擎百度，它是我国较大的以信息和知识为核心的互联网综合服务公司，是全球领先的人工智能平台型公司。“百度”二字来自于南宋词人辛弃疾的一句词：众里寻他千百度。这句词描述了词人对理想的执着追求。1999 年年底，身在美国硅谷的李彦宏看到了中国互联网及中文搜索引擎服务的巨大发展潜力，抱着技术改变世界的梦想，他毅然辞掉硅谷的高薪工作，携搜索引擎专利技术，于 2000 年 1 月 1 日在中关村创建了百度公司，使我国成为全球仅有的 4 个拥有搜索引擎核心技术的国家之一。

第 8 章　多媒体应用技术

学习目标

1. 了解多媒体技术基础知识。
2. 掌握数字图像的格式及常用软件的基本操作。
3. 掌握数字音频的格式及常用软件的基本操作。
4. 掌握数字视频的格式及常用软件的基本操作。
5. 掌握计算机动画的格式及常用软件的基本操作。

思维导图

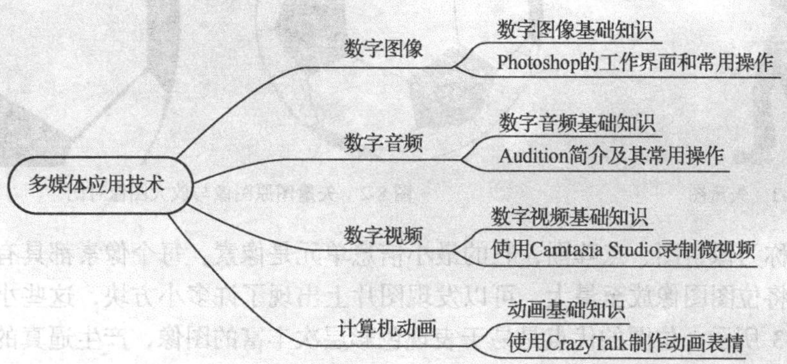

本章导读

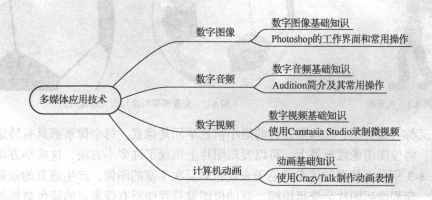

多媒体技术是信息技术领域发展较快、较活跃的技术之一，它实现了对文本、图形、音频、视频等媒体信息的综合处理。目前，多媒体技术的应用领域十分广泛，如医疗、教育、金融等领域。本章主要讲解数字图像、数字音频、数字视频、计算机动画的基础知识和常用软件的基本操作。

8.1 数字图像

数字图像又称数码图像，以数字的形式进行获取、处理、输出和保存，可以直观地表现信息，应用非常广泛。本节主要介绍数字图像的基础知识及 Photoshop 的工作界面和常用操作。

8.1.1 数字图像基础知识

1. 矢量图和位图

矢量图也叫向量图，它的元素，如点、线、圆等，是通过数学公式获得的，如图 8-1 所示。矢量图的优点是文件小、图像轮廓易修改，并且不管对图像进行怎样的缩放操作，不管按照何种分辨率打印，都不会影响图像的清晰度和细节展示，如图 8-2 所示；缺点是难以绘制色彩层次丰富的图片，并且绘制出的图像不是特别逼真。

图 8-1 矢量图

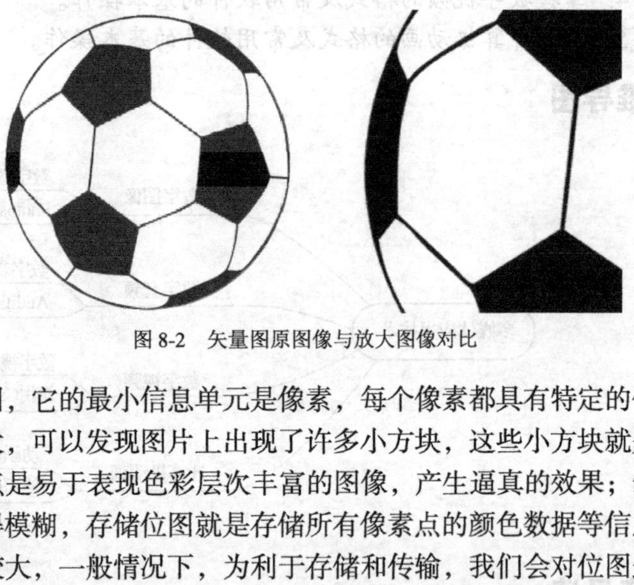

图 8-2 矢量图原图像与放大图像对比

位图又称为像素图、点阵图，它的最小信息单元是像素，每个像素都具有特定的位置和颜色值。将位图图像放至最大，可以发现图片上出现了许多小方块，这些小方块就是像素，如图 8-3 所示。位图的优点是易于表现色彩层次丰富的图像，产生逼真的效果；缺点是放大到一定程度后图片会变得模糊，存储位图就是存储所有像素点的颜色数据等信息，因此位图存储占用的空间相对较大，一般情况下，为利于存储和传输，我们会对位图进行适当的压缩。

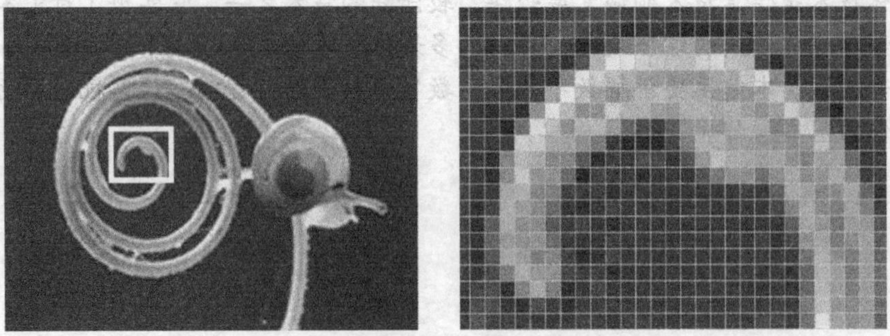

图 8-3 位图原图像与放大图像对比

像素、分辨率和颜色深度是位图图像的 3 个基本要素。

（1）像素

位图图像是由许多小方块组成的，这些小方块就是像素，它们在各自的位置记录着图像的颜色信息。一幅图像的像素越多，图像的质量就越好，与此同时，图像所占的存储空间也就越大。

（2）分辨率

分辨率可以分为显示分辨率和图像分辨率。

显示分辨率是指显示器屏幕能够显示的像素量，显示器可显示的像素越多，那么显示器显示的图像就越清晰细腻。显示分辨率的表达方式为“水平像素数×垂直像素数”，例如 1 024 像素×768 像素、1 600 像素×900 像素。

图像分辨率是指位图图像内存储的数据量，图像中的数据越多，那么图像就越细腻，细节就越清晰，同时图像所占的存储空间就越大。若图像包含的数据不够充分，图像看起来就比较粗糙，放大时可能会出现失真的状况。与显示分辨率的表示方式相同，图像分辨率也可以用“水平像素数×垂直像素数”来表示，例如 800 像素×600 像素。

在平面设计中，分辨率的单位为像素每英寸（Pixel Per Inch，ppi），因此，也可用每英寸（1 英寸=2.54cm）的像素个数以及图像的长宽来表示分辨率，例如 100ppi、16in×12in。分辨率越高，图像显示越清晰，如图 8-4 所示。

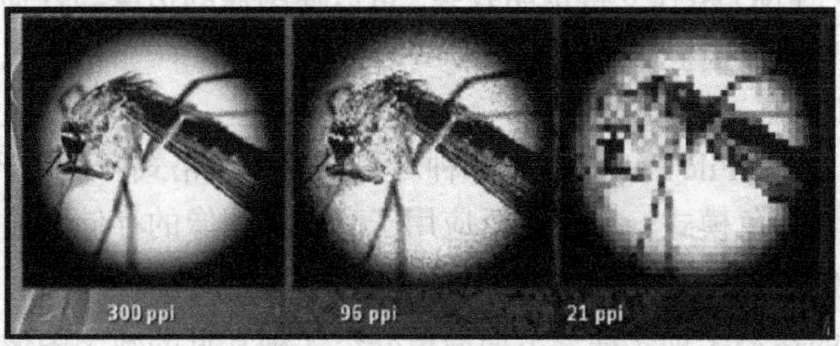

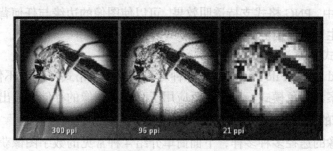

图 8-4 不同分辨率的显示效果

（3）颜色深度

在计算机中，所有的信息都使用二进制表示，位图也不例外。颜色深度是指存储每个像素所用的二进制位数，简单来说就是最多可以显示多少种颜色。颜色深度为 1 的图像，可以包含 2^1 种颜色，即黑和白，这样的图像称为单色图像，如图 8-5（a）所示；若图像的颜色深度为 8，那么图像最多可以包含 2^8 种颜色；若图像的颜色深度为 24，那么图像最多可以包含 2^{24} 种颜色，超过了人眼可以辨别的颜色数量，这样的图像称为真彩色图像，如图 8-5（b）所示。

单色图像　　真彩色图像

（a）　　（b）

图 8-5 单色图像与真彩色图像

2. 图像的文件格式

常见的矢量图像格式有 CGM、SVG、WMF、DXF、U3D 等；常见的位图图像格式有 BMP、JPEG、PNG、TIFF 等。下面简单介绍 4 种位图图像的文件格式。

（1）BMP 格式

BMP（Bitmap）是 Windows 系统中的标准图像文件格式，与设备无关，Windows 中的所有图像处理软件都支持 BMP 格式。随着 Windows 的普及，BMP 格式也广为人知，得到了广泛的应用。BMP 格式的图像可以选择颜色深度，但不进行任何压缩，因此，它所占用的存储空间相对较大。

（2）JPEG 格式

JPEG（Joint Photographic Expects Group）是一种常见的图片格式，文件扩展名为“.jpg”或“.jpeg”，它采用的压缩技术属于有损压缩，会将大量重复的部分或肉眼无法识别的部分删除，只保留重要的信息。目前，JPEG 格式的图片在互联网上较为流行，它可以产生很高的压缩比，但对色彩信息保留较好，可以展示生动逼真的图像，但若压缩比过高，图像质量就会变差。

（3）PNG 格式

PNG（Portable Network Graphics）是一种无损压缩的图片格式，由于体积小，常用于网页或 Java 程序中。PNG 格式支持透明效果，可以使图像的边缘与任何背景平滑地融合在一起，而不会产生边缘锯齿。

（4）TIFF 格式

TIFF（Tagged Image File Format）是一种可移植的图像格式。TIFF 不依赖具体的硬件，支持多种压缩方案和颜色模式，目前广泛应用于高质量图像的存储、输出和转换。

3. 数字图像的获取

获取数字图像的途径多种多样，下面简单介绍 4 种常见的数字图像获取方式。

（1）利用制图软件创作

常见的制图软件有 CorelDRAW、Painter、Illustrator、AutoCAD 等，利用这些制图软件可以制作出质量较高的图像。

（2）通过数字设备获取

通过生活中我们常用的数字设备也可以获取数字图像，如利用手机、数码相机的拍摄功能可以拍摄各种画面得到数字图像；也可以利用扫描仪将纸质图像的信息采集到计算机当中，获得数字图像。

（3）屏幕抓图

通过一些专业抓图软件或键盘上的“PrintScreen”键可以对部分信息进行截图，得到数字图像。只按“PrintScreen”键是对整个屏幕进行截图，若同时按“Alt”键和“PrintScreen”键则是对当前窗口进行截图。

（4）网络资源获取

互联网上存在大量的数字图像，必要时，我们可以通过网络获取相关数字图像。

8.1.2 Photoshop 的工作界面和常用操作

现实生活中，获取的数字图像往往不能直接使用，需要经过一定的处理才可以呈现在大众面前。数字图像处理是指将图像信号转为数字信号并对其进行修改的过程，表 8-1 展示了常见的图像处理软件，其中 Adobe 公司的 Photoshop 是目前使用较多、功能非常强大的图像处理软件，广泛应用在广告摄影、平面设计、网页制作等领域。本小节主要介绍 Photoshop 软件。

表 8–1 常见的图像处理软件

标志	软件名称	说明
	美图秀秀	美图秀秀是一款简单易用的图像处理软件，具有人像美容、图像拼贴、添加图像边框和饰品等功能
	Photoshop	Photoshop 是 Adobe 公司开发的专业图像处理软件，具有图像编辑、图像合成、校色调色和特效制作等多种功能，深受平面设计者的喜爱
	图像转换器	图像转换器是一款图像格式转换软件，转换的同时还可以改变图像文件的大小、添加水印、添加边框等，它支持 JPG、GIF、BMP、PNG 等常见的文件格式
	红蜻蜓抓图精灵	红蜻蜓抓图精灵是一款专业的屏幕捕捉软件，可以对捕获的图像进行简单的编辑处理，并且可以输出多种格式的图像，如 JPG、GIF、PNG、BMP 等

Photoshop 简称 PS，支持多国语言，适用于 Windows、macOS 等操作系统，下面以 Photoshop 2018 为例简单介绍 Photoshop 的工作界面和常用操作。

1. Photoshop 的工作界面

Photoshop 2018 的工作界面可以分为 7 个区域，如图 8-6 所示，最上面的一栏为菜单栏，包括文件、编辑、图像、图层、文字、选择、滤镜等菜单；菜单栏的下面一栏为选项栏，选项栏的内容会根据选择不同的工具而发生变化；最左边为工具箱，常用的工具几乎都在这里，例如移动工具、钢笔工具等；中间的区域为工作区域；工作区域右边为活动面板，里面比较常用的是图层面板、通道面板和路径面板；最右边为库面板，可以存储矢量图像、BMP 位图文件、图层样式等；最下面一栏为状态栏，显示当前文档的大小、显示比例等。

2. Photoshop 的常用操作

Photoshop 的功能很多，此处不一一介绍，只介绍一些常用操作，包括图像色彩的调整校正、图像缺陷修补、图像合成、特效制作等。

（1）调整校正图像色彩

色彩调色是 Photoshop 中深具威力的功能之一，利用它可以方便快捷地对图像进行明暗、色彩的调整和校正，也可以调整颜色以满足图像在不同多媒体作品中的需求。

① 调整曝光。在 Photoshop 中打开曝光过度的图像，此处以图 8-7（a）为例，之后进行以下处理：在菜单栏中单击【图像】→【调整】→【色阶】，然后适当调整色阶中的黑场即可，图 8-7（b）为图像调整后的效果。

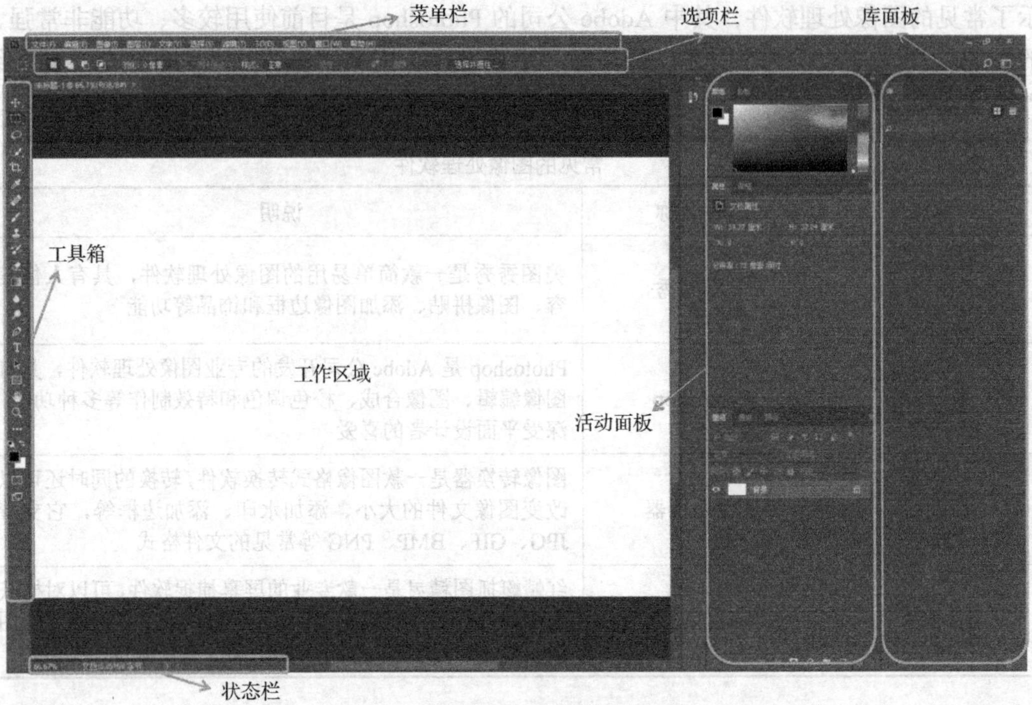

图 8-6　Photoshop 2018 的工作界面

（a）　　　（b）

图 8-7　曝光调整前后的对比

② 调整色调。在 Photoshop 中打开图 8-8（a），在菜单栏中单击【图像】→【调整】→【曲线】，适当调整曲线即可，图 8-8（b）为色调调整后的效果。

③ 校正偏色。在拍摄过程中，由于光线或角度问题，可能会出现偏色，图 8-9（a）就是一幅出现偏色问题的图像。处理偏色时，可以在菜单栏中单击【图像】→【调整】→【色相/饱和度】，进行适当的调整即可，图 8-9（b）为偏色校正后的效果。

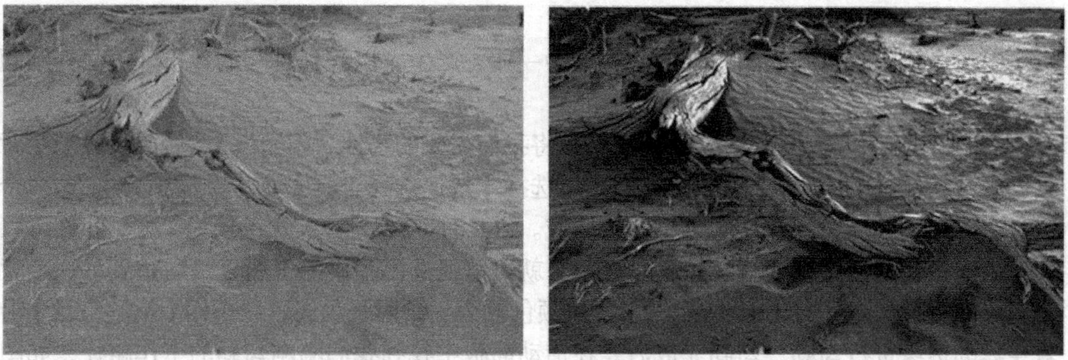

（a）　　　　（b）

图 8-8 色调调整前后的对比

（a）　　　　（b）

图 8-9 偏色校正前后的对比

（2）修补图像缺陷

现实生活中，很多拍摄好的原图会存在一些令人不满意的地方，利用 Photoshop，我们可以修补原图的缺陷或残损，使图像更加完美。观察图 8-10（a）可以发现，图像右下角有一片光秃秃的土地，但它的周围都是绿油油的小草，我们可以利用修补工具或修复画笔工具等对土地进行修复，可得到图 8-10（b）所示的效果。

（a）　　　　（b）

图 8-10 缺陷修补前后的对比

（3）图像合成

图像合成可以将几幅图像上的内容融为一体，产生“以假乱真”的效果。下面介绍两种图像合成的方法。

① 利用抠图合成图像。这种方法就是将我们需要的物体“抠下”，然后放到另一个背景当中，如图 8-11 所示。抠图时我们可以选择【快速选择工具】和【魔棒工具】，这两个工具适合用于选择大面积且颜色单一的区域。图 8-11（a）的背景颜色较为单一，我们可以先选中背景，然后按组合键“Ctrl+Shift+I”就可以反选出图中的玉石，最后移到另一个背景当中即可，如图 8-11（b）所示。当背景颜色较为复杂时，我们可以选用【钢笔工具】沿着主体的边缘进行勾勒，勾勒完成后，在活动面板中找到我们刚刚勾勒的工作路径，如图 8-12 所示，按“Ctrl”键的同时单击路径缩览图，就将我们勾勒出的路径区域转换为了选区，最后将选区移到另一个背景当中即可。

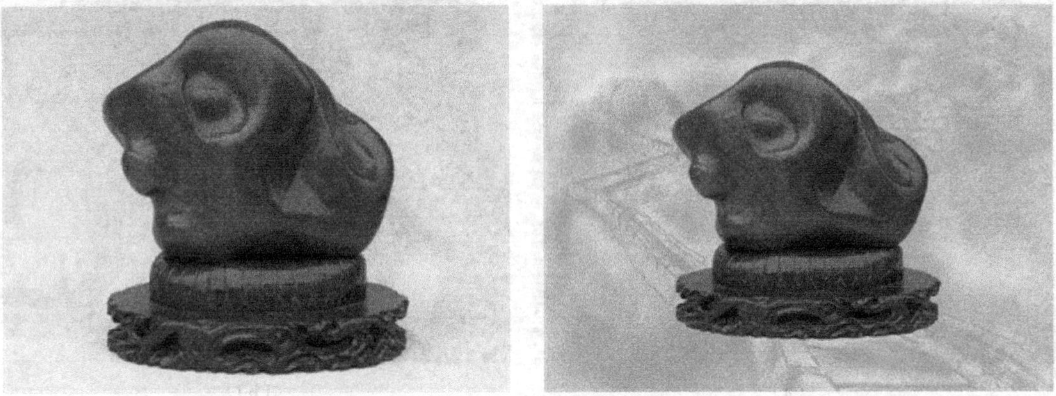

（a）　　（b）

图 8-11　抠图合成图像

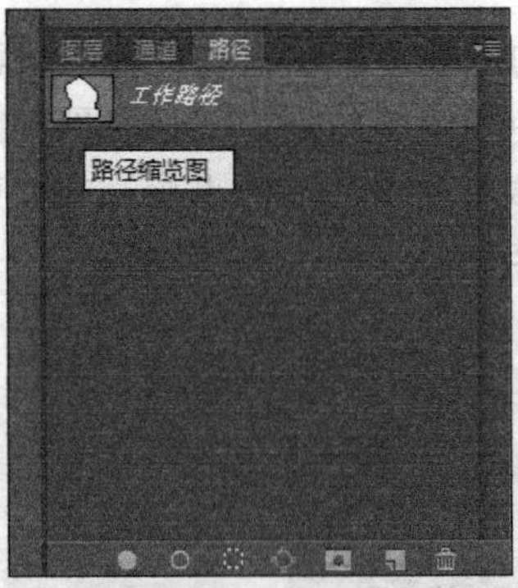

图 8-12　工作路径

② 利用图层蒙版合成图像。除了换背景，还可以将两张风景图融为一体，制作出一种全新的风景。这里以图 8-13 所示的素材图为例，首先我们将图 8-13（a）与图 8-13（b）分别放在图层 1 和图层 0 当中；在图层 1 上，我们选中【图层】→【图层蒙版】→【隐藏全部】，这时，图层 1 中图像的右边会出现一个黑色矩形，如图 8-14 所示；接下来我们选择【橡皮擦工具】，在合适的位置涂抹即可，最终效果如图 8-15 所示。

（a）　　　　（b）

图 8-13　素材图

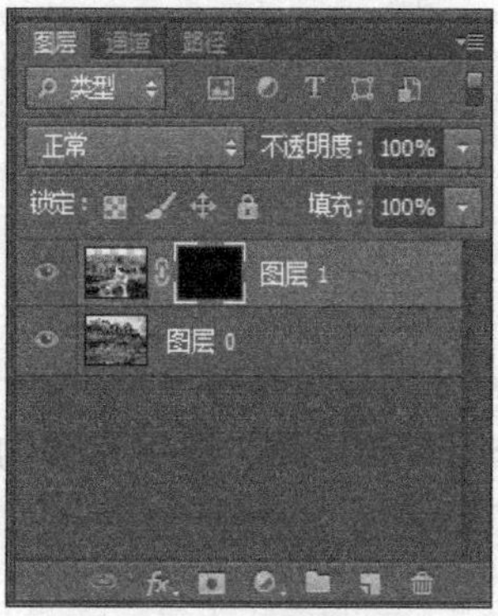

图 8-14　图层蒙版

图 8-15　图层蒙版合成图像

（4）特效制作

特效制作可以使静态的图像呈现出动感，我们以图 8-16（a）为例，首先选中需要添加滤镜的区域，即运动员以外的区域，然后单击【滤镜】→【模糊】→【动感模糊】，调整合适的距离即可，最终效果如图 8-16（b）所示。

（a）　　　　（b）

图 8-16　特效制作前后对比

8.2 数字音频

8.2.1 数字音频基础知识

声音是由物体振动产生的，发生振动的物体称为声源，通过介质的传播可以被人耳所感知，但人耳只能识别频率在 20Hz～20kHz 的声音。音调、响度和音色是声音的 3 个主要特征，音调是指声音的高低，由频率决定，频率越高音调就越高；响度是指声音的大小，也就是我们常说的音量，由振幅和人离声源的距离决定，振幅即物体振动时偏离原来位置的最大距离，振幅越大响度越大，人离声源越近响度也越大；音色又称为音品，与发声物体的材料、结构等有关，小提琴、吉他等乐器发出的声音，即使音调、响度都一样，我们也能分辨出来，这就是因为它们的音色不同。

音频信号是一种连续的模拟信号，随着科技的发展，将模拟信号转化为数字信号成为可能，这一转化过程称为模数转换，主要包括采样、量化和编码 3 个过程，如图 8-17 所示。

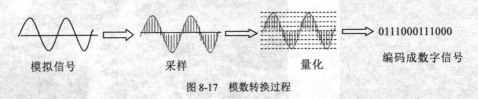

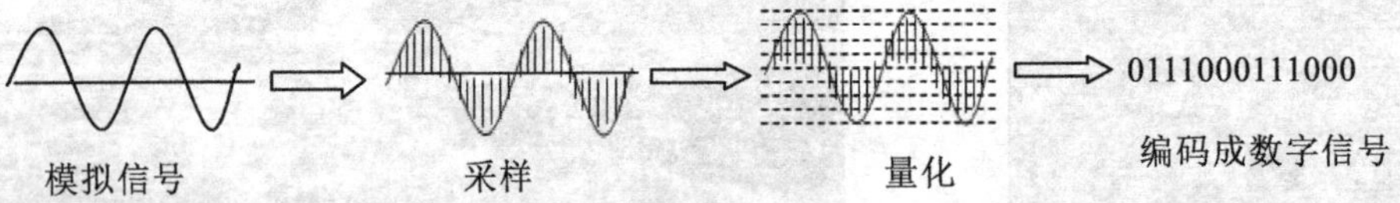

图 8-17 模数转换过程

下面将对采样、量化、编码进行详细介绍，此外，还将介绍音频压缩、数字音频的文件格式、数字音频的采集方式等基础知识。

1. 采样

采样就是将音频信号在时间轴上离散化，每隔一个时间间隔都在连续的模拟信号上取一个幅度样本，这样就可以用离散的点表示出连续的模拟量，如图 8-18 所示。

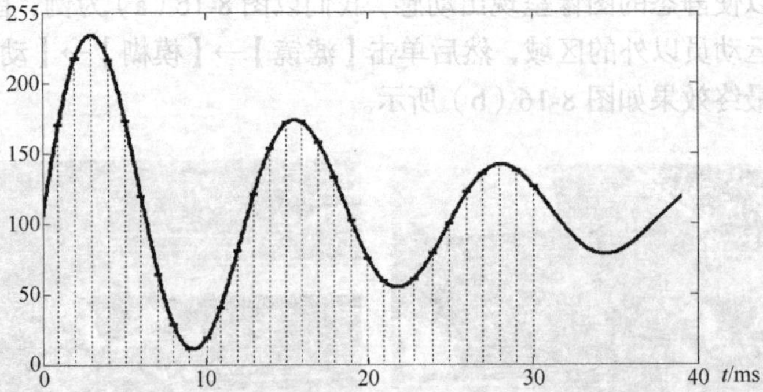

图 8-18 采样示意图

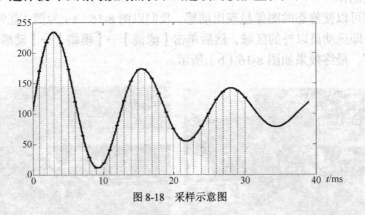

采样的时间间隔称为采样周期，一般用 T 来表示；每秒采样的次数称为采样频率，一般用 f 来表示，单位为赫兹（Hz），二者之间的关系为 $T=1/f$。采样频率过低时，会出现低频失真现象，为避免这一现象，采样频率应等于或大于音频信号中最高频率的 2 倍。表 8-2 列出了一些常用的采样频率。

表 8–2 常用的采样频率

采样频率	音质
8kHz	电话语音
11.025kHz	低品质音乐
22.05kHz	调频广播
44.1kHz	CD 品质的音乐
48kHz	数字电视、电影、专业音频等所用的数字声音

2. 量化

连续的音频信号经过采样后成为离散信号，离散信号经过量化后成为数字信号。量化就是将采样后大量的信号幅度值用确定的有限位二进制数表示出来的过程。信号在量化过程中可能会出现误差，我们称其为量化噪声，量化等级越多，量化噪声就越小，如图 8-19 所示，16 位量化明显比 8 位量化的精度要高，但同时 16 位量化生成的数字音频所占用的存储空间也相对较大。

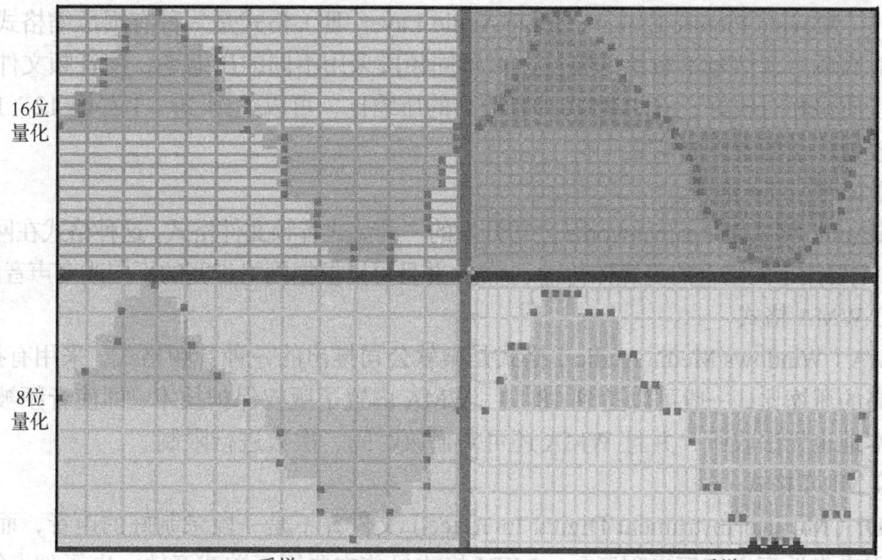

图 8-19 量化示意图

3. 编码

编码就是将采样和量化后的数字音频数据按照一定的格式记录下来的过程。比特率是一个间接衡量音频文件质量的标准。在相同的编码格式下，比特率越大音质就越好，比特率的计算方法为比特率=采样频率×量化位数×声道数。常见的编码方式有脉冲编码调制（Pulse Code Modulation，PCM）、MP3 编码、OGG 编码等。

4. 音频压缩

按照数据压缩前后是否有损失，可以将音频压缩分为无损压缩和有损压缩。无损压缩的压缩比较低，经过压缩重构后的数据与压缩前的数据完全相同；有损压缩的压缩比较高，经过压缩重构后的数据与压缩前的数据不同，但并不会因此影响原始数据的表达。

音频信号可以被压缩是因为音频信号中存在信息冗余，主要有两种形式的信息冗余：时域冗余和频域冗余。

5. 数字音频的文件格式

数字音频文件格式多种多样，通过互联网，我们可以下载自己需要的音频，目前，播放器大多都支持多种格式，下面简要介绍 6 种音频文件格式。

（1）CD-DA 格式

CD-DA（Compact Disc-Digital Audio）又称激光数字唱盘，CD-DA 格式是 CD 中的音乐音频格式，对数据不进行压缩处理，因此占用存储空间相对较大。

（2）WAVE 格式

WAVE（Waveform Audio）格式是经典的 Windows 多媒体音频格式，不经过压缩处理，编码、解码相对简单，声音质量很好，常用于多媒体开发音乐、原始音效素材等，但同时 WAVE 格式的文件需要的存储空间很大，对有存储限制的应用而言，这是个重要的问题。

（3）MP3 格式

MP3（Moving Picture Experts Group Audio Layer Ⅲ）格式是一种有损压缩格式，利用了人耳对高频声音信号不敏感的特性，对不同频段采用不同的压缩率，使音频文件体积小的同时音质也相对较好，MP3 格式具有较高的压缩比，可以达到 10∶1 甚至 12∶1，是目前应用较为广泛的音频格式之一。

（4）RealAudio 格式

RealAudio 格式是 RealNetworks 公司开发的一种流式音频文件格式。这种格式在网络上颇为流行，主要用于网络上的流媒体传输、播放，并且可以根据网络带宽的不同改变声音的质量。

（5）WMA 格式

WMA（Windows Media Audio）格式是微软公司推出的一种音频格式，采用有损压缩，具有较高的压缩比，一般可以达到 18∶1。WMA 内置了版权保护技术，即使音频被非法保存到了本地也无法收听，并且 WMA 还可对播放时间、次数进行限制。

（6）MIDI 格式

MIDI（Musical Instrument Digital Interface）文件并不是一段录制好的声音，而是一段指令，用来告诉声卡如何再现音乐。MIDI 格式目前主要用于游戏音轨、电子贺卡等。

6. 数字音频的获取方式

获取数字音频的方式多种多样，下面简单介绍 4 种常见的数字音频获取方式。

（1）数字音频的录制

利用录音软件、麦克风等可以完成数字音频的录制，目前手机、计算机等多种数字设备都可以完成数字音频的录制。

（2）网络资源获取

信息时代，很多人会以有偿或无偿的方式将自己的数字音频素材发布到互联网上，我们利用互联网可以得到大量的数字音频文件。

（3）MIDI 音乐生成

计算机可以与 MIDI 电子乐器相连，将 MIDI 电子乐器发出的指令保存到 MIDI 文件中。

（4）其他音频设备输入

通过线路输入的方式可以将电视机、广播等提供的音频连接到计算机的声卡上，采集之后可以以数字化的形式存储在计算机中。

8.2.2 Audition 简介及其常用操作

音频是一种重要资源，应用领域相当广泛，由于各种原因，录制好的声音需要经过后期的加工处理才可以达到客户或制作人的要求。音频处理软件是一类对音频进行混音、录制、淡入淡出等处理的软件，表 8-3 列举了一些常见的音频处理软件。其中，Audition 是一款非常优秀的音频处理软件，应用范围广，深受用户欢迎，本小节将着重介绍 Auditon 软件。

表 8–3　常见的音频处理软件

标志	软件名称	说明
	Audition	Audition 是一款专业的音频处理软件，具有录音、声音编辑、修复录制缺陷、声音混合等功能，并且支持 WMA、MP3 等多种主流音频格式
	GoldWave	GoldWave 是一个集声音编辑、播放、录制和转换功能于一体的音频编辑软件，支持 MP3、WMA、WAC 等多种音频格式
	CakeWalk	CakeWalk 是一款数字音乐制作软件，可用于制作、编辑 MIDI 格式的音乐文件，同时还具有音频录制和常规的音频处理功能
	WaveCN	WaveCN 是一款录音编辑软件，具有方便、易用的中文操作界面，支持多种音频格式，同时具有常用的音频编辑功能
	iFlyTech InterPhonic	iFlyTech InterPhonic 是一款真人语音朗读软件，能够根据文本读出声音，导出声音文件，并且提供了不同风格的音色，如成年男声、成年女声、童声等
	语言合成工具	语言合成工具是一款在线语音转换软件，具有安装版本和绿色版本，均免费提供给用户使用

1. Audition 工作界面

Audition 有单轨迹编辑环境、多轨迹编辑环境、CD 模式编辑环境等工作环境，单轨迹编辑环境比较适合处理单个的音频文件；多轨迹编辑环境可以对多个音频文件进行编辑；CD 模式编辑环境可以整合音频文件并转化为 CD 音频。

这里以 Audition 2018 为例，介绍它的工作界面。图 8-20 所示是 Audition 2018 的工作界面，最上面是菜单栏，包括文件、编辑、多轨混音、素材、效果等菜单；最左边为素材选择区，我们可以在这里找到自己需要的音频素材；素材选择区右边为工作区和显示区，工作区用来对音频进行一系列操作，如降噪、删除等；显示区可以显示音频的声音大小以及音频的起止、持续时间等。Audition 的窗口布局较为自由，可以任意调整大小、位置等。

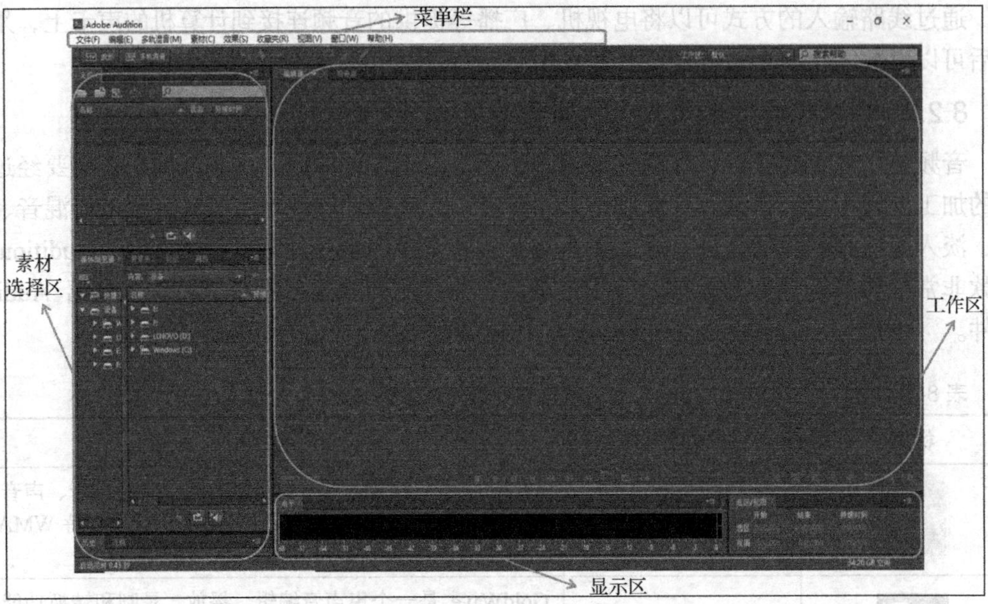

图 8-20 Audition 工作界面

2. Audition 的常用操作

Audition 2018 的功能很多，下面介绍 6 种常用操作。

（1）声音的录制

在计算机上插入麦克风并打开 Audition 后，单击菜单栏中的【文件】→【新建】→【新建音频文件】，会出现图 8-21 所示的对话框，在这里我们需要命名该文件，选择合适的采样率、声道、位深度并单击【确定】按钮；然后单击编辑器上的按钮（【录音】按钮）便可通过麦克风进行录音，录音完毕，可以单击按钮（【停止】按钮）结束录音，编辑器如图 8-22 所示。

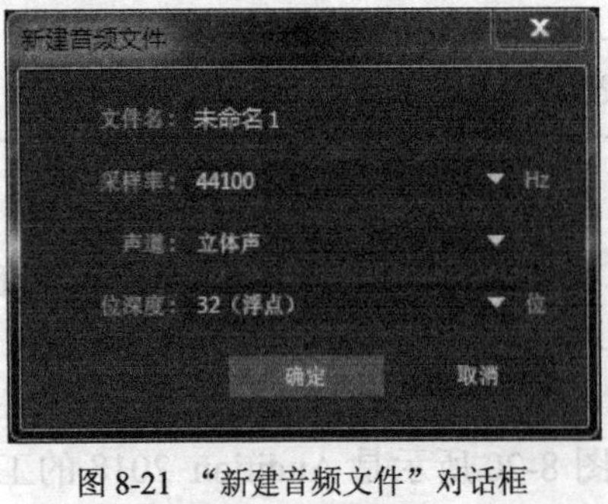

图 8-21 “新建音频文件”对话框

图 8-22 编辑器示意图

（2）录制程序中的声音

首先打开所要运行的程序，并找到想要录制的内容；单击 Audition 菜单栏中的【编辑】→【首选项】→【音频硬件】，在“首选项”对话框中的【默认输入】下拉列表中选择【立体声混音】并单击【确定】按钮，如图 8-23 所示；最后单击编辑器中的【录音】按钮便可进行录制。

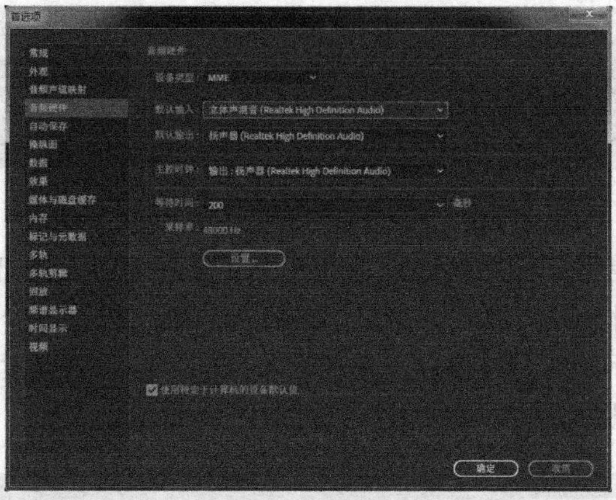

图 8-23 设置音频硬件

（3）音频粗剪

在声音素材的编辑过程中，有时需要删除一些空白或者错误的部分，有时需要把一部分声音文件粘贴到另一个位置。删除声音时，我们选中需要删除的部分，按“Delete”键即可，复制粘贴文件时，选中需要复制的部分，按组合键“Ctrl+C”，并在合适的位置按组合键“Ctrl+V”进行粘贴。

（4）声音效果的处理

① 降噪。在录制声音素材时，不可避免地会出现一些噪声，我们可以通过降噪来处理声音素材。首先将声音文件的波形放大，直到能够清楚地看到该声音文件的低频噪声波形；选中该波段，单击【效果】→【降噪/恢复】→【降噪（处理）】，打开“效果-降噪”对话框，如图 8-24 所示，单击【捕捉噪声样本】，软件便会对噪声样本进行分析，之后单击【选择完整文件】，此时整个声音素材文件都会被选中，最后单击对话框中的按钮，就可以试听降噪的效果了。如果觉得效果比较理想，单击【应用】按钮，即可完成降噪处理；如果觉得声音失真，可以调节【降噪】和【降噪幅度】来完善效果，如图 8-25 所示。

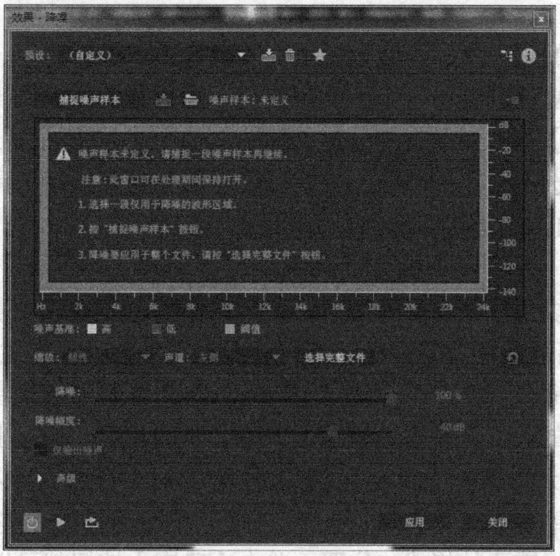

图 8-24 “效果-降噪”对话框

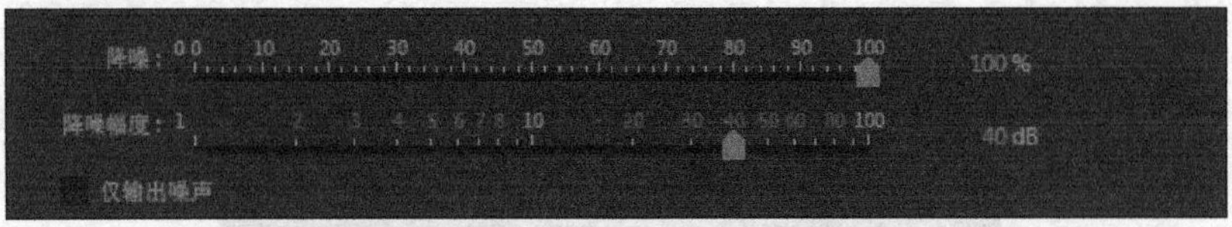

图 8-25 调节【降噪】和【降噪幅度】

② 淡入淡出。通常我们会在声音开始和结束部分进行淡入淡出处理，使声音的产生和消失不那么突兀。编辑音频文件时，在工作区的左上角和右上角分别有一个淡入标识和淡出标识，如图 8-26 所示。向右拖曳左上角的淡入标识，可对声音素材进行淡入处理；向左拖曳右上角的淡出标识，即可对声音素材进行淡出处理。

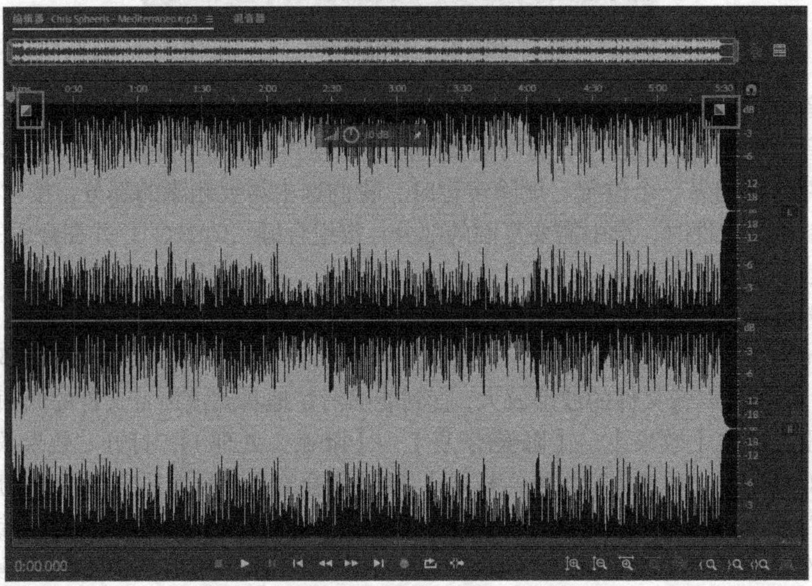

图 8-26 淡入淡出处理

（5）音频的修复

在录制声音素材的过程中，可能会混入一些杂音，如电话铃声、上课铃声，此时我们就需要对声音进行修复。首先单击【显示频谱频率显示器】，调出声音素材的频谱图；之后单击【框选工具】，对杂音部分进行框选，如图 8-27 所示，最后按“Delete”键便可进行删除。对于框选不干净的部分，我们可以使用【套索选择工具】，将需要删除的部分选出，并按“Delete”键进行清除。

（6）声音的合成

背景音乐有助于烘托气氛、酝酿情绪，在影视作品、游戏、动漫等领域应用广泛，利用 Audition 可以为音频添加背景音乐。首先单击【文件】→【新建】→【多轨会话】，为新建的多轨会话文件命名，并单击【确定】按钮，将需要添加背景音乐的音频素材拖到轨道 1 上，并根据素材的长度调整另一轨道上背景音乐的长度；通过上下拖曳音量线条来调节音量，如图 8-28 所示，通过【淡入】、【淡出】标识对声音进行淡入、淡出处理，直到达到理想的效果；最后单击【文件】→【导出】→【多轨混音】→【整个文件】，打开“导出多轨混音”面板，选择需要的格式、位置，单击【确定】按钮就可以得到所需的音频。

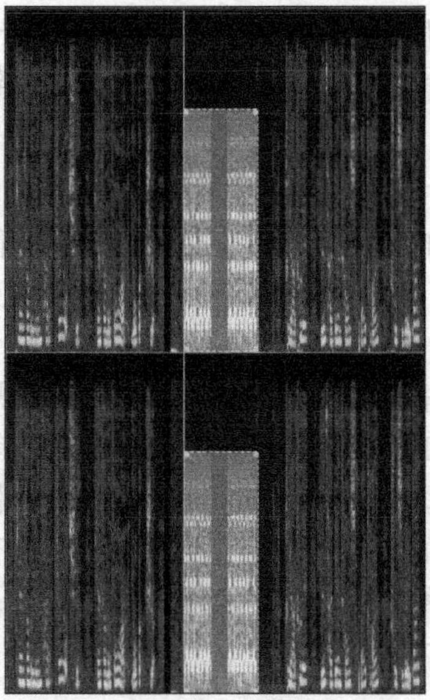

图 8-27 音频的框选

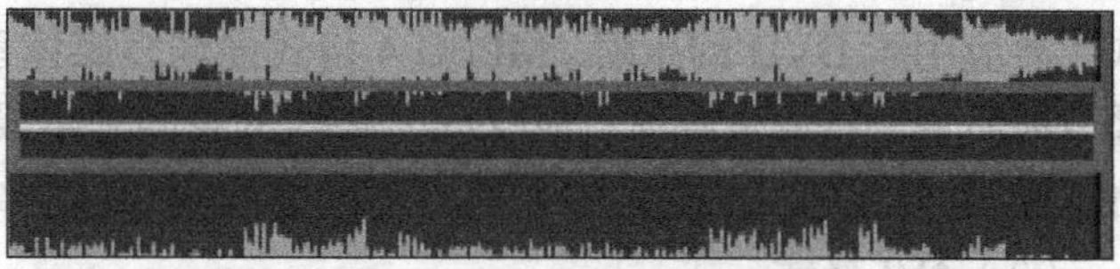

图 8-28 通过音量线条调节音量

8.3 数字视频

8.3.1 数字视频基础知识

数字视频是指在视频信号的产生、存储、处理、重放、传送等过程中均采用数字信号。与它相对的是模拟视频，即在视频信号的产生、存储、处理、重放、传送等过程中均采用模拟信号。相比于模拟视频，数字视频的抗干扰性更好，更适合长时间存放，大量复制时不会产生图像失真、信号损失等问题。

1. 数字视频的压缩

视频压缩的目标是在尽可能保证视觉效果的前提下减小视频的大小。视频信号可以被压缩是因为存在信息冗余，视频信号的信息冗余主要有空间冗余、结构冗余、时间冗余、视觉冗余、知识冗余、信息熵冗余等。压缩技术就是将数据中的冗余信息去掉，即去除数据之间的相关性。本章 8.2 节中介绍了有损压缩和无损压缩，数字视频压缩按照其他的标准还有不同的分类。

（1）帧内压缩和帧间压缩

视频信号是由一帧一帧的图像组成的，按照是压缩帧内数据还是压缩帧间数据，可以将数字视频压缩分为帧内压缩和帧间压缩。帧内压缩实际上类似于静态图像压缩，压缩时不考虑帧间信息冗余，仅考虑帧内的信息冗余，一般达不到较高的压缩比；一般情况下，视频中连续两帧的图像信息变化很小，例如主体发生轻微变化但背景没有变化，这样的两帧相关性就很强，存在大量的冗余信息，帧间压缩就是根据这一特性来压缩帧间的信息冗余，这样可以大大减少数据量。

（2）对称和不对称压缩

按照压缩和解压缩占用的计算处理能力与时间是否相同，可以将数字视频压缩分为对称压缩和不对称压缩。对称压缩是指压缩和解压缩占用相同的计算处理能力与时间，适合实时压缩和视频传送；不对称压缩是指压缩和解压缩占用的计算处理能力与时间不同，一般情况下压缩时需要花费大量的计算处理能力和时间，解压缩时需要的时间较少，可以较好地实时回放。

2. 数字视频的文件格式

数字视频的文件格式非常多，了解每个视频文件格式的特点是非常有必要的，这里简单介绍 8 种数字视频文件格式。

（1）MPEG 格式

MPEG（Moving Picture Experts Group）是运动图像压缩算法的国际标准，采用有损压缩的方式减少信息冗余，主要包括 MPEG-1、MPEG-2、MPEG-4、MPEG-7、MPEG-21 等类型。其中，MPEG-1 格式就是 VCD 制作格式，主要解决多媒体的存储问题；MPEG-2 格式主要应用于 DVD 的压缩；MPEG-4 格式强调多媒体系统的灵活性、交互性，主要应用于播放高质量的视频流媒体；MPEG-7 格式的目的是生成一种用来描述多媒体内容的标准；MPEG-21 格式的目的是理解如何将不同的技术和标准结合在一起。

（2）AVI 格式

AVI（Audio Video Interleaved）是由微软公司推出的将视音频信号交错记录的数字视频文件格式，允许视频、音频同步回放，图像质量较好，常用于多媒体光盘保存电影、电视等各种影像信息。

（3）WMV 格式

WMV（Windows Media Video）是由微软公司推出的可以在网上实时观看视频的文件压缩格式。一般情况下，WMV 文件包含视频和音频，编码时，部分视频使用 Windows Media Video，部分音频使用 Windows Media Audio。

（4）MOV 格式

MOV（QuickTime Movie）由苹果公司开发，是 QuickTime 的影片格式，具有跨平台、压缩比高等特点，无论是本地播放还是作为视频流格式在网上传播，MOV 都是一种较好的选择。

（5）ASF 格式

ASF（Advanced Streaming Format）是微软公司 Window Media 的核心，属于高压缩率的文件格式，体积非常小，适用于本地或网络回放，图像、音频、视频等多媒体信息都可以以 ASF 格式进行网络传输。

（6）FLV 格式

FLV（Flash Video）格式是随着 Flash 的发展而出现的视频格式，它形成的文件极小、加载速度极快，适合流式传输和播放，目前广泛应用于在线视频网站。

（7）RM 格式

RM 格式由 RealNetworks 公司开发，是一种可以根据网络数据传输速率来制订压缩比的流媒体视频文件格式，主要包含 RealAudio、RealVideo 和 RealFlash 3 部分。

（8）RMVB 格式

RMVB（RealMedia Variable Bitrate）是 RealMedia 格式的扩展版本，RMVB 降低了静态画面下的比特率，拥有出色的画质和众多优秀软件的支持，如 Easy RealMedia Producer 等。

3. 数字视频的获取方式

目前，我们接触到的大量视频都是数字视频，获取数字视频的途径多种多样，下面简单介绍 5 种常见的数字视频获取方式。

（1）利用相关设备拍摄

随着数字产品的普及，我们对手机、数码摄像机等设备已不再陌生，通过手机、数码摄像机等设备，我们可以拍摄视频，最终得到满意的数字视频。

（2）通过制作软件获取

目前，制作动画的软件已非常繁多且发展成熟，如 Flash、3D Studio Max 等，利用这些软件，我们可以制作出数字视频素材。

（3）通过互联网获取

通过互联网，我们不仅可以下载图片、音频，还可以下载视频，目前许多网站都提供了视频下载服务，这种途径也可以帮助我们获得数字视频，但部分视频需要付费后才可下载。

（4）将模拟视频转为数字视频

利用视频采集卡我们可以将模拟视频转换成数字视频。视频采集卡对模拟信号进行处理后交由计算机记录编码，但这种方法会损失一定的信号。

（5）利用抓取软件录制

利用视频抓取软件从播放器的视频中抓取需要的视频信息也可以得到数字视频，不过抓取的视频清晰度相较原视频可能会比较低。

8.3.2 使用 Camtasia Studio 录制微视频

数字视频的处理主要有视频剪辑、配音、添加字幕、添加滤镜等。表 8-4 介绍了一些常用的视频处理软件，每种软件的功能侧重有所不同，用户可以根据自己的需要进行选择。本小节将着重介绍 Camtasia Studio 软件。

表 8–4 常用的视频处理软件

标志	软件名称	说明
	Camtasia Studio	Camtasia Studio 是一款小巧灵活的录屏软件，界面精致、操作简单，可以轻松地记录屏幕动作，如影像、鼠标移动轨迹、音效等。除此之外，它还具备视频编辑的基本功能
	格式工厂	格式工厂是一款多媒体文件格式转换软件，支持多种主流多媒体文件格式的转换，如 MP4、AVI、FLV、WMV 等。同时，它还具有视频旋转、改变播放速率等视频编辑功能
	Movie Maker	Movie Maker 是入门级的视频剪辑软件，功能比较简单，适用于视频的简单处理
	Premiere	Premiere 是一款专业的视频编辑软件，功能强大，易学易用，广泛应用于广告制作、电影剪辑等领域

续表

标志	软件名称	说明
	会声会影	会声会影是常用的视频制作和剪辑软件，与 Premiere 等专业的视频剪辑软件相比，操作更为简单
	爱剪辑	爱剪辑是一款国产视频剪辑软件，操作方便简单，功能强大，画质好，稳定性高
	AVS Video Editor	AVS Video Editor 是一款类似于会声会影的视频编辑软件，可以将影片、图片、声音等素材合成输出为视频文件，并为其添加丰富的特效、过渡、场景效果等

1. Camtasia Studio 工作界面介绍

这里以 Camtasia Studio 9.1 为例，介绍它的工作界面。图 8-29 所示是 Camtasia Studio 9.1 的工作界面，最上面是菜单栏，包括文件、编辑、修改、视图、分享、帮助等菜单；最左边为功能编辑区，在这里可以添加标注、设置光标效果、设置转场效果等；功能编辑区右边是视频预览区，在这里可以查看实时的编辑效果；最下面为视频编辑时间轴，主要用来执行对视频、声音、字幕的裁剪、拼接等操作。

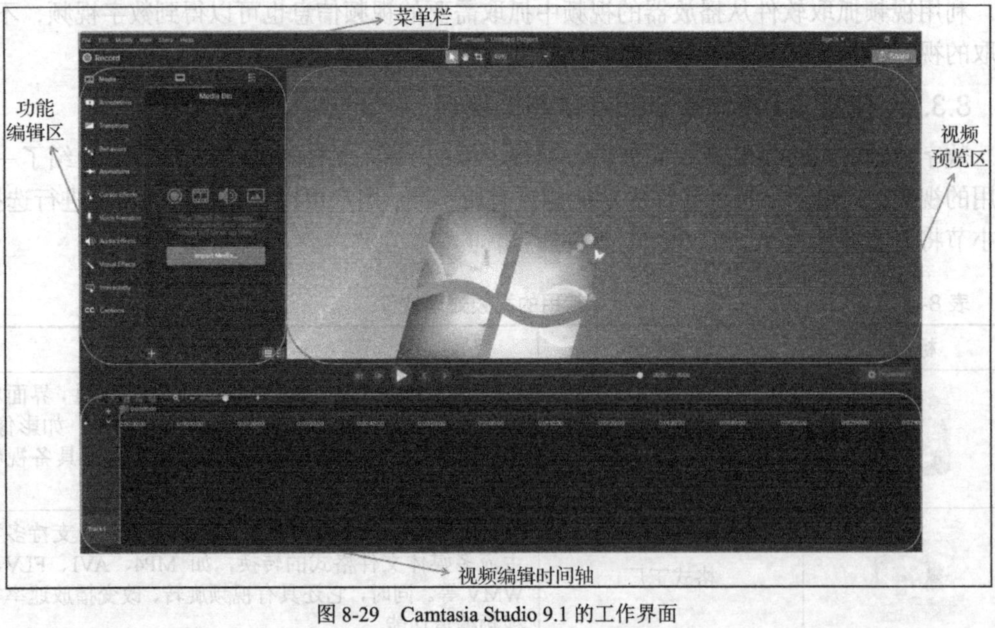

图 8-29 Camtasia Studio 9.1 的工作界面

2. Camtasia Studio 的常用操作

Camtasia Studio 的功能强大，这里介绍 3 个常用的功能。

（1）屏幕的录制

录制视频一般有 3 种方式，第一种方式是从软件打开后跳出的对话框中选择录制，如图 8-30 所示；第二种方式是进入主界面，单击【Record】按钮；第三种方式是按录制的组合键“Ctrl+R”。准备录制时会出现图 8-31 所示的录制面板，单击最右边的【rec】按钮便可开始录制，录制面板中常用的设置有【Select area】和【Recorded inputs】，在【Select area】中，我们可以选择全屏录制或自定义录制窗口的大小，在【Recorded inputs】中可以设置是否记录摄像头的拍摄、是否记录系统音频或麦克风音频等。屏幕录制阶段，我们可以在控制窗口看到录制时间，也可以通过【Delete】【Pause】【Stop】按钮对屏幕录制进行删除、暂停和停止操作，如图 8-32 所示。

图 8-30　选择录制

图 8-31　录制面板

图 8-32　控制窗口

（2）视频的编辑

屏幕录制完后单击【Stop】按钮，录制的视频便会自动导入 Camtasia Studio，我们也可以将需要编辑的视频导入。

① 视频粗剪。如果部分视频是多余的或者不需要的，可以拖曳时间轴上的绿色和红色光标进行选择，如图 8-33 所示，右击选择删除便可清除这一段视频。也可利用时间轴上方的操作按钮执行相应的操作，其中按钮为返回上一步，按钮为返回下一步，按钮为剪切，按钮为复制，按钮为粘贴，按钮为分离（可以将一段视频“切”成多段）。

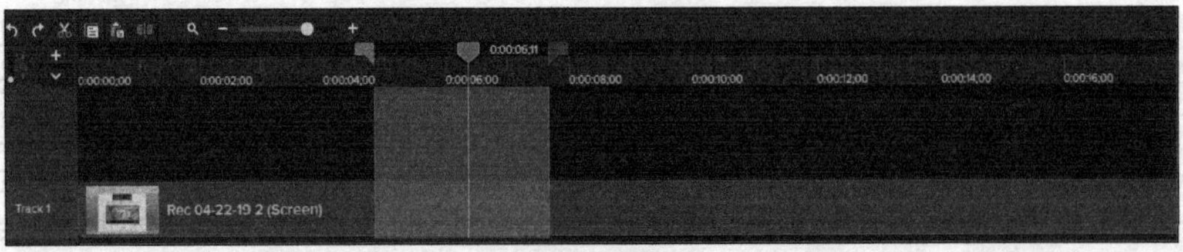

图 8-33　视频粗剪

② 添加标注。单击【Annotations】可以看到各种样式的标注，如图 8-34 所示，选择要添加的标注拖曳至预览区，并在时间轴上拖曳以修改标注出现的时间及持续时间。

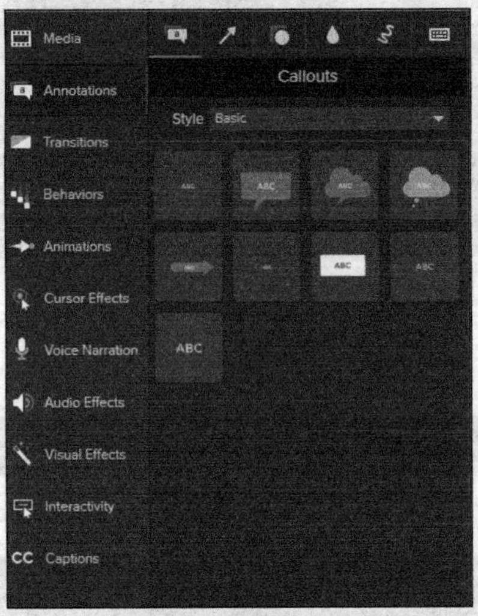

图 8-34　添加标注

③ 添加片头。单击【Media】→【Library】，可以使用软件自带的素材给视频添加片头，如图 8-35 所示。

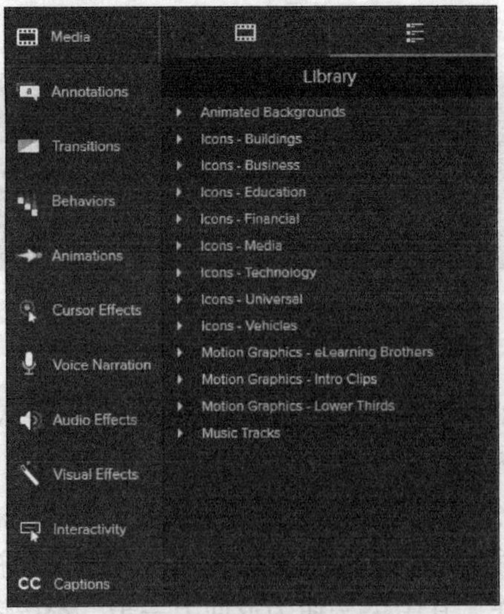

图 8-35　添加片头

④ 添加光标效果。单击【Cursor Effects】，可以选择合适的光标效果、左击效果、右击效果等，如图 8-36 所示。

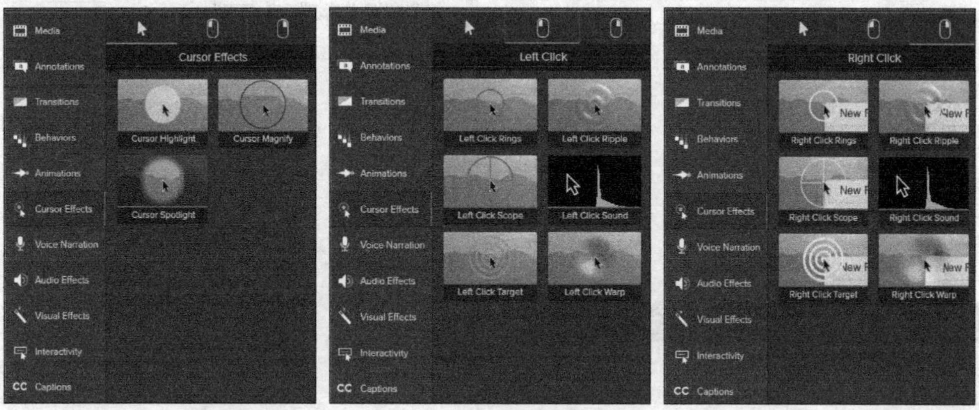

图 8-36　光标效果

（3）视频的导出

视频编辑好之后，单击【Share】→【Local File】，会出现图 8-37（a）所示的对话框，我们可以根据实际需求设置导出视频的参数。在这里，我们选择【Custom production settings】；单击【下一步】按钮后出现图 8-37（b）所示的对话框，选择需要的视频格式；单击【下一步】按钮后出现图 8-37（c）所示的对话框，我们可以对控制条、视频设置、音频设置进行相应的选择，当然设置的视音频品质越高，视频文件越大；单击【下一步】按钮后出现图 8-37（d）所示的对话框，这里我们一般不做更改；单击【下一步】按钮出现图 8-37（e）所示的对话框，在这里我们对视频文件进行命名并选择好保存路径即可完成视频的导出。

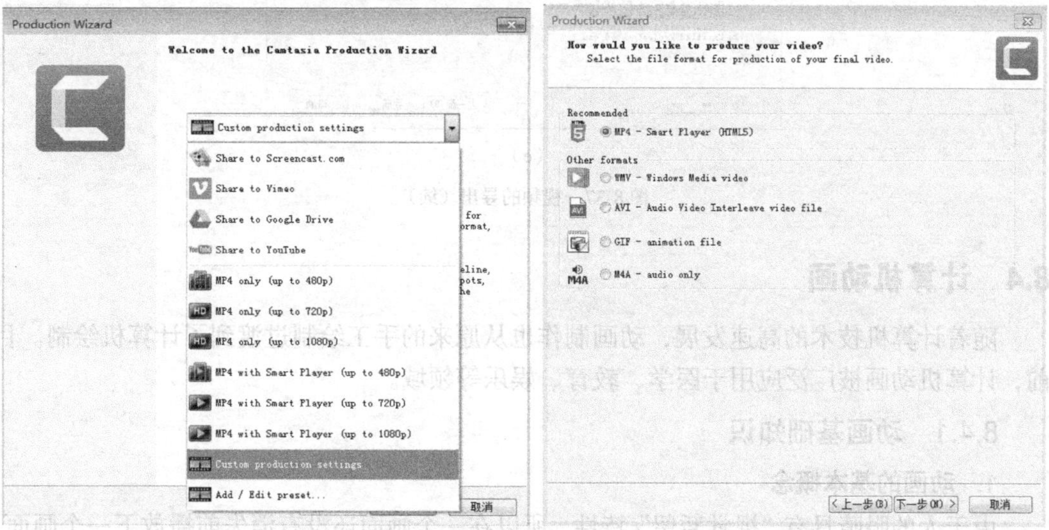

（a）　　　　　　　　　　（b）

图 8-37　视频的导出

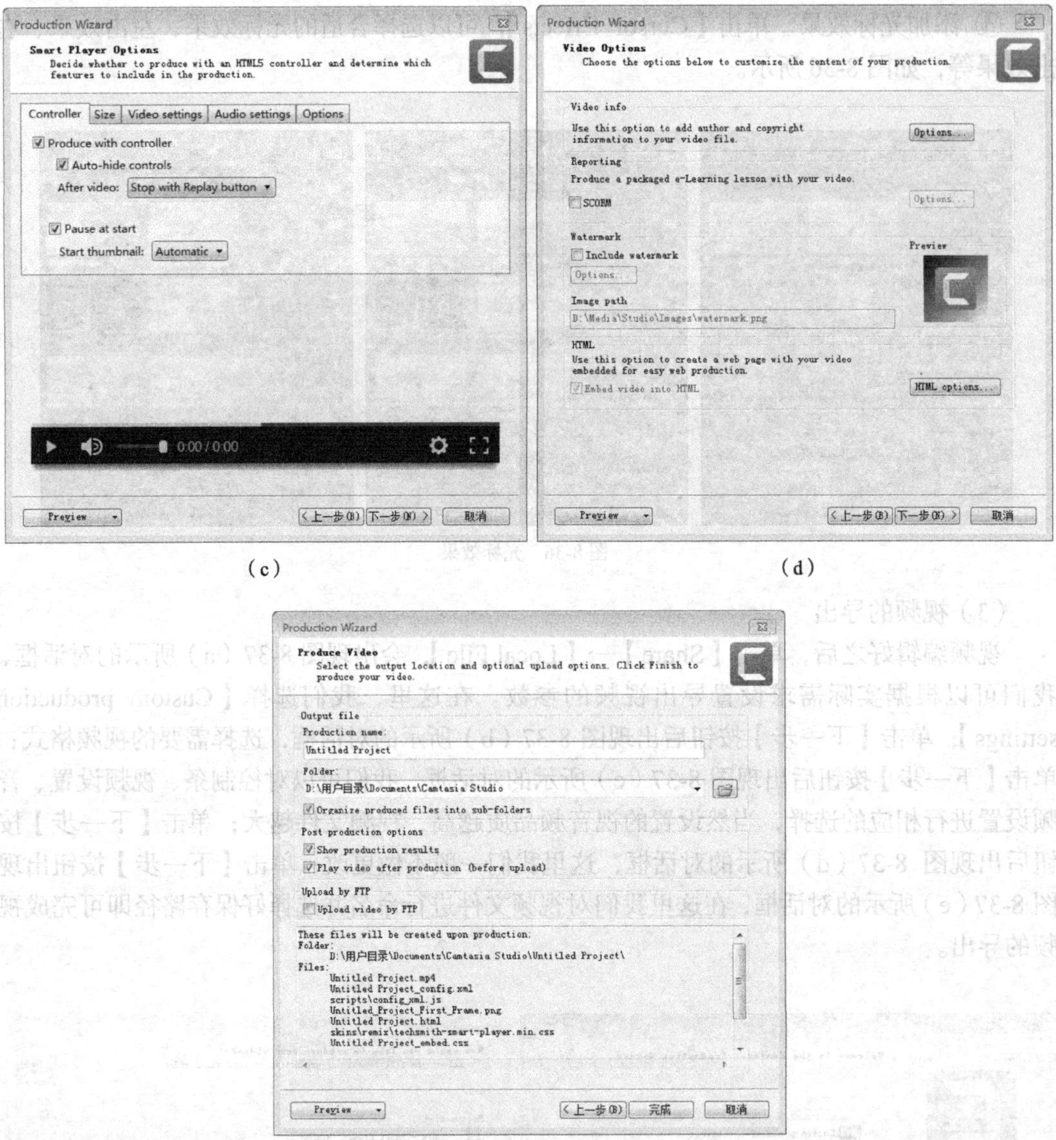

（c）　（d）

（e）

图 8-37　视频的导出（续）

8.4　计算机动画

随着计算机技术的高速发展，动画制作也从原来的手工绘制过渡到了计算机绘制。目前，计算机动画被广泛应用于医学、教育、娱乐等领域。

8.4.1　动画基础知识

1. 动画的基本概念

由于人的眼睛具有“视觉暂留”特性，所以在一个画面还没有消失前播放下一个画面，就会造成一种流畅的视觉变化效果，这一个个“动起来”的画面就是动画。实验表明，人眼看到一幅景象或一个物体后，1/24s 内不会消失。目前，电影采用了每秒 24 个画面的速度播放，电视则采用每秒 25 个或 30 个画面的速度播放。

计算机动画是借助于计算机生成连续的图像，主要利用专门的动画制作软件来生成动画画面。相比于传统动画的制作，计算机动画的制作效率更高，更易于后期修改，并且传输也更加便捷。

2. 动画的分类

根据动画的表现形式不同，可以将动画分为二维动画和三维动画。

二维动画是平面动画的表现形式，无论画面的立体感有多强，终究只是在二维空间上模拟三维空间效果，如图 8-38 所示。传统的二维动画是将水彩颜料涂到赛璐珞片上，再由摄影机逐张拍摄，记录下连贯的画面，从而形成动画。赛璐珞是一种透明的胶片，一般将人物画在赛璐珞上而不是纸张上，这样与背景叠加后才不会覆盖背景。

图 8-38　二维动画示例

三维动画是利用计算机软件等工具将三维物体运动的原理、过程等清晰地展现出来，三维动画中的对象有正面、侧面等，不同的视角可以看到不同的内容，如图 8-39 所示。三维动画具有真实性、精确性等特点，目前广泛应用于建筑、教育、医学、娱乐等领域。

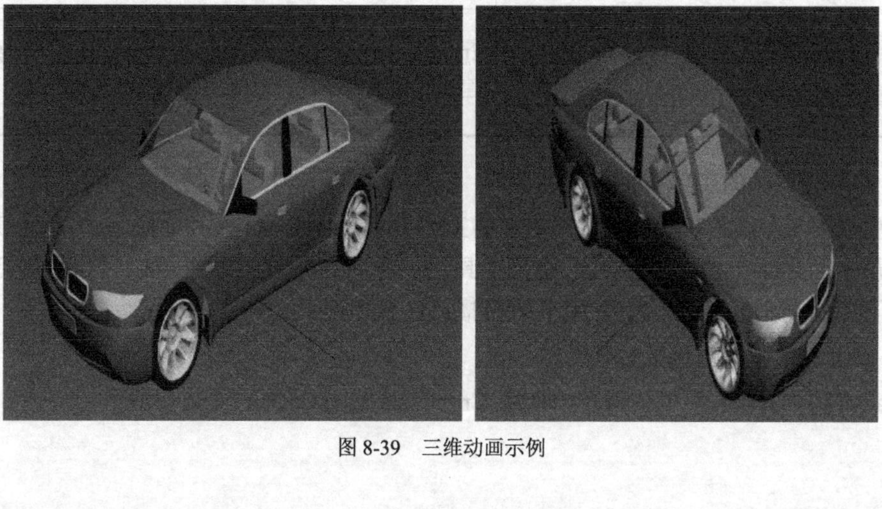

图 8-39　三维动画示例

3. 计算机动画的文件格式

（1）SWF 格式

SWF（Shock Wave Flash）是一种 Flash 动画文件格式。SWF 的普及程度很高，具有体积小、缩放时不失真的特点，并且 SWF 格式的动画可以与 HTML 文件完美结合，还可以添加音乐，因而被广泛地应用于网页设计等领域。

（2）FLIC 格式

FLIC（Free Lossless Audio Codec）是 FLC 和 FLI 的统称，FLI 是基于 320 像素×200 像素的动画文件格式，FLC 作为 FLI 的扩展格式，分辨率不再局限于 320 像素×200 像素。FLIC 文件采用了无损压缩技术，进行帧间压缩，可以得到较高的数据压缩率。

（3）GIF 格式

GIF（Graphics Interchange Format）采用了无损压缩技术，适用于多种操作系统，体积较小，目前在互联网上应用较为广泛。GIF 格式可以存储多幅彩色图像，将存储于一个 GIF 文件中的多幅图像逐幅读出并显示，就产生了一种动画效果。

8.4.2 使用 CrazyTalk 制作动画表情

利用计算机制作动画的工具有很多，表 8-5 列出了一些较为常用的动画制作软件，本小节主要讲解 CrazyTalk 的工作界面及其常用操作。

表 8–5 常用的动画制作软件

标志	软件名称	说明
	CrazyTalk	CrazyTalk 可以把多种格式的静态图片加上各种特效变成动态的图片，并且可以同步语音，效果逼真，在对口型方面可以做到完美衔接
	Ulead GIF Animator	Ulead GIF Animator 有许多现成的特效可以套用，并且可以将 AVI 文件转成 GIF 文件，还能将 GIF 图片最佳化
	Flash	Flash 功能非常强大，可以从外部导入声音、图像和视频等，利用 ActionScript 语言可以实现强大的动画效果和交互功能
	3ds Max	3D Studio Max，简称为 3d Max 或 3ds Max，主要应用于建筑、影视、游戏、动画等领域

1. CrazyTalk 的工作界面

这里以 CrazyTalk 8.0 为例，介绍它的工作界面。图 8-40 所示是 CrazyTalk 8.0 的工作界面，最上面是菜单栏；菜单栏下面为工具栏；界面右侧的工程栏可以对角色进行细节设置；最下面为动画控制器，主要用来执行播放、预览动画。

2. CrazyTalk 的常用操作

CrazyTalk 功能强大，下面介绍利用 CrazyTalk 创建动画的具体步骤。

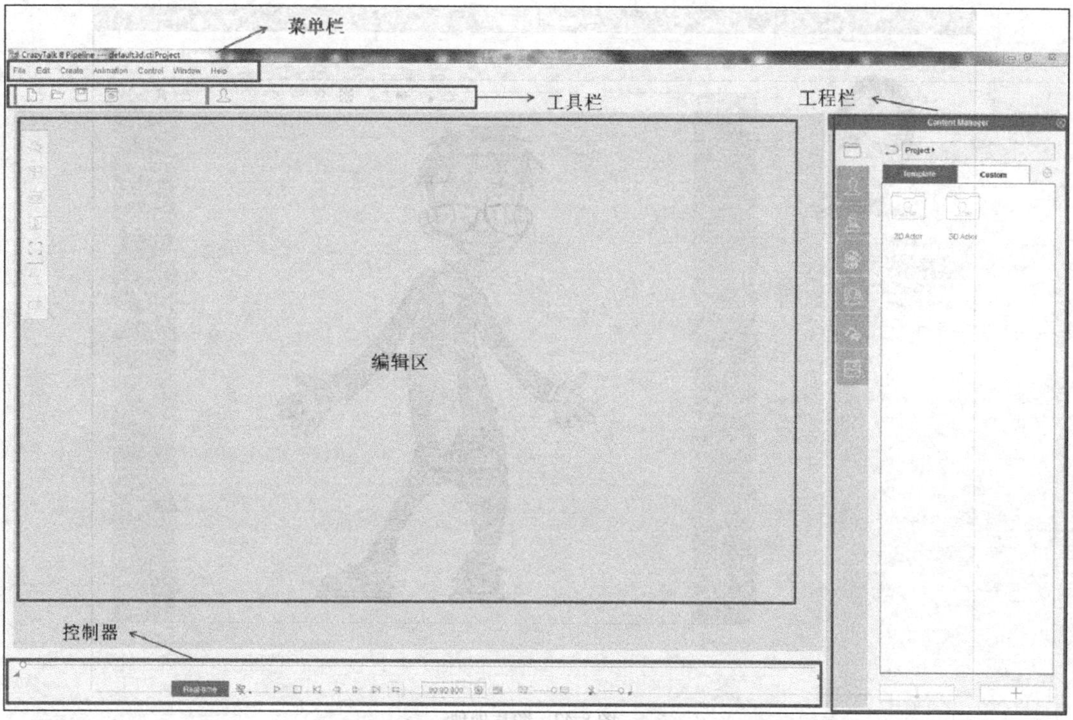

图 8-40　CrazyTalk 8.0 工作界面

（1）创建角色

单击工具栏中的【创建新角色】按钮，在弹出的对话框中，选择角色样式（二维或三维），并添加图片，如图 8-41 所示。

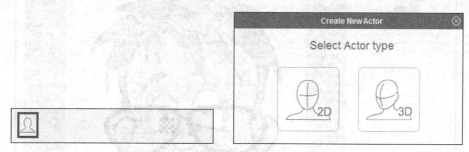

图 8-41　创建角色

（2）图片处理

创建角色完成后，CrazyTalk 会弹出图片处理界面。图片处理允许用户裁剪图片，以及调整图片颜色、方向等，如图 8-42 所示。

图片处理结束后，单击【Next】按钮，进入调整定位点界面。将界面中的 4 个圆圈分别拖至人物的眼角与嘴角的位置，如图 8-43 所示。

定位点调整结束后，单击【Next】按钮，进入面部轮廓编辑界面。通过拖曳、旋转和缩放面部控制点（头部、眉毛、眼睛、鼻子、嘴）来对齐面部线框，如图 8-44 所示。在调节的过程中，注意点位要尽量贴合人物面部特征。

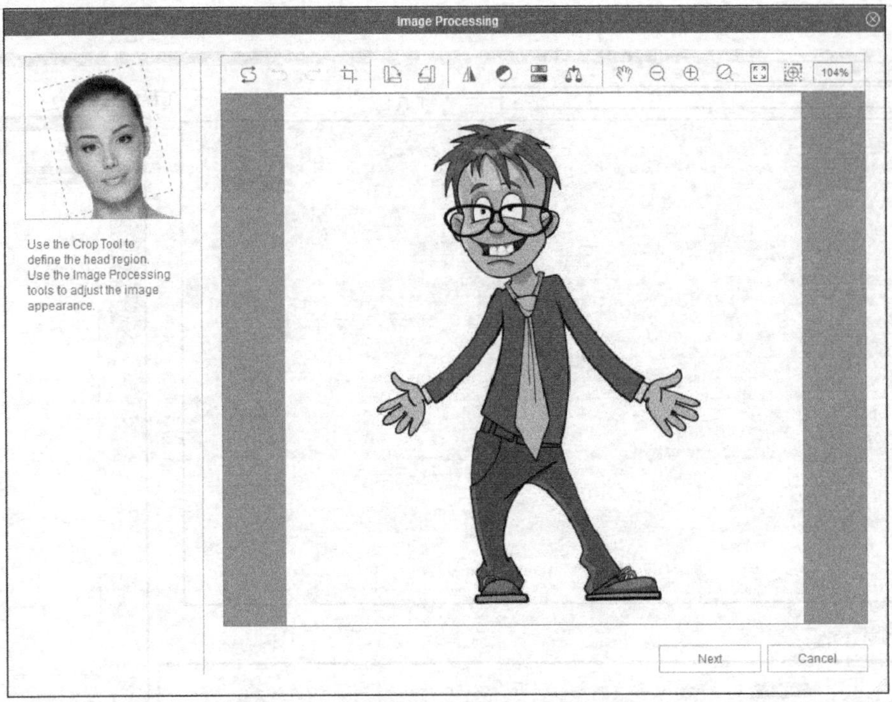

图 8-42 图片处理

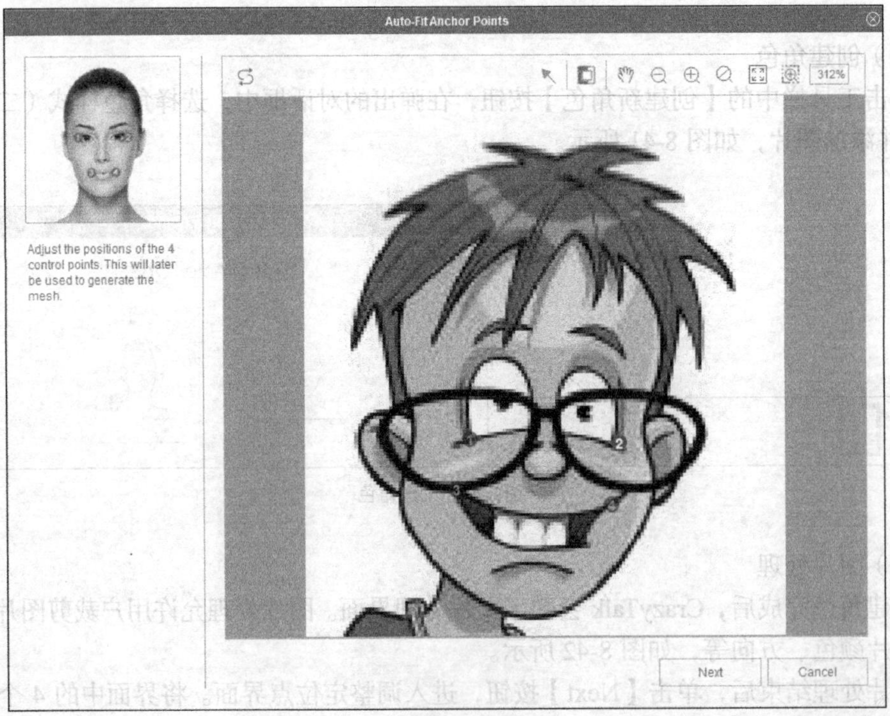

图 8-43 调整定位点

面部线框调整结束后，单击【Next】按钮，进入面部朝向界面。通过旋转遮罩调整面部朝向，如图 8-45 所示。

图 8-44　面部轮廓编辑

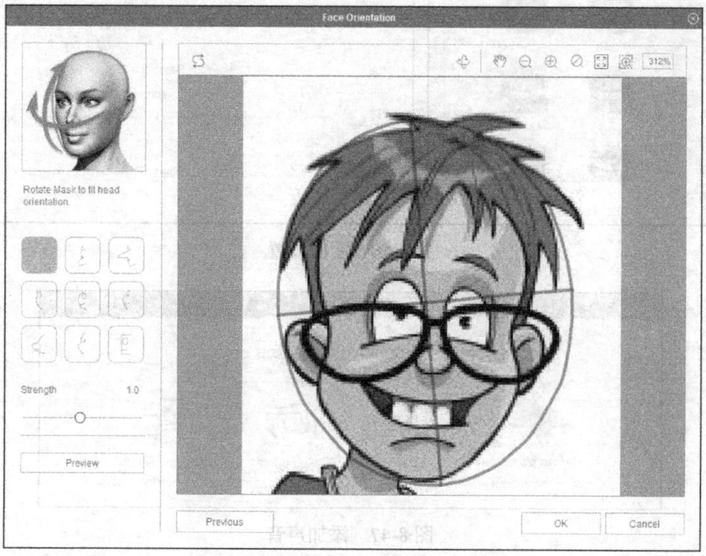

图 8-45　调整面部朝向

面部朝向调整结束后，单击【OK】按钮，退出图片处理界面。接下来可以对图片进行高阶设置，在工具栏中单击【牙齿设置】按钮，右侧的工程栏中会列出牙齿的模板，如图 8-46 所示，从中挑选一款，设置相应的参数即可。

（3）添加声音

单击工具栏中的【创建脚本】按钮，在弹出的对话框中选择声音来源，包括录音、文字转语音和从文件夹导入，如图 8-47 所示。

以文字转语音为例，单击【TTS】按钮，在弹出的对话框中输入想要朗读的文字，如图 8-48 所示，单击【OK】按钮即可。

（4）导出文件

单击工具栏中的【导出】按钮，如图 8-49 所示。在弹出的对话框中进行设置，可以导出视频或图片，如图 8-50 所示。参数设置完成后，单击下方的【Export】按钮即可完成制作。

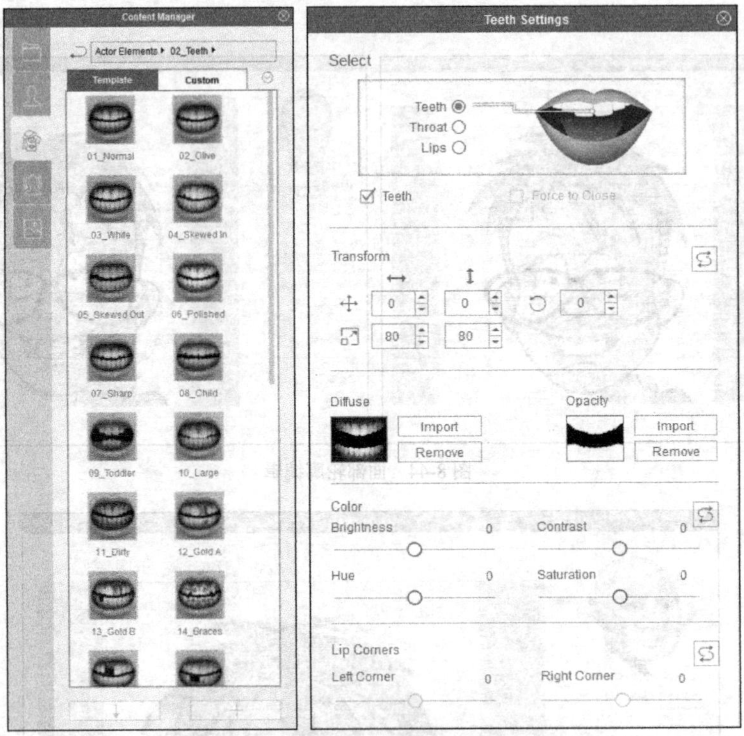

图 8-46 牙齿设置

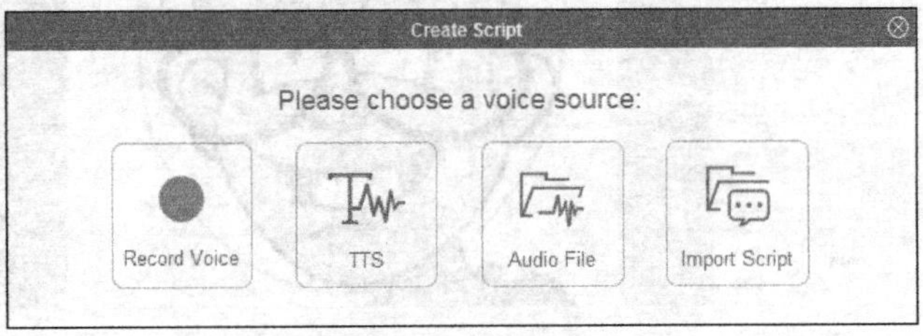

图 8-47 添加声音

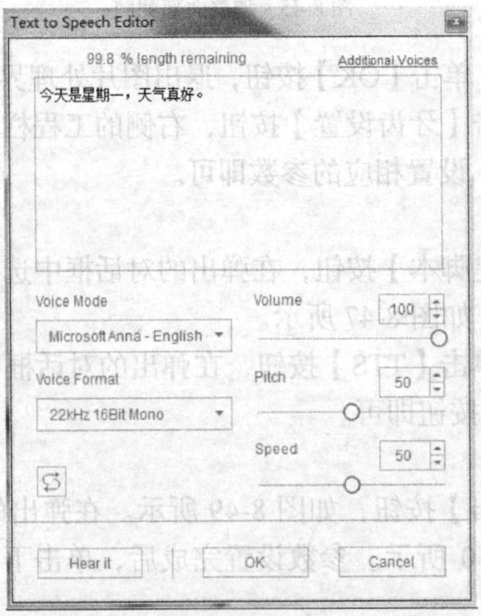

图 8-48 “Text to Speech Editor”对话框

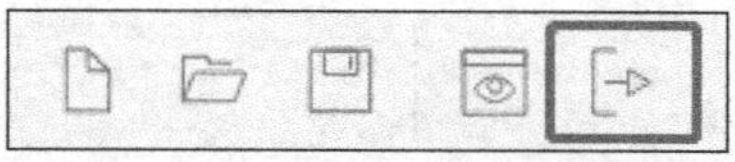
图 8-49　导出按钮

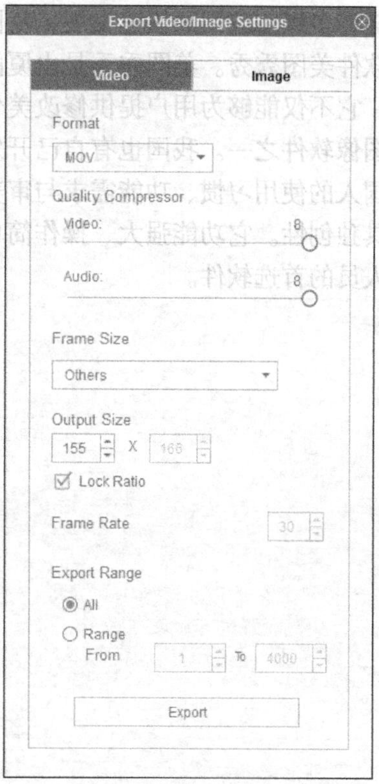

图 8-50　导出参数设置

本章小结与知识延伸

多媒体技术的应用领域十分广泛，本章重点讲解了数字图像、数字音频、数字视频、计算机动画相关的基础知识和常用软件的基本操作。数字图像包括矢量图和位图，本章分别介绍了矢量图和位图的优缺点，以及不同的文件格式及获取方式，同时讲解了数字图像处理软件，并着重介绍了 Photoshop 的工作界面和一些常用操作。数字音频中的音频信号是一种连续的模拟信号，将模拟信号转化为数字信号的过程称为模数转换，它包括采样、量化和编码 3 个过程。数字音频的文件格式较多，本章主要介绍了 CD-DA、WAVE、MP3、RealAudio、WMA、MIDI 等常用格式以及数字音频的获取方式。同时，本章简单介绍了常见的音频处理软件，并着重讲解了 Audition 的工作界面和常用操作，如声音的录制和剪辑等。数字视频是指在视频信号的产生、存储、处理、重放、传送等过程中均采用数字信号，本章介绍了数字视频的压缩和数字视频的文件格式。数字视频可以通过设备拍摄、制作软件、互联网、模拟视频转化和抓取软件录制等方式获取。本章在介绍了常用的数字视频处理软件后重点讲解了 Camtasia Studio 的常用操作，包括视频的录制和剪辑。计算机动画是借助计算机生成的连续图像，它比传统动画制作效率更高也更加方便修改，本章介绍了动画的分类，按照不同的表现形式可以分为二维动画和三维动画。计算机动画的文件格式包括 SWF、FLIC、GIF 等，本章介绍了常用的动画制作软件，并重点介绍了 CrazyTalk 的工作界面及其常用操作。

随着多媒体应用的快速发展，我国也研制出了许多优秀的多媒体软件，例如数字图像处理软件美图秀秀。美图秀秀是由厦门美图科技有限公司研发、推出的一款免费图片处理软件，它不仅能够为用户提供修改美化图片的功能，还具有社交功能，是目前使用人数较多的图像软件之一。我国也有自己开发的视频制作软件，例如爱剪辑。爱剪辑是一款完全根据国人的使用习惯、功能需求与审美特点进行全新设计的剪辑软件，它的许多创新功能都颇具独创性。它功能强大、操作简单，并且遵循国人的习惯和审美，是目前大多数视频剪辑人员的首选软件。

第 9 章　信息安全技术

学习目标

1. 了解信息安全基础知识。
2. 掌握常用的信息安全技术。
3. 了解信息化社会的法律法规和道德准则。

思维导图

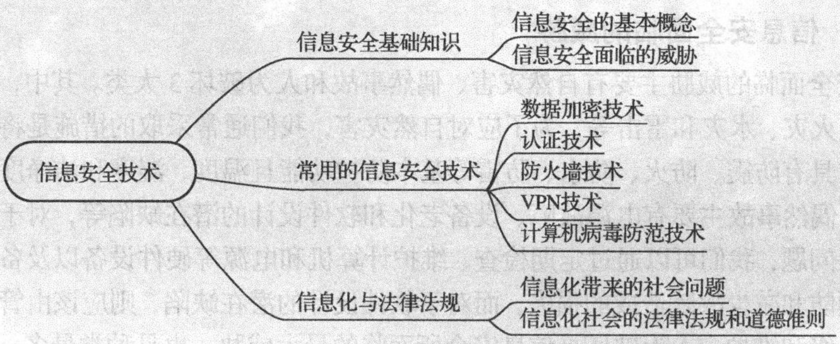

本章导读

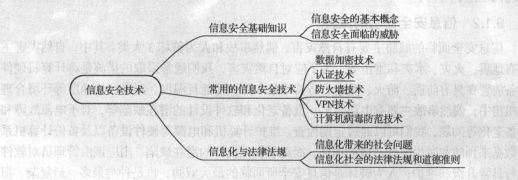

21 世纪以来，信息系统遭受恶意攻击和信息泄露的事件逐年上升，信息安全问题日益严重，信息安全技术也逐渐成为信息技术的研究热点和重点。本章主要介绍信息安全的基础知识、常用的信息安全技术、信息化与法律法规等内容。

9.1 信息安全基础知识

自20世纪80年代以来，计算机技术和互联网的发展改变了人们的生活和生产方式，它们在为我们的生活带来便利的同时，信息安全问题也在其发展过程中逐渐显现。

9.1.1 信息安全的基本概念

信息安全是指综合利用各种合理的方法保护信息系统，使其能够正常可靠地运行，而不因偶然或恶意的原因遭受破坏，保证计算机系统中数据的保密性、完整性、可用性、可控性和不可否认性。保密性是指窃听者无法窃听或了解机密信息；完整性是指非法用户无法篡改数据，保证了数据的一致性；可用性是指合法用户可以正常使用信息和资源，不会因不正当的理由而遭受拒绝；可控性是指可以控制信息的内容及传播；不可否认性是指通过建立有效的责任机制来防止用户否认其行为。

随着计算机系统功能的日益完善、信息技术的高速发展，信息安全已经与每个人的权益息息相关，信息安全上任何隐含的缺陷、失误都可能造成巨大的损失。信息安全本身的范围很广，包括：防范商业、企业的机密泄露；防范青少年对不良信息的浏览；防范个人信息的泄露；等等。

9.1.2 信息安全面临的威胁

信息安全面临的威胁主要有自然灾害、偶然事故和人为破坏3大类。其中，自然灾害主要有地震、火灾、水灾和雷击等，为了应对自然灾害，我们通常采取的措施是将计算机硬件设备放置在具有防震、防火、防水、防雷等基本防护功能且温度、湿度和洁净度等环境合理的机房中；偶然事故主要有电源故障、设备老化和软件设计的潜在缺陷等，对于电源故障和设备老化等问题，我们可以通过定期检查、维护计算机和电源等硬件设备以及备份计算机系统数据来预防和减少故障造成的损失，而对于软件设计的潜在缺陷，则应该由管理员对软件进行日常升级和维护；人为破坏是信息安全所面临的最大威胁，也是种类最多、最复杂、损失最严重的，常见的人为安全威胁有计算机病毒、僵尸网络、拒绝服务攻击、网络钓鱼、网页挂马、网页篡改和手机病毒等，下面将对这些人为安全威胁进行详细介绍。

1. 计算机病毒

计算机病毒是一段可以破坏计算机功能或者数据的代码。如同生物病毒具有自我繁殖、相互传染的特性一样，计算机病毒具有可复制、快速蔓延且难以根除的特点。计算机病毒常附着在各种文件上，随着文件的传播而传播。计算机病毒的种类繁多，不同的分类标准会产生不同的分类结果。按照传染方式的不同，计算机病毒可以分为引导区型病毒、文件型病毒、混合型病毒和宏病毒；按照入侵途径不同，计算机病毒可以分为源码型病毒、入侵型病毒、操作系统型病毒和外壳型病毒；按照破坏能力不同，计算机病毒可以分为无害型病毒、无危险型病毒、危险型病毒和非常危险型病毒。

图9-1 勒索病毒示意图

2017年5月，勒索病毒全球爆发，波及150个国家，30万用户中招，造成将近80亿美元的损失，图9-1所示为勒索病毒示意图，我国的部分 Windows 操作系统用户遭受感染，校园网用户受害严重。由此可见计算机病毒对于信息安全具有极大的威胁。

2020 年 4 月国家互联网应急中心发布的《2019 年我国互联网网络安全态势综述》显示，2019 年国家互联网应急中心共捕获勒索病毒 73.1 万余个，较 2018 年增长超过 4 倍，勒索病毒活跃程度持续居高不下。分析发现，勒索病毒攻击活动越发具有目标性，且以文件服务器、数据库等存有重要数据的服务器为首要目标，通常利用弱口令、高危漏洞、钓鱼邮件等作为攻击入侵的主要途径或方式。勒索病毒攻击活动表现出越来越强的针对性，攻击者针对一些特定单位目标进行攻击，利用较长时期的探测、扫描、暴力破解、尝试攻击等方式，进入目标单位服务器，再通过漏洞工具或黑客工具获取内部网络计算机账号密码实现在内部网络横向移动，攻陷并加密更多的服务器。

2. 僵尸网络

僵尸网络是指采用一种或多种传播手段并利用僵尸程序感染大量主机，从而在控制者和被感染主机之间形成一个一对多的控制网络。常见的僵尸网络攻击行为有拒绝服务攻击、发送垃圾邮件、窃取秘密、滥用资源等。图 9-2 所示为僵尸网络示意图。

2020 年 4 月国家互联网应急中心发布的《2019 年我国互联网网络安全态势综述》显示，2019 年，我国境内感染计算机恶意程序的主机数量约为 582 万台，同比下降 11.3%。

3. 拒绝服务攻击

拒绝服务攻击（Denial of Service，DOS）是指攻击者利用网络协议本身的缺陷，恶意消耗被攻击对象的资源，使其无法提供正常的服务。图 9-3 所示为拒绝服务攻击示意图。DOS 是黑客常用的攻击手段之一，常见的 DOS 攻击有计算机网络带宽攻击和连通性攻击，带宽攻击是指以极大的通信量冲击网络，使所有可用网络资源都被消耗，最终导致合法的用户请求无法通过；连通性攻击指用大量的连接请求冲击计算机，使所有可用的操作系统资源都被消耗，最终计算机无法再处理合法用户的请求。

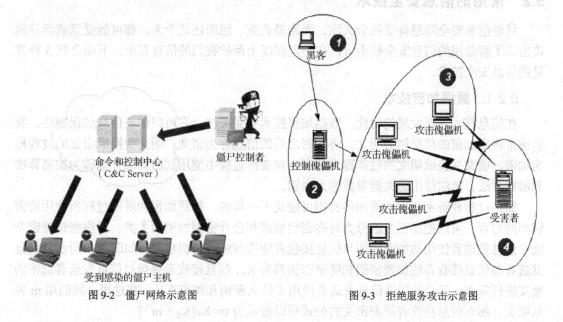

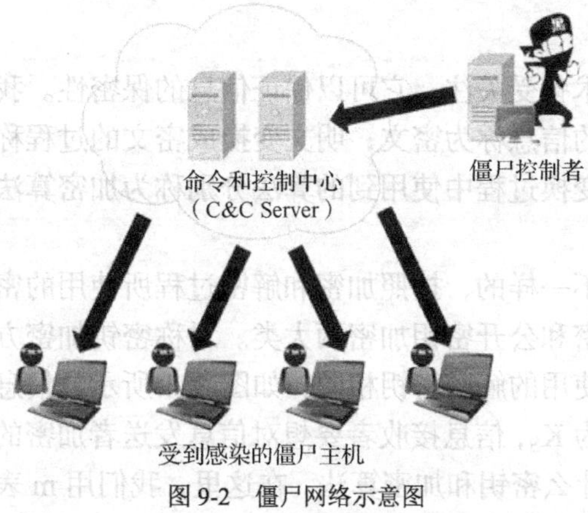

图 9-2　僵尸网络示意图

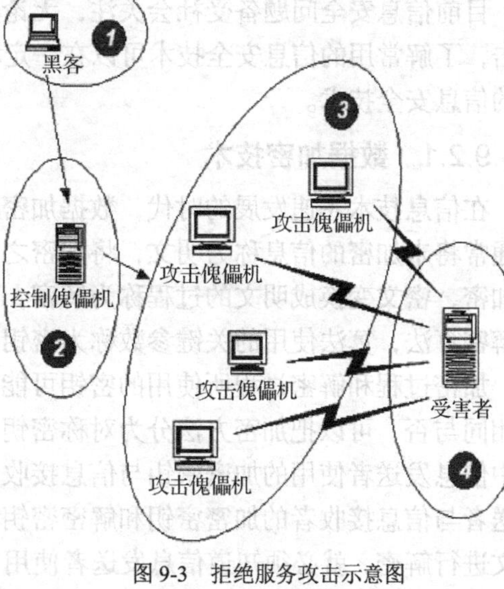

图 9-3　拒绝服务攻击示意图

4. 网络钓鱼

网络钓鱼是通过大量发送欺骗性的垃圾邮件或假冒真实网站的地址及内容，来骗取受害者敏感信息的一种攻击方式，例如受害者的信用卡号、银行卡账户、身份证号等信息。网络钓鱼将社会工程学与网络技术相结合，攻击者无须主动发动攻击，只需等待受害者“主动”交出敏感信息。

2020年4月国家互联网应急中心发布的《2019年我国互联网网络安全态势综述》显示，2019年，国家互联网应急中心监测到重要党政机关部门遭受钓鱼邮件攻击数量达50多万次，月均4.6万封。随着近年来网络安全知识的宣传普及，我国重要行业部门对钓鱼邮件的防范意识不断提高。

5. 网页挂马和网页篡改

网页挂马是指攻击者在网页中嵌入恶意程序或链接，致使用户计算机在访问该页面时被植入恶意程序。按其恶意行为进行分类，可以分为流氓行为类、恶意扣费类和资费消耗类。

网页篡改是指攻击者通过不正当的途径获得网站的控制权限进而修改网站内容的行为，可以分为显示篡改和隐式篡改。显式篡改是指黑客通过篡改网页，来炫耀自己的技术或声明自己的主张；隐式篡改是指黑客在被攻击网站的网页中植入暗链，链接到不良、诈骗等非法信息页面，以谋取经济利益。

6. 手机病毒

手机病毒是一种具有传染性、破坏性的手机程序，传播渠道多种多样，例如收发短信、浏览网站、收发电子邮件等。手机病毒可能会导致用户的个人信息泄露、过多流量被消耗以及费用被恶意扣除等。用户发现异常时可用杀毒软件进行清除与查杀，也可以手动卸载可疑软件。

9.2 常用的信息安全技术

目前信息安全问题备受社会关注，无论是企业、组织还是个人，都可能受到病毒等的攻击，了解常用的信息安全技术可以在一定程度上保护我们的信息安全，下面介绍5种常见的信息安全技术。

9.2.1 数据加密技术

在信息技术飞速发展的时代，数据加密技术备受关注，它可以保证信息的保密性。我们通常将未加密的信息称为明文，将加密之后的信息称为密文；明文变换成密文的过程称为加密，密文变换成明文的过程称为解密，在变换过程中使用到的算法分别称为加密算法和解密算法，算法使用的关键参数称为密钥。

加密过程和解密过程所使用的密钥可能是不一样的，按照加密和解密过程所使用的密钥相同与否，可以把加密方法分为对称密钥加密和公开密钥加密两大类。对称密钥加密方法中信息发送者使用的加密密钥与信息接收者使用的解密密钥相同，如图9-4所示，信息发送者与信息接收者的加密密钥和解密密钥都为K_S，信息接收者要想对信息发送者加密的密文进行解密，就必须知道信息发送者使用了什么密钥和加密算法。在这里，我们用m表示明文，那么信息接收者解密密文的公式可以表示为$m=K_S[K_S(m)]$。

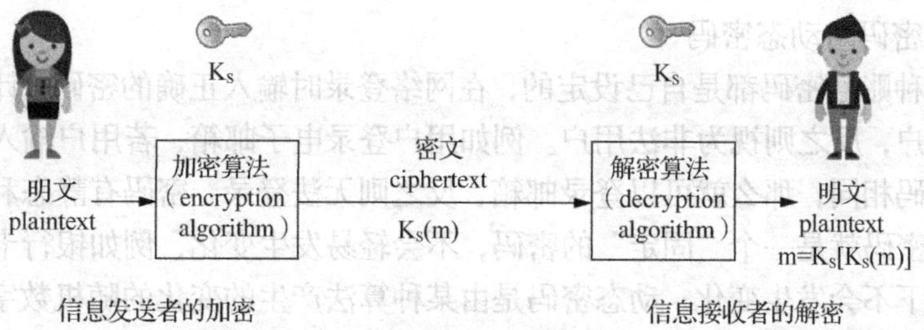

图 9-4 对称密钥加密的加密机制

公开密钥加密方法中信息发送者使用的加密密钥与信息接收者使用的解密密钥不同，在这种密钥体系下每个人、每个通信实体都要有两个密钥，即公开密钥和私有密钥。公开密钥是公之于众的，私有密钥只有自己知道。信息发送者给信息接收者发送信息的过程如图 9-5 所示，信息发送者需要用信息接收者的公开密钥对明文进行加密，得到密文 K_B^+（m），信息接收者收到密文 K_B^+（m）后，使用私有密钥 K_B 进行解密便可得到明文。在这里，信息接收者解密密文的公式可以表示为 $m=K_B^-[K_B^+(m)]$。使用这一方法加密得到的密文不同于对称密钥加密得到的密文，信息发送者可以对明文加密得到密文，但他无法对密文进行解密，同样的道理，第三方入侵者也没有办法解开密文，只有信息接收者通过私有密钥才可以解开密文。

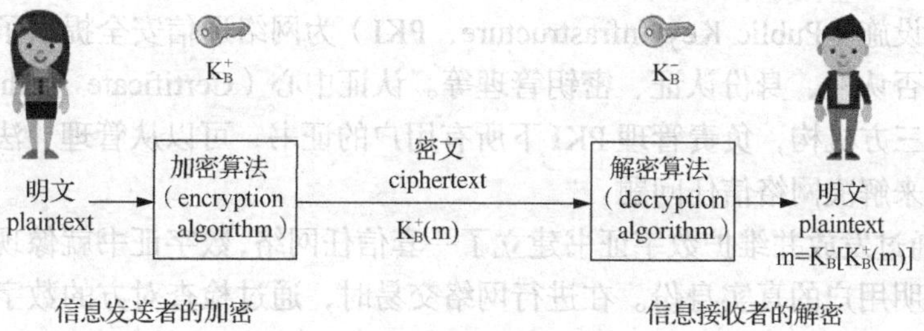

图 9-5 公开密钥加密的加密机制

9.2.2 认证技术

1. 数字签名技术

数字签名技术是公钥加密技术与数字摘要技术的综合运用，数字签名过程中，只有信息的发送者才能产生一段用于验证的数字串，他人无法伪造。数字签名技术可以确定信息发送者的身份并保证信息的完整性。

数字签名技术的签名过程：信息发送者在发送信息之前，使用某种算法产生信息摘要，并用自己的私有密钥对这个摘要进行加密，加密好的摘要和原信息会被一起发送给信息接收者，信息接受者先用信息发送者的公开密钥解密收到的加密摘要，再用同一算法对收到的原信息产生信息摘要，对比两摘要，若相同则说明信息是完整的且在传递过程中没有被他人修改，若不相同则说明信息被人修改过。

2. 身份认证技术

身份认证技术可以在信息系统中确认操作者的身份，在我们的生活中经常会使用到身份认证技术，下面介绍 3 种常见的身份认证技术。

（1）静态密码与动态密码

用户的各种账号密码都是自己设定的，在网络登录时输入正确的密码，计算机就认为操作者是合法用户，反之则视为非法用户。例如用户登录电子邮箱，若用户输入的密码与存在服务器中的密码相同，那么就可以登录邮箱，反之则无法登录。密码有静态和动态之分。简单来说，静态密码就是一个“固定”的密码，不会轻易发生变化，例如银行卡密码，在用户不修改的情况下不会发生变化；动态密码是由某种算法产生的变化的随机数字组合，可有效提高交易和登录的安全性，目前动态密码被广泛运用在网银、网游、电子政务等领域。

（2）磁条卡和智能卡

磁条卡是通过磁性材料来记录用户的身份信息，智能卡则是一种内置集成电路的芯片，芯片中存储着与用户身份相关的数据。相比于磁条卡，智能卡的存储容量更大，使用寿命更长，复制或破译的难度更大，目前智能卡已逐步取代磁条卡。

（3）生物识别

生物识别是通过可测量生物特征进行身份认证的一种技术，生物特征可以分为身体特征和行为特征，身体特征包括指纹、视网膜、人脸、DNA 等；行为特征包括语音、签名等。随着科技的发展，生物识别的应用越来越广泛，例如我们经常接触的指纹识别技术就被广泛应用于门禁系统、支付等领域。

3. PKI/CA

公钥基础设施（Public Key Infrastructure，PKI）为网络通信安全提供了全面的安全服务，例如不可否认性、身份认证、密钥管理等。认证中心（Certificate Authority，CA）是一个权威的第三方机构，负责管理 PKI 下所有用户的证书，可以从管理、法律、运营、规范等多个角度来解决网络信任问题。

PKI/CA 通过发放并维护数字证书建立了一套信任网络，数字证书就像现实生活中的身份证，可以表明用户的真实身份。在进行网络交易时，通过检查对方的数字证书便可判别对方是否可信。

9.2.3 防火墙技术

防火墙是一种由硬件和软件组成的重要网络防护设备，位于内部网络与外部网络之间，如图 9-6 所示。防火墙的目的是在网络之间建立一个安全控制点，内外网络通信的数据流都要经过防火墙，但只有符合安全策略的数据流才可以通过，这可以有效阻止外部网络的入侵。

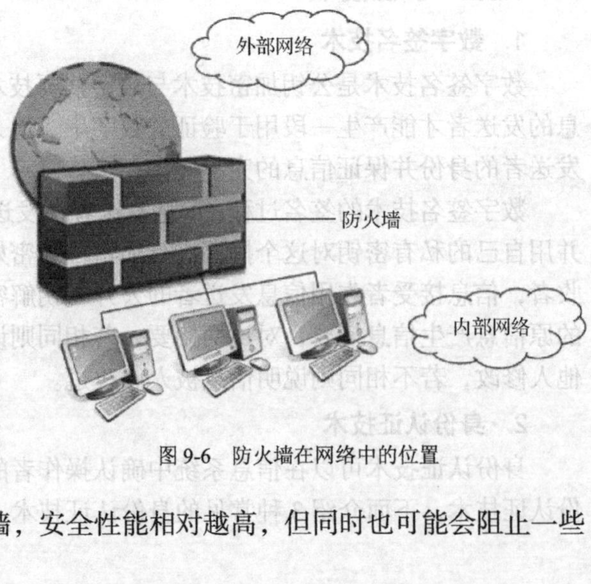

图 9-6 防火墙在网络中的位置

个人防火墙是运行在单台计算机上的防火墙软件，用户可以用它阻止来源不明的访问，从而有效保护计算机的安全。防火墙有不同的保护级别，用户可以选择防火墙的级别，越高级别的防火墙，安全性能相对越高，但同时也可能会阻止一些用户需要的服务。

9.2.4　VPN 技术

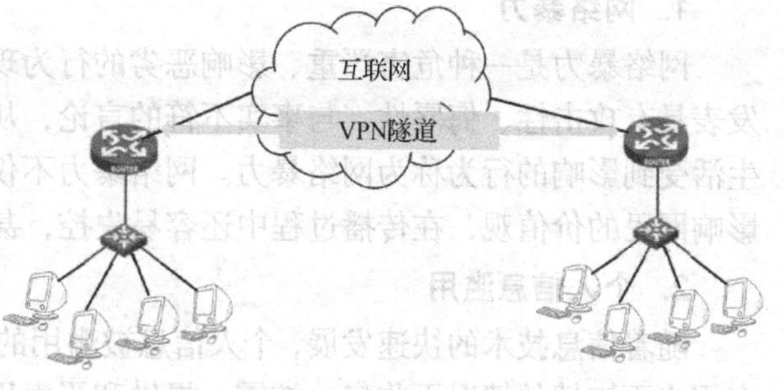

图 9-7　VPN 示意图

虚拟专用网络（Virtual Private Network，VPN）属于远程访问技术，是指在公用网络上架设的专用网络，如图 9-7 所示。例如，某公司的员工身处外地时需要访问公司内网的服务器资源，那么就可以利用互联网连接 VPN 服务器，然后通过 VPN 服务器进入公司内网，同时为保证数据安全，VPN 服务器与客户机之间的通信会进行加密处理。

VPN 可以帮助远方的员工、合作伙伴等连接到企业内网，方便可靠，但企业不能直接控制基于互联网的 VPN 的安全，且用户使用无线设备时，VPN 存在一定的安全风险。常用的 VPN 技术主要有 MPLS VPN、SSL VPN、IPSec VPN 等，MPLS VPN 是一种基于 MPLS 技术的 IP VPN，在解决 IP 网络的重大问题时表现较好，例如服务分类、流量工程等问题；SSL VPN 是一种以 HTTPS 为基础的技术，无须客户端软件，使用较为方便；IPSec VPN 是基于 IPSec 协议的 VPN 技术，通常公司会采用 IPSec VPN 来构建分公司之间稳定的 VPN。

9.2.5　计算机病毒防范技术

随着计算机技术的快速发展，计算机病毒也在不断地发生变化，遭受计算机感染的网络进行恢复时比较麻烦，甚至很难恢复成功，这给计算机的安全带来了巨大的挑战。防范计算机病毒是保障计算机安全的重要措施，计算机病毒防范技术可以分为病毒预防技术、病毒检测技术及病毒清除技术。计算机病毒预防技术是利用一些技术手段防止计算机系统被病毒传染；计算机病毒检测技术是用来判定计算机病毒是否存在的一种技术；计算机病毒清除技术是计算机病毒防范技术发展的必然趋势，通过分析研究病毒从而研发出清除病毒的软件。

个人计算机上的杀毒软件是应用较为广泛的杀毒工具，它在病毒新种类较少、传播速度较慢、利益危害相对较小的情况下，可有效识别并清除病毒，防止病毒进行破坏。目前，以网络为载体的新病毒，例如游戏木马、邮件病毒等，传播速度剧增，攻击途径多样化，造成的损失和危害巨大，在这种情况下，传统杀毒软件的应用效果便不再理想。个人计算机用户预防计算机病毒时应注意不要打开来历不明的邮件、不要浏览不规范的网站、定期对计算机进行全盘扫描、安装杀毒软件和防火墙、定期备份重要文件等。

9.3　信息化与法律法规

9.3.1　信息化带来的社会问题

近年来，网络技术和新一代移动通信技术不断发展，信息化在改变人们生活方式的同时也带来了诸多问题。例如，非法入侵他人计算机系统，破坏、窃取或篡改他人重要信息，为谋取利益利用网络实施诈骗等犯罪行为，传播暴力、不良等有害信息，侵犯他人知识产权，利用网络散布谣言，对他人进行人身攻击，等等。下面将介绍信息化带来的一些典型问题。

1. 网络暴力

网络暴力是一种危害严重、影响恶劣的行为现象，网民通过文字、图片、视频等形式发表具有攻击性、侮辱性、与事实不符的言论，从而造成他人名誉受损、隐私泄露、正常生活受到影响的行为称为网络暴力。网络暴力不仅侵犯他人的合法权益，颠倒是非黑白，影响网民的价值观，在传播过程中还容易失控，甚至会引发社会恐慌，影响社会和谐。

2. 个人信息滥用

随着信息技术的快速发展，个人信息被滥用的情况越来越严重。部分机构为谋取利益，在用户不知情的情况下收集、披露、提供和买卖用户个人信息。2018 年，“大数据杀熟”进入了公众视野。“大数据杀熟”是指同样的商品或服务，老用户看到的价格要比新注册用户看到的价格更贵的现象。大数据只是一个提供数据分析的载体，本身与“杀熟”无关，通过大数据可以分析出用户的购物习惯、产品爱好等信息，而部分不良商家在获得用户的信息后，便采用“杀熟”的手法为自己谋取利益。

3. 电信诈骗

电信诈骗是指不法分子为骗取被害人钱财，通过网络、短信、电话等方式实施诈骗的犯罪行为。与传统诈骗相比，不法分子常会披上合法的外衣，冒充各类公司的官方工作人员、银行工作人员、国家机关工作人员等致使被害人放松警惕。电信诈骗的特点是时间短、蔓延快、侵害面大；诈骗手段翻新快，骗术五花八门；团伙作案的可能性较大，反侦察能力也相对较强。图 9-8 所示为电信诈骗示意图。

图 9-8 电信诈骗示意图

4. 软件盗版

软件盗版行为是指任何未经软件著作权人许可，擅自对软件进行复制、传播，或以其他方式超出许可范围的传播、销售和使用行为。常见的软件盗版行为：盗版软件网站提供仿冒、侵犯他人著作权的软件；在多台计算机上安装仅有一份使用授权的软件等。由于软件的复制成本低，互联网允许计算机之间传送文件，所以滋生了软件盗版问题，影响了计算机软件产业的健康发展。

5. 网络谣言

目前，网络化、个人化已成为信息传播方式发展的趋势，QQ、微信、微博等社交软件的兴起使信息的受众面更广，方便人们交流的同时也带来了诸多问题，例如网络谣言。网络谣言是指通过网络介质传播没有事实依据且带有目的性的话语，容易误导公众、损害他人形象，主要涉及突发事件、名人要员、离经叛道等内容，具有传播速度快、突发性强等特点。目前网络谣言已成为世界各国面临的共同问题，对待网络谣言，各国政府严厉打击的态度是一致的。

9.3.2 信息化社会的法律法规和道德准则

近年来，我国制定了有关信息安全的法律法规，以此来维护社会和谐稳定、应对信息化带来的诸多负面影响。

1993 年 10 月，第八届全国人民代表大会常务委员会第四次会议通过了《中华人民共和国消费者权益保护法》，确立了消费者的知情权、平等交易权等，于 1994 年 1 月 1 日开始施行。2013 年 10 月，全国人民代表大会对《中华人民共和国消费者权益保护法》做了修订，加强了对网络消费者的权益保护，例如保护消费者的个人信息、赋予网络购物“7 日反悔权”。

1994 年 2 月，我国颁布了第一部涉及计算机信息系统安全的法规《中华人民共和国计算机信息系统安全保护条例》。

1997 年《中华人民共和国刑法》修改后，使大多数犯罪罪种都适用于利用计算机网络实施的犯罪，并且专门规定了非法入侵计算机信息系统罪和破坏计算机信息系统罪。

2000 年 12 月，第九届全国人民代表大会常务委员会第十九次会议通过了《关于维护互联网安全的决定》，进一步明确了利用互联网危害国家安全和社会稳定的犯罪等，促进了我国互联网的健康发展。

2005 年 9 月，《互联网新闻信息服务管理规定》开始实施，后由于个别组织或个人在提供新闻服务时存在篡改、虚构和嫁接的行为，于是国家对其进行了修订，新的《互联网新闻信息服务管理规定》于 2017 年 6 月 1 日开始施行。

2006 年 5 月，国务院颁布了《信息网络传播权保护条例》并于 2013 年 1 月进行了修订，主要对条例中的第十八条、第十九条进行了修改，加重了对网络上侵犯他人知识产权或侵犯软件著作权的行为的惩罚。

2015 年 6 月，第十二届全国人民代表大会常务委员会第十五次会议审议了《中华人民共和国网络安全法（草案）》。《中华人民共和国网络安全法（草案）》共 7 章，从保障网络产品和服务安全、保障网络运行安全、保障网络信息安全等方面进行了具体的制度设计。2016 年 11 月 7 日，全国人民代表大会常务委员会发布了《中华人民共和国网络安全法》，并于 2017 年 6 月 1 日开始实行。

法律是解决信息化带来的问题的强硬措施，对构建良好的网络环境具有重要的作用，但号召网民遵守相应的法律法规、共同维护网络安全、树立正确的道德观念也非常重要。

2006 年中国互联网协会发布了《文明上网自律公约》，号召广大网民文明办网、文明上网，共同抵制一切破坏网络文明、危害社会稳定、妨碍行业发展的行为，在以积极态度促进互联网健康发展的同时，承担起应负的社会责任。

2012 年 4 月，中国互联网协会发布了《中国互联网协会抵制网络谣言倡议书》，倡导全国互联网业界加强对网站从业人员的职业道德教育，依法保护网民使用网络的权利，加强对网站内容的甄别和处理，对明显的网络谣言及时主动删除等。

2013 年 8 月，中国互联网协会倡导全国互联网从业人员、网络名人和广大网民坚守“7 条底线”，营造健康向上的网络环境，积极传播正能量，为实现中华民族伟大复兴的中国梦做出贡献。“7 条底线”即法律法规底线、社会主义制度底线、国家利益底线、公民合法权益底线、社会公共秩序底线、道德风尚底线和信息真实性底线。

作为信息化发展的新阶段，数据对经济发展、社会秩序、国家治理和人民生活都产生了重大影响。数据安全已成为事关国家安全与经济社会发展的重大问题。2019 年 5 月 28 日，国家互联网信息办公室发布《数据安全管理办法（征求意见稿）》，对公众关注的个人敏感信息收集方式、广告精准推送、App 过度索权、账户注销难等问题进行了直接回应。

2020年6月28日至30日在北京举行的第十三届全国人民代表大会常务委员会第二十次会议上，《中华人民共和国数据安全法（草案）》（以下简称《数据安全法（草案）》）迎来初次审议。《数据安全法（草案）》的一个重要意义在于明确数据活动的红线，在法律法规允许的条件下，推动数据共享，发现数据价值。

本章小结与知识延伸

本章介绍了信息安全技术相关知识，帮助读者了解信息安全基础知识、掌握常用的信息安全技术并了解信息化社会的法律法规和道德准则。信息安全是指综合利用各种合理的方法保护信息系统，使其能够安全可靠地运行。在维护信息安全的过程中会面临许多威胁，这些威胁主要有自然灾害、偶然事故和人为破坏3大类。其中，人为破坏是信息安全所面临的最大的威胁，本章主要针对这一部分做了详细的介绍，对常见的人为安全威胁（计算机病毒、僵尸网络、拒绝服务攻击、网络钓鱼、网页挂马、网页篡改和手机病毒等）做了较为详细的讲解。同时，本章对常见的信息安全技术做了详细的介绍，数据加密技术可以保证信息的保密性；认证技术可以分为数字签名技术、身份认证技术和PKI/CI，数字签名技术可以确定信息发送者的身份并保证信息的完整性，身份认证技术可以在信息系统中确认操作者的身份，PKI/CA通过发放并维护数字证书建立了一套信任网络；防火墙技术用来在网络之间建立一个安全的控制点，能有效阻止外部网络的入侵；VPN则属于远程访问技术，指在公用网络上假设的准用网络，可以保证数据的安全。计算机病毒防范技术可以分为病毒预防技术、病毒检测技术和病毒清除技术，个人计算机上的杀毒软件就是应用较为广泛的杀毒工具。信息化社会在促进社会发展的同时也带来了许多社会问题，例如网络暴力、个人信息滥用、电信诈骗、软件盗版、网络谣言等。为了维持社会稳定，我国近年来制定了信息安全的相关法律法规。

在现代社会，信息安全已经引起了全球各国的重视，但是早在1985年，我国信息安全专家沈伟光就第一个提出了“信息战”，并在1990年出版了《信息战》一书。美国战略研究员埃弗雷特及其同行在《信息战与美国国家安全的评论》一文中向世界宣布：“世界上最早提出信息战概念的，是一位非西方人——中国的沈伟光先生。”沈伟光曾在奥地利林茨市举办的第十九届电子艺术节发表演讲《为遏制信息战而奋斗》，并在记者提问时十分自信地回答：“中国的技术虽然和发达国家相比有差距，但是，智慧和技术不同，智慧没有专利，智慧也没有优先权。”他环视了一下记者们赞许的表情和目光，接着说：“中国有5000多年的优秀文化传统，实际上，作为一种智慧的思考，中国著名的军事理论家孙子早在2 500年前就说过一句名言，它实际上也是‘信息战’的核心和宗旨——‘不战而屈人之兵’。”

第10章 新一代信息技术

学习目标

1. 了解新一代信息技术的概念及其特点。
2. 知道新一代信息技术的应用场景及现状。
3. 了解新一代信息技术的未来发展趋势。

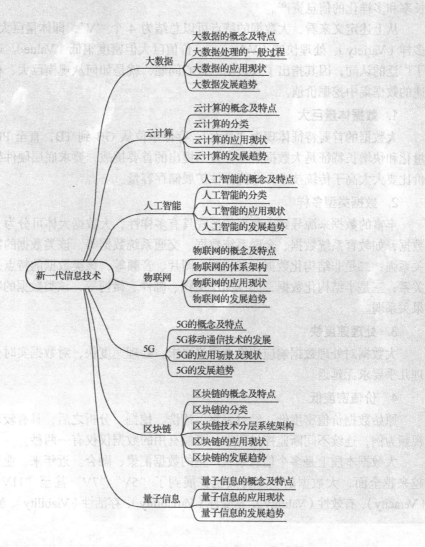

思维导图

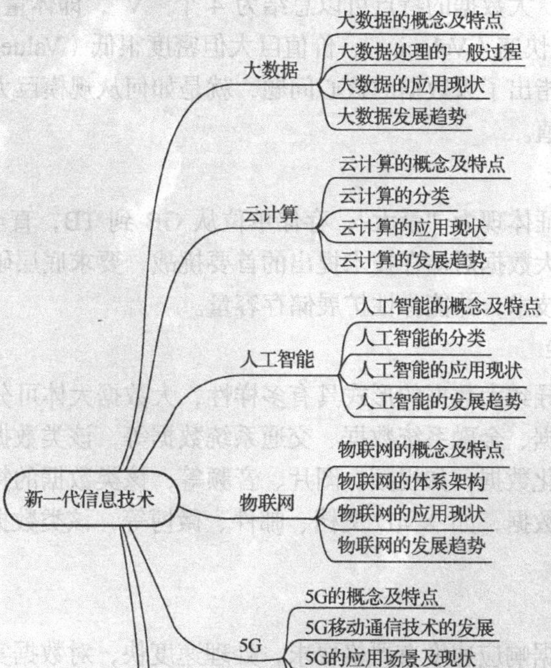

本章导读

数字化、网络化、智能化是新一轮科技革命的突出特征，也是新一代信息技术的核心。近年来，以大数据、云计算、人工智能等为首的新一代信息技术重塑着社会各个领域的发展和布局，对人们的工作、生活、学习和文化传播方式也产生了积极影响。本章主要介绍大数据、云计算、人工智能、物联网、5G、区块链、量子信息等新一代信息技术的概念、特点、应用现状及未来发展趋势。

10.1 大数据

10.1.1 大数据的概念及特点

1980 年，由未来学家阿尔文·托夫勒（Alvin Toffler）编著的《第三次浪潮》一书首次出现了"大数据"一词，该书将大数据热情地赞颂为"第三次浪潮的华彩乐章"。大数据也称巨量资料，是指无法在一定时间范围内用常规软件工具进行捕捉、管理和处理的数据集合，是需要新处理模式才能具有更强的决策力、洞察发现力和流程优化能力的海量、高增长率和多样化的信息资产。

从上述定义来看，大数据的特点可以总结为 4 个"V"，即体量巨大（Volume）、类型多样（Variety）、处理快速（Velocity）、价值巨大但密度很低（Value）。这 4 个"V"得到了广泛的认同，因其指出了大数据的核心问题，就是如何从规模巨大、种类繁多、生成快速的数据集中挖掘价值。

1. 数据体量巨大

大数据的首要特征体现为"量大"，存储单位从 GB 到 TB，直至 PB、EB。数据的海量化和快增长特征是大数据对储存技术提出的首要挑战，要求底层硬件架构和文件系统性价比要大大高于传统技术，并能弹性扩展储存容量。

2. 数据类型多样

丰富的数据来源导致大数据的形式具有多样性，大数据大体可分为 3 类：一是结构化数据，如教育系统数据、金融系统数据、交通系统数据等，该类数据的特点是数据间因果关系强；二是非结构化数据，如视频、图片、音频等，该类数据的特点是数据间没有因果关系；三是半结构化数据，如 XML 文档、邮件、微博等，该类数据的特点是数据间的因果关系弱。

3. 处理速度快

大数据对处理数据响应速度有严格要求，处理速度快，对数据实时分析、数据输入处理几乎要求无延迟。

4. 价值密度低

原始数据价值密度低，经过采集、清洗、挖掘、分析之后，具有较高的商用价值。以视频为例，连续不间断监控过程中，可能有用的数据仅仅有一两秒。

大数据本质上是多个信息系统产生的数据汇聚、融合。近年来，业界对大数据的解读越来越全面，大数据的基本特点也扩展到了"5V""7V"甚至"11V"，扩充了真实性（Veracity）、有效性（Validity）、易变性（Variability）、存活性（Viability）、波动性（Volatility）、可见性（Visibility）、可视性（Visualization）等新维度。当前我国大数据发展已进入以数据深度挖掘、融合应用为特点的智能化阶段，大数据价值和意义正在凸显。

10.1.2　大数据处理的一般过程

目前，随着大数据领域被广泛关注，大量新的技术已经开始涌现出来，而这些技术将成为或者已经成为大数据采集、存储、分析、表现的重要工具。从数据在信息系统中的生命周期来看，大数据从数据源经过分析、挖掘到最终获得价值一般需经过数据采集、数据储存与管理、计算及数据分析、数据呈现等主要环节。图 10-1 展示了如何将大量的数据最终转化成有价值应用的一般步骤，并且囊括了大数据基本的应用领域。

图 10-1　大数据产业链生态图

1. 大数据的采集

在数据存储和处理前，需清洗、整理数据。传统数据处理体系为数据抽取、转换和加载，过程大数据来源丰富多样，包括企业内部数据、互联网数据、物联网数据，数量庞大、格式不一、良莠不齐。这要求数据准备环节要规范格式，便于后续存储管理，在尽可能保留原有语义情况下去粗取精、消除噪声。

2. 海量数据存储

当前全球数据量正以每年超过 50%的速度增长，储存技术成本和性能面临非常大的压力，大数据储存系统需以极低成本存储海量数据，适应多样化的非结构化数据管理需求，数据格式具备可扩展性。

3. 数据分析及挖掘

（1）计算处理：需根据处理数据类型和分析目标，采用适当算法模型，快速处理数据。海量数据处理消耗大量计算资源，分而治之的分布式计算成为大数据主流计算框架，一些特定场景下的实时性需大幅提升。

（2）数据分析：需从纷繁复杂数据中发掘规律。提取新知识，是大数据价值挖掘的关键。传统数据挖掘对象多是结构化、单一对象小数据集，挖掘更侧重根据先验知识预先人工建立模型，然后依据模型进行分析。对于非结构化、多源异构大数据集分析，很难建立显式数学模型，需发展更智能的数据挖掘技术。

4. 数据的呈现与应用

在大数据服务于决策支撑场景下，将分析结果直观呈现给用户，是大数据分析的重要环节。在嵌入多业务闭环大数据应用中，一般由机器根据算法直接应用分析结果而无须人工干预，这种场景下知识呈现环节并非必要环节。

10.1.3 大数据的应用现状

近年来，在全球经济数字化浪潮的带动下，我国大数据与各行各业的融合应用不断拓展。大数据企业已尝到与实体经济融合发展带来的“甜头”。随着融合深度的增强和市场潜力不断被挖掘，融合发展给大数据行业带来的益处和价值正在日益显现。然而，目前我国在大数据与实体经济融合领域整体上还处于发展初期。相对于发达国家，在融合行业数量、融合应用深度、融合业务规模、融合发展均衡性等方面还有一定差距。主要特点包括：业务类型不均衡、地域分布不均衡、行业分布不均衡。

但不可否认的是，我国在大数据领域前期的系统部署成果斐然。在党中央的领导下，在产业界的共同努力下，大数据在制造业、农业、服务业等实体经济的各领域中的应用不断深入，涌现出了一大批大数据应用典型，加速各行业数字化、网络化、智能化进程，促进产业格局重构，驱动生产方式和管理模式变革。图 10-2 展示了我国大数据的应用场景及相关企业。

图 10-2 我国大数据应用场景图

1. 大数据+农业

大数据在农业农村发展工作中具有重要意义，具有广泛的应用领域和巨大的潜力，有力支撑和服务农业现代化。

2018 年，山东省莱西市启动建设的市农业大数据中心平台，通过和布瑞克农信集团合作，着力打造农业大数据平台、大宗农产品交易平台和跨境电商产业平台，形成以农业大数据为核心的县域智慧农业生态圈，农业大数据中心将农业农村的各项数据整合、调研、监测后，再与全国乃至全球的涉农产业数据、科技数据、市场数据交叉对比，实现政府、市场生产之间涉农数据互通共享、监测预警，通过大数据应用撬动产业创新，为产业合理规划和营销渠道扩展提供决策支持，为莱西现代农业发展提供强有力的科技支撑，使农业高质量发展有了“晴雨表”。平台整合全市所有涉农数据，接入全国的市场数据，可以帮助农户进行市场价格预判，指导农户科学合理地从事生产，有效规避风险。

2. 大数据+教育

2018 年 4 月，教育部发布的《教育信息化 2.0 行动计划》提出，利用大数据技术，实施教育大资源共享计划，保障教育管理、决策和公共服务，提高教育管理信息化水平，推进教育政务信息系统整合共享。

2017 年 10 月，温州市正式启动实施“151”工程，高位提升教育信息化整体水平，以大数据驱动教育现代化。

（1）“1”是建设一个教育大数据中心。坚持“区域联动、部门协同、分级建设、整体贯通”的原则，以数据汇聚共享和应用系统整合为重点，打造城乡共享的教育大数据服务平台。

（2）“5”是构建 5 大教育数据应用体系，包括现代教育管理体系、教育评价体系、教与学应用体系、教师发展管理体系、未来教育生态体系。

（3）“1”是打造一个泛在网络环境支撑。适度超前实施教育信息化基础建设，有线和无线网络综合布线覆盖所有教育场所，形成未来教育网络支撑体系。

3. 大数据+政务

贵州大数据助力政府治理。

（1）搭建云上贵州系统平台。率先探索一体化数据中心建设，将分散的政府数据统筹汇聚，建成云上贵州系统平台，深入开展“迁云”专项行动和政府数据资产登记，逐步把分散、独立的信息系统整合迁移到平台上。

（2）搭建数据共享交换平台。自主开发贵州省数据共享交换平台，建成人口、法人、宏观经济、空间地理 4 大基础库和健康卫生、社会保障、食品安全、公共信用、城乡建设、生态环保 6 个主题库，形成全省政府数据共享资源池。

（3）搭建政府数据开放平台。贵州省政府数据开放平台是全国首个省级政府数据开放平台。

10.1.4 大数据发展趋势

1. 逐步建立数据要素市场，打破数据孤岛

加快推动数据确权机制和相关法律法规的落地。数据作为生产要素的重大理论创新功不可没，我国将有望在全球范围内率先建成公平合理的数据要素市场，数据的交易和流通将会呈现井喷式的增长，迎来快速发展期，数据要素将实现价格由市场决定、报酬按贡献决定的新局面。同时，如果同态加密、差分隐私、多方安全计算、零知识证明技术能进一步取得突破，数据共享和流通将有望再前进一大步。

2. 突破并融合理论和技术，深化数据应用

大数据与云计算、人工智能、物联网等新技术具有密不可分的联系，围绕数据分析，利用的多技术融合创新将进一步深化。同时，我国鼓励大数据技术企业不断提升大数据平台和应用的可用性和操作便捷程度，优先支持面向传统企业的产品、服务和解决方案的开发，简化大数据底层烦琐复杂的技术，加深业务与数据的融合，数据驱动的新模式、新业态值得期待。

3. 开放释放政府数据红利，推动数据治理

我国政府将率先垂范，持续深入推进政务信息系统整合共享、“互联网+政务服务”及数字政府创新发展，政府、部门和地方之间的数据藩篱将被逐渐打破，政府数据共享及公共数据开放取得实质性进展，释放数据红利推动数字经济创新发展。

4. 实施监管数据要素市场，保障网络安全

数据安全是大数据发展的底线。数据要素的重要性将进一步凸显数据安全治理的迫切性，传统的通过技术安全防护免受外部入侵攻击的数据安全防护理念将被以数据要素安全应用、有序流通为主要目的的数据安全治理理念取代，主动适应并努力引领新变化，加强政策、监管与法律的统筹协调，动态优化政策法规体系，积极构建大数据健康发展的有利环境。

10.2 云计算

10.2.1 云计算的概念及特点

"云"是云计算服务模式和技术的形象说法。"云"由大量基础单元组成，这些基础单元之间通过网络汇聚为庞大资源池。"云"可看作一个庞大的网络系统，一个"云"内可包含数千甚至上万台服务器。

美国国家标准与技术研究院（National Institute of Standards and Technology，NIST）把云计算定义为一种按使用量付费的模式，这种模式提供可用、便捷、按需的网络访问，进入可配置的计算资源共享池（资源包括网络、服务器、存储、应用软件、服务），这些资源能够被快速提供，只需投入很少的管理工作，或与服务供应商进行很少的交互。

中国信息通信研究院编制的《云计算白皮书（2012 年）》对云计算的定义：云计算是一种通过网络统一组织和灵活调用各种信息与通信技术（Information and Communications Technology，ICT）信息资源，实现大规模计算的信息处理方式。

云计算的特点可概括为以下 4 点。

1. 网络连接高速

"云"不在用户本地，要通过网络接入"云"才可使用服务，"云"内节点之间也通过内部高速网络相连。

2. ICT 资源共享

"云"内 ICT 资源并不为某一用户所专有，而是可通过一定方式让符合条件的用户实现共享。

3. 服务方式弹性

快速、按需、弹性服务方式，用户可按实际需求迅速获取或释放资源，并可根据需求对资源进行动态扩展。

4. 服务精准测量

服务提供者按照用户对资源的使用量计费。

10.2.2 云计算的分类

1. 按部署类型进行分类

云计算按部署类型可以分为公有云、私有云和混合云。

（1）公有云：云计算服务第三方提供商完全承载和管理，为用户提供价格合理的计算资源访问服务，用户无须购买硬件、软件及支持基础架构，只需为其使用的资源付费。

（2）私有云：企业自己采购基础设施搭建云平台，在此之上，开发应用的云服务。

（3）混合云：一般由用户创建，而管理和运维职责由用户和云计算提供商共同分担，其在使用私有云作为基础的同时结合公有云的服务策略，用户可根据业务私密性程度的不同自主在公有云和私有云间进行切换。

2. 按服务模式进行分类

云计算按服务模式可以分为基础设施即服务、平台即服务和软件即服务。

（1）基础设施即服务（Infrastructure as a Service，IaaS）：用户通过 Internet 可以租用到完善的计算机基础设施层。

（2）平台即服务（Platform as a Service，PaaS）：把软件研发的平台作为一种服务，提供给用户。

（3）软件即服务（Software as a Service，SaaS）：通过 Internet 向用户提供云端软件应用服务和用户交互接口等服务。

图 10-3 对不同云计算及其服务进行了比较。

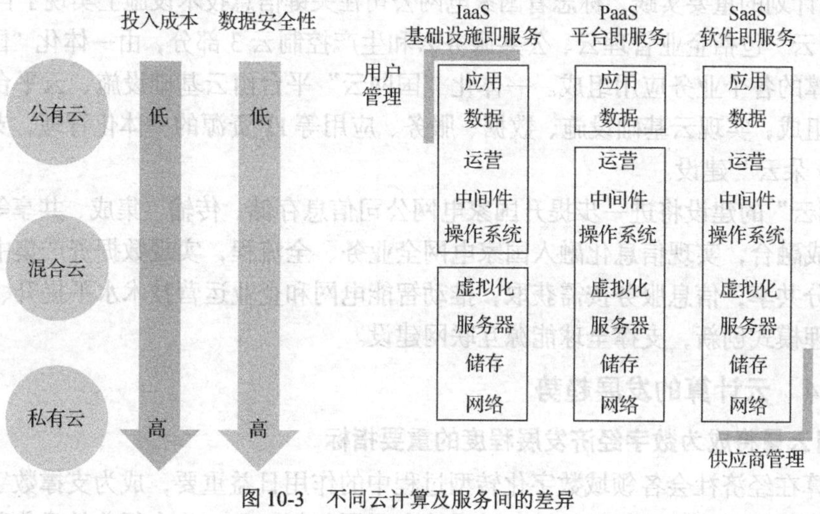

图 10-3　不同云计算及服务间的差异

10.2.3　云计算的应用现状

云计算处在快速发展阶段。中国信息通信研究院发布的《云计算发展白皮书（2019）》显示，全球云计算市场规模总体呈稳定增长态势。2018 年我国云计算市场规模达 962.8 亿元人民币，增速为 39.2%。期间，产业创新不断涌现、云网技术体系逐渐完善、云开源项目发展迅猛、云服务应用场景丰富。

云计算作为一种计算方式，通过"'云'+"的服务形式，实现与外部用户交互灵活、可拓展的 IT 功能，有着丰富的应用场景。

1. "云"+政务

2017 年，青海省电子政务云平台上线。这标志着青海省电子政务建设迈出新步伐，政府信息化步入云计算时代。政务云平台建设是推动云计算、大数据产业发展的重要抓手，也是转变政府职能、提升服务水平的破题之策。

青海省省级政务云平台采取集监管、共享、服务、灾备为一体的"1+*N*+*n*"模式，由 1 个云监管平台、*N* 个云服务商平台、*n* 个部门云整合平台构成，具有创新政务云运营模式、突破运营商互联壁垒、突破资源利用困局 3 大亮点，有利于减少重复投资、避免浪费，大大缩短了资源配置周期，为部门数据交换共享架起桥梁。

2. “云”+金融

2019 年 5 月 6 日，由福建省数字办和福建省金融监管局联合推动，福建省金融服务云平台（简称“金服云”）完成一期系统建设并上线试运行。

“金服云”由兴业银行和数字中国研究院（福建）共同建设。“金服云”平台将着力建设政、金、企对接平台，打通“G 端（政府）”“F 端（金融机构）”和“B 端（企业）”的金融信息共享渠道，通过多源数据综合分析和挖掘，为中小微企业融资贷款提供更多信用支持。

3. “云”+能源

2017 年 5 月，国家电网公司正式对外发布“国网云”。据悉，此次发布的“国网云”正是在“3 朵云”的基础上进一步完善和提升后的最新成果，是国家电网公司落实国家“互联网+”行动计划的重要实践，标志着国家电网公司在关键信息技术设施上实现了自主可控。

“国网云”包括企业管理云、公共服务云和生产控制云 3 部分，由一体化“国网云”平台及其支撑的各个业务应用组成。一体化“国网云”平台由云基础设施、云平台组件和云服务中心组成，实现云基础设施、数据、服务、应用等 IT 资源的一体化管理，支撑国家电网公司“3 朵云”建设。

“国网云”的建设将进一步提升国家电网公司信息存储、传输、集成、共享等服务，促进业务集成融合，实现信息化融入国家电网全业务、全流程，实现数据资产集中管理，数据资源充分共享，信息服务按需获取，推动智能电网和企业运营技术水平提升、生产方式变革、管理模式创新，支撑全球能源互联网建设。

10.2.4 云计算的发展趋势

1. 用云量将成为数字经济发展程度的重要指标

云计算在经济社会各领域数字化转型过程中的作用日益重要，成为支撑数字政府、智慧城市、智慧社会建设的新型关键基础设施和通用创新工具。一个行业的云化程度成为该行业数字转型程度的重要标志，各行各业各领域业务上云将明显提速。

2. 云计算将伴随 5G 技术推进新技术的融合创新

云计算是大数据、人工智能等众多新技术创新的重要基础，作为各类新技术的重要“交集”，随着 5G 技术的到来，将进一步推进云计算的应用范围和场景，云计算的计算能力也将进一步提升，同时众多新技术的融合创新也将大幅度提高，所带来的经济和社会价值不可估量。

3. 混合云部署的不断提高对实现多云管理至关重要

私有云和公有云很难满足信息化体量大、存在多个系统、业务场景复杂多样的用户机构。而混合云兼顾私有云和公有云的技术优势，同时企业和政府越来越倾向于使用公有云、私有云、混合云多种云结合的业务新形态。

4. 云网融合下的政企发展成为云服务的巨大优势

随着云网融合产品的成熟，云网融合逐渐将由简单互联网向“云+网+业务”方向发展。

基于专业性、便捷性和成本原因，企业和政府的传统 IT 架构向云计算迁移将成为主流。云与企业应用融合，使产品更具行业特色；云与政府应用融合，使产品更契合用户的弹性需求。

10.3 人工智能

10.3.1 人工智能的概念及特点

1956 年，约翰·麦卡锡（John McCarthy）首次提出人工智能的概念，并将人工智能定义为“制造智能机器的科学与工程”。《人工智能词典》将人工智能定义为“使计算机系统模拟人类的智能活动，完成人用智能才能完成的任务”。中国电子技术标准化研究院等编写的《人工智能智能标准化白皮书（2018 版）》指出：人工智能是利用数字计算机或数字计算机控制的机器模拟、延伸和扩展人的智能，感知环境、获取知识并使用知识获得最佳结果的理论、方法、技术及应用系统。简而言之，人工智能是拥有“仿人”的能力，即能通过计算机实现人脑的思维能力，包括感知、决策及行动。

人工智能区别于一般信息系统的特征是什么呢？一项应用或产品是否属于人工智能，主要看其是否具备人工智能的 3 个基本能力。

1. 感知能力

人工智能具有感知环境的能力，比如对自然语言的识别和理解、对视觉图像的感知等，如智能音响、人脸识别等。

2. 思考能力

人工智能能够自我推理和决策，各类专家系统就具备典型的思考能力，如阿尔法围棋（AlphaGo）。

3. 行为能力

人工智能具备自动规划和执行下一步工作的能力，例如，目前已经较为多见的扫地机器人、送餐机器人、无人机等。

10.3.2 人工智能的分类

人工智能按照智能程度大致可以分为 3 类：弱人工智能、强人工智能和超人工智能。现阶段所实现的人工智能大部分指的是弱人工智能，并且已经被广泛应用。弱人工智能即擅长单个领域、专注于完成某个特定任务的人工智能。

图 10-4 展示了人工智能的分类及其发展步骤。

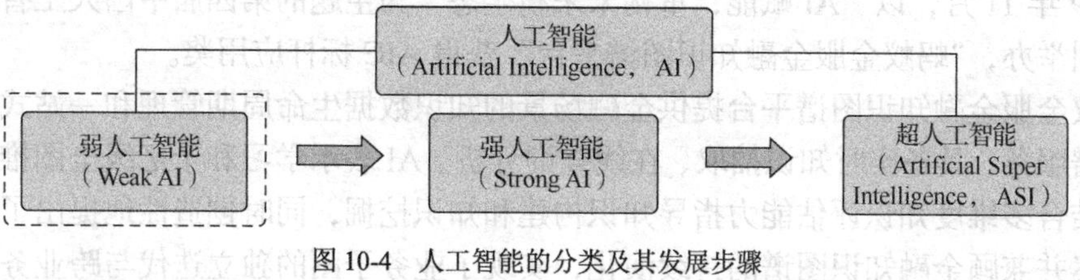

图 10-4 人工智能的分类及其发展步骤

1. 弱人工智能

弱人工智能被称为狭隘人工智能或应用人工智能，指的是只能完成某一项特定任务或者解决某一特定问题的人工智能。

2. 强人工智能

强人工智能被称为通用人工智能或全人工智能，指的是可以像人一样胜任任何智力性任务的智能机器。

3. 超人工智能

超人工智能是超级智能的一种，超人工智能可以实现与人类智能等同的功能，即拥有类比生物进化的自身重编程和改进功能——“递归自我改进功能”。

10.3.3 人工智能的应用现状

人工智能正成为全球性话题，各国人工智能人才技术竞争愈演愈烈。随着深度学习技术在智能制造、智慧医疗、智慧交通、智慧教育领域的逐步应用，人工智能作为引领这一轮科技革命和产业变革的战略性技术，它的产业化已硕果累累，并显示出带动性很强的“头雁”效应。

图 10-5 展示了我国的人工智能应用场景。

图 10-5 人工智能的应用场景

1. AI+医疗

AI 走进药物研发是行业趋势。在 2020 世界人工智能大会云端峰会上，腾讯对外发布了首个 AI 驱动的药物研发平台——云深智药（iDrug），旨在用技术加快新药研发。传统药物研发周期长、费用高、道阻且长，云深智药的推出，将提高临床前药物发现的效率。快速、低成本，这是医药行业迫切需要解决的痛点。目前，腾讯与多家药企达成合作，已经有多个药物研发项目在云深智药上运行，包括对抗新冠药物的相关研发。

诺华、强生、阿斯利康、辉瑞、正大天晴等知名药企纷纷用 AI 赋能药物研发。除此之外，阿里云对全球公共科研机构免费开放一切 AI 算力，国内外诞生了如 Panorama Medicine、英飞智药、DeepBiome 等专注 AI 制药的创新企业。

2. AI+金融

2019 年 11 月，以“AI 赋能，重构未来新生态”为主题的第四届中国人工智能领袖峰会在深圳举办，“蚂蚁金服金融知识图谱平台”获得 AIC 标杆应用奖。

蚂蚁金服金融知识图谱平台提供金融场景的知识数据生命周期管理和一站式的知识研发与图谱服务，具备实时知识抽取、在线查询分析、AI 表示学习和千亿级全图推理等服务能力，结合多维度知识评估能力指导知识构建和知识挖掘，同时创造性地提出了异构图谱融合方案并兼顾金融知识图谱的持续演化，实现了业务子图的独立迭代与跨业务知识的链接和复用。

3. AI+教育

知识的获取和传授方式已经发生重要变化，人工智能与教育的深度融合正推动着智能学伴、虚拟教师等新型教师形态的产生。

由清华大学和学堂在线联合研发的智能学习助手——“小木”，通过人工智能技术，不仅可以为学习者答疑解惑，还可以与学习者进行主动交互，从而打破了慕课学习缺乏有效师生沟通的瓶颈。当学习者选择一门课程的时候，“小木”会提示是否需要制订学习计划，并在不同学习阶段做不同的提示，日常学习中加油鼓励，进度落后时善意提醒，甚至当课程结束后，还可以细心地根据学习者的喜好，为其定制化地推荐一些课程和论文。学习之余“小木”还能与用户进行闲聊、作诗等娱乐性交互，成为学习者亦师亦友的学习伙伴。

10.3.4 人工智能的发展趋势

1. 人工智能和实体经济融合进程加快

人工智能技术与各行各业的协同发展，将推进人类在时间、空间上的突破，同时将催生出更多新的商业模式和业态，进而实现与实体经济的深度融合。人工智能在机械制造、交通运输、医疗健康、网购零售等产业转型升级；同时，实体经济将为人工智能提供更多应用场景，积累数据，提供广阔的市场。

2. 强人工智能的发展成为必然趋势

人工智能从弱人工智能朝强人工智能以及向超人工智能发展是时代的需要，也是社会进步的需要，更是科技发展的必然趋势。在国际研究与应用领域中所面临的问题，现今的人工智能技术是无法解决的，寻求更高层次的人工智能技术是当务之急。

3. 人工智能与其他学科交叉渗透加速

人工智能的发展需深度融合计算机科学、数学、认知科学、神经科学和社会科学等学科。随着光遗传学调控、体细胞克隆等技术的突破，脑科学开启了新时代，这意味着人工智能也将开启新发展、新创新。人工智能与其他学科是相互交融、相互渗透的过程。这一渗透和融合也必将随着人工智能技术的发展变得迅速。

4. 伦理道德和法律问题有望取得突破

人工智能的发展引发了一系列的伦理道德问题。因此，关于人工智能的道德伦理建设和法律法规的健全就显得尤为重要。确保人工智能在可控的前提下快速发展而不被滥用，世界各国在人工智能伦理道德合作研究、技术标准制定、构建健康的法律环境等方面一直在探索，也有望取得共识性成果。

10.4 物联网

10.4.1 物联网的概念及特点

物联网最初于 1999 年由美国麻省理工学院提出，简言之就是物物相连的互联网。物联网（Internet of Things，IoT）即通过射频识别、红外感应器、全球定位系统、激光扫描器、气体感应器等信息传感设备，按约定的协议，把任何物品与互联网连接起来，进行信息交换和通信，以实现智能化识别、定位、跟踪、监控和管理的一种网络。其目的是实现物与物、物与人、所有物品与网络的连接、智能化识别和管理，也是智能感知、识别技术与普适计算、泛在网络的融合应用。

物联网被视为互联网的拓展应用和延伸，其具有以下 3 大特征。

1. **全面感知**

利用射频识别技术、传感器、二维码等随时随地获取物体信息。

2. **可靠传递**

通过各种电信网络与互联网的融合，将物体的信息实时准确地传递出去。

3. **智能处理**

利用云计算、模糊识别等各种智能计算技术，对海量的数据和信息进行处理分析，对物体实施智能化的控制。

10.4.2 物联网的体系架构

依据工信部电信研究院的分析，物联网的体系架构由感知层、网络层和应用层组成。

1. **感知层**

感知层实现对物理世界的智能感知识别、信息采集处理和自动控制，并通过通信模块将物理实体连接到网络层和应用层。

2. **网络层**

网络层主要实现信息的传递、路由和控制，是物联网体系架构中标准化程度最高、产业能力最强、最成熟的部分。

3. **应用层**

应用层提供信息处理、计算等通用基础服务设施、能力及资源调用接口，以实现物联网在众多领域的各种应用。

图 10-6 展示了物联网的体系架构并对不同层间进行了比较。

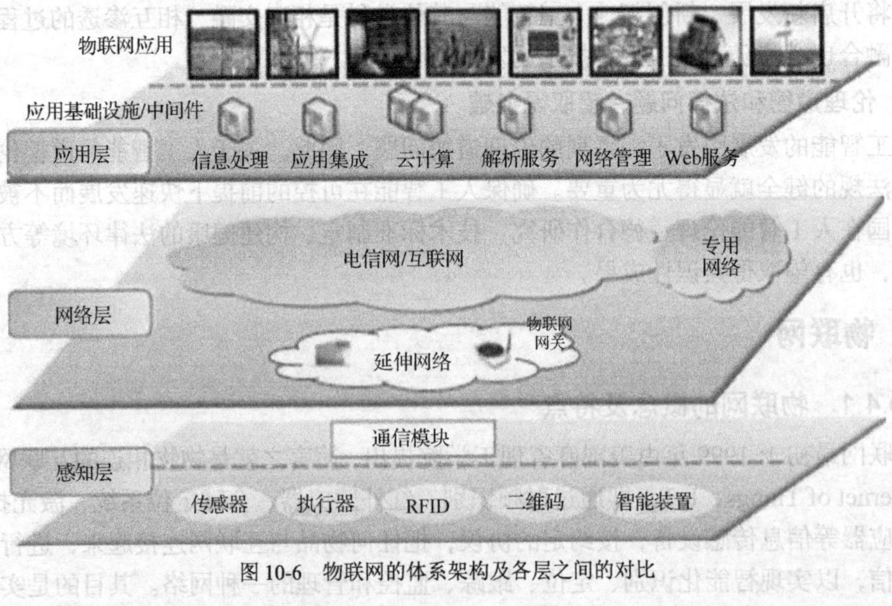

图 10-6 物联网的体系架构及各层之间的对比

10.4.3 物联网的应用现状

由于我国政府的大力支持，物联网产业链上下游企业大力发展，目前，我国物联网产业体系已基本形成。同时，各企业也具备一定的技术，形成了一定的产业和应用基础。根据中国经济信息社发布的《2016—2017 年中国物联网年度报告》数据显示，我国物联网产业规模已从 2009 年的 1 700 亿元跃升至 2017 年的 11 500 亿元。

现阶段，我国物联网在标准规范、底层技术、网络安全、行业应用、商业模式等有待进一步改进提高，但这不足以阻碍我国物联网应用场景的日益丰富。我国物联网已经在物流、交通、能源、安防、家居、农业、建筑、医疗、制造、零售等领域得到了广泛应用，并且在关键技术上已经取得了一定的成果，竞争优势不断增强。

图 10-7 展示了物联网的 10 大应用场景。

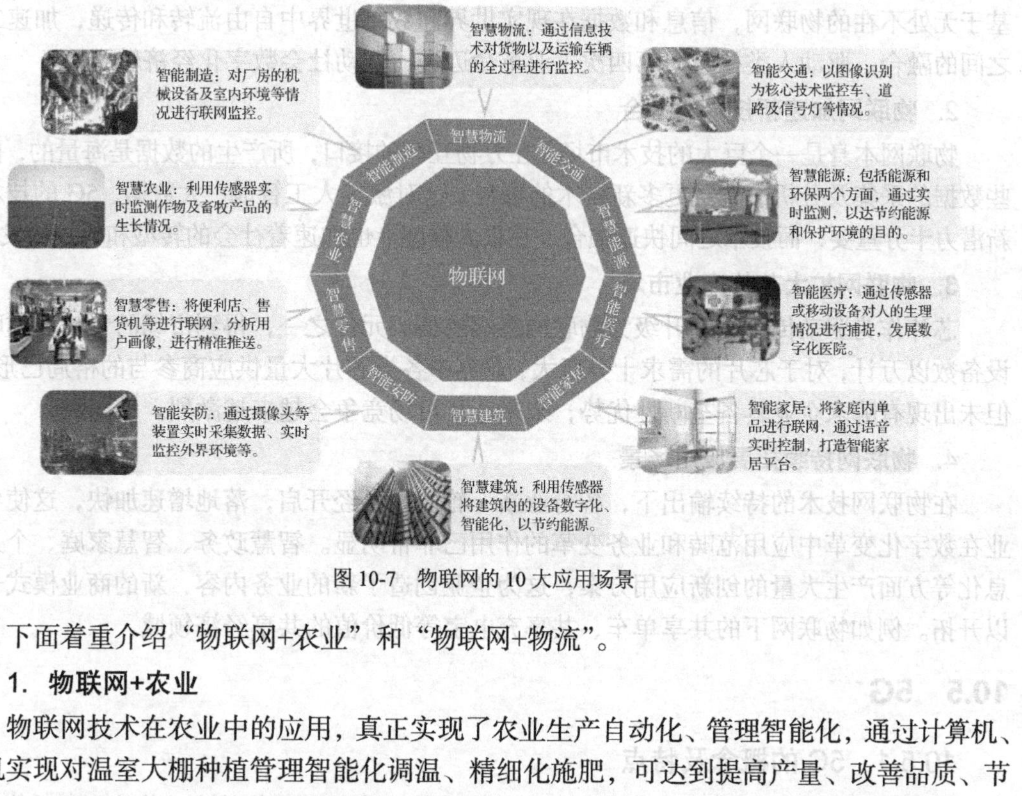

图 10-7　物联网的 10 大应用场景

下面着重介绍“物联网+农业”和“物联网+物流”。

1. 物联网+农业

物联网技术在农业中的应用，真正实现了农业生产自动化、管理智能化，通过计算机、手机实现对温室大棚种植管理智能化调温、精细化施肥，可达到提高产量、改善品质、节省人力、降低人工误差、提高经济效益的目的，实现温室种植的高效和精准化管理。

农业智能监测系统，通过物联网系统可连接传感器采集土壤温度、土壤水分、土壤盐分、pH、降水量、空气温湿度、气压、光照强度、植物营养指标（养分、水分、微量元素等）以及植物生理生态指标（植物茎秆微变化、果实膨大、叶温、茎流等），来获得作物生长的最佳条件，并根据参数变化实时调控或自动控制温控系统、灌溉系统等。

2. 物联网+物流

物流领域是物联网相关技术中具有较强的现实意义的应用领域之一，物联网借助互联网等无线数据通信等技术，实现物流领域单个商品的识别与跟踪，并将其应用到物流的各个环节，保证商品的生产、运输、仓储、销售及消费全过程的安全和时效。因此，物联网技术的应用将极大地提升物流领域尤其是国际贸易的流通效率，而且可以减少人力成本、货物装卸、仓储等物流成本。

作为技术驱动、数据智能的科技物流企业，京东物流已经搭建起软硬件一体智能物流体系，在数字化仓储、运输、配送等全环节实现 AI 驱动、智能规划、高度协同和高效履约，提供全渠道加全链条的数字供应链服务。同时，京东物流在无人机、无人车、无人仓、人机交互等智能物流设施上进行了大量的前瞻性布局，用创新驱动物流智能化迭代，推动物流成为人工智能、大数据、物联网、5G 等技术最佳的应用场景。

10.4.4 物联网的发展趋势

1. 物联网加快社会经济转型

物联网是连接物与物的网络，物联网的出现让世界从人人互联向万物泛在互联发展，基于无处不在的物联网，信息和数据在现实世界和数字世界中自由流转和传递，加速二者之间的融合。驱动人类社会向第四次工业革命迈进，推动社会数字化经济转型。

2. 物联网加速新技术的融合

物联网本身是一个巨大的技术市场，在万物互联的接口，所产生的数据是海量的，而这些数据的采集及分析，需要更多新技术的参与，这对激发人工智能、大数据、5G 的技术创新潜力十分重要，而技术之间快速融合，在很大程度上也加速着社会的转型和科技的发展。

3. 物联网扩大芯片产业市场

芯片作为驱动传统终端升级为物联网终端的核心元件之一，得到市场的青睐。物联网设备数以万计，对于芯片的需求十分巨大，业界中各类芯片大量供应商参与的格局已形成，但未出现有哪家企业具备垄断性优势，未来芯片市场竞争会越来越激烈。

4. 物联网持续拓展应用场景

在物联网技术的持续输出下，各行业新一轮应用已经开启，落地增速加快，这使各行业在数字化变革中应用范畴和业务变革的作用已非常明显。智慧政务、智慧家庭、个人信息化等方面产生大量的创新应用方案，这为企业创造了新的业务内容，新的商业模式也得以开拓。例如物联网下的共享单车、共享充电宝等低价值的共享经济领域。

10.5 5G

10.5.1 5G 的概念及特点

5G，即第五代移动电话行动通信标准，也称第五代移动通信技术。作为 4G 通信技术的延伸，5G 下载速率理论上可达 20Gbit/s。由于采用了更加精细化的调度方案和无线增强技术，5G 可以构建形成服务质量十分稳定的移动网络，使移动互联网全面替代固定宽带成为可能，也为实时性和安全性要求高的工业级应用打下基础。简而言之，5G 时代所有“人”与“物”都将存在于一个有机数字生态系统里，数据和信息通过最优化方式传递。

5G 作为继 4G 后的新一代蜂窝移动通信技术，具有高带宽、低时延、大连接、低能耗的显著特征。

1. 高带宽

5G 的第一个显著特征就是快，其峰值速率可达 20Gbit/s，是 4G 的 20 倍以上。直观理解，利用 5G 技术仅需 1s 就能下载完一部时长 2h 的高清电影。

2. 低时延

5G 网络传输时延降到 10mm 以下，快于人脑的反应时间的时延特性使一些高端工业制造及远程精密操作成为可能，比如远程驾驶操作、远程医疗手术、远程工业控制等创新性应用。

3. 大连接

5G 并发数是现有网络技术的 100 倍，展现了 5G 连接万物的维度和广度，5G 可以支持每平方千米接入 100 万个设备，是 4G 的 10 倍连接，连接万物的能力逐渐渗透到我们市场生活的方方面面。

4.低能耗

5G 设备一度电可支持超过 5 000GB 数据的传输，是现有技术的 1/100，其具有更高的能源效率。

10.5.2　5G 移动通信技术的发展

自 20 世纪 80 年代 1G 移动通信技术出现后，移动通信技术的代际跃迁使移动通信应用场景不断扩延。

1. 1G→2G

移动通信技术从频分多址（Frequency Division Multiple Access，FDMA）跃迁到时分多址（Time Division Multiple Access，TDMA），移动通信完成从模拟到数字的转变。

2. 2G→3G

移动通信技术从时分多址跃迁到码分多址（Code Division Multiple Access，CDMA），数据传输能力显著提升，视频电话等移动多媒体业务兴起。

3. 3G→4G

移动通信技术从码分多址跃迁到正交频分多址（Orthogonal Frequency Division Multiple Access，OFDMA）和多入多出（Multiple Input Multiple Output，MIMO），支持宽带数据和移动互联网业务。

4. 5G

5G 不仅能解决人与人之间沟通问题，还将联系人与物、物与物，开启万物互联新时代。图 10-8 展示了 1G→5G 在关键技术、应用场景方面的演变过程。

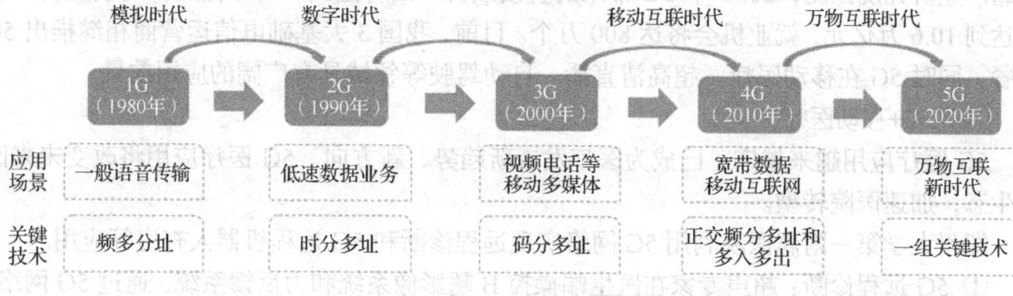

图 10-8　1G→5G 的演变过程

10.5.3　5G 的应用场景及现状

国际电信联盟（International Telecommunication Union，ITU）定义了 5G 的 3 大应用场景：增强型移动宽带（Enhanced Mobile Broadband，eMBB）、海量机器类通信（Massive

Machine Type of Communication，mMTC）及低时延高可靠通信（Ultra Reliable and Low Latency Communication，uRLLC）。

1. eMBB

eMBB 主要提升以“人”为中心的娱乐、社交等个人消费业务的通信体验，适用于高速率、大带宽的移动宽带业务，为用户提供更极致的应用体验。如高清语音、云办公、超高清视频等。

2. mMTC

mMTC 主要满足海量物联的通信需求，面向以传感和数据采集为目标、体现“物”与“物”之间互联的通信需求，依靠 5G 的强大连接能力快速促进物联网各垂直行业的深度融合，如智慧城市、智能家居、机器对机器（Machine to Machine，M2M）等。

3. uRLLC

基于低时延和高可靠的特点，5G 可实现“人”与“物”之间的连接时延达到毫秒级别，主要面向自动驾驶、工业自动化、移动医疗等。

图 10-9 所示为 5G 3 大应用场景的比较情况。

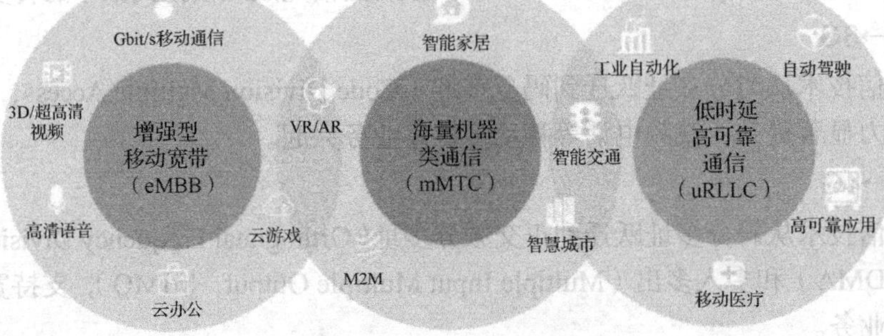

图 10-9 5G 的 3 大应用场景

5G 作为新一代通信技术，具有覆盖面广、渗透性强、辐射带动作用大的优势，能释放数字对经济发展的放大、叠加、倍增作用，为经济社会高质量发展添薪续力。中国通信院前瞻产业研究院预测，2030 年 5G 带来的直接经济产出将达到 6.3 万亿元，间接经济产出将达到 10.6 万亿元，就业机会将达 800 万个。目前，我国 3 大基础电信运营商相继推出 5G 套餐，同时 5G 在移动医疗、超高清直播、自动驾驶等领域具有广阔的应用前景。

（1）5G+移动医疗

5G 医疗应用越来越广，已成为医疗发展新趋势、新方向。5G 医疗应用将改变未来医疗生态，加速医院转型。

郑州大学第一附属医院利用 5G 网络实现远程诊断和 5G 远程机器人查房等应用。

① 5G 远程诊断：超声专家在医生端操控 B 超影像系统和力反馈系统，通过 5G 网络，远程控制患者端的机械臂及超声探头，实现远程超声检查，专家通过 4K 摄像头可与患者进行视频交互。

② 5G 远程机器人查房：通过 5G 网络，远端医生采用操纵杆或者 App 控制软件，控制机器人移动到指定病床，然后调整机器人头部的屏幕和摄像机角度，与患者进行高清视

频交互。

（2）5G+超高清直播

作为继数字化、高清化媒体之后的新一代革新技术，超高清视频被业界认为将是 5G 网络较早实现商用的核心场景之一。当前 4K/8K 超高清视频与 5G 技术结合的场景不断出现，广泛应用于大型赛事/活动/事件直播、视频监控、商业性远程现场实时展示等领域，成为市场前景广阔的基础应用。

据相关报道，在 2019 年央视春晚深圳分会场，中国电信 5G 网络率先打通央视春晚 4K 直播，画面流畅、清晰、稳定，标志着我国“5G+4K”超高清直播技术取得圆满成功。

在 2018 年云栖大会上，中国联通、阿里云、京东方等创造性地完成了 5G+8K 视频技术在远程医疗上的应用展示，标志着 8K 超高清直播技术实现商用成为可能。

（3）5G+自动驾驶

要实现汽车无人驾驶，需借助网络对汽车导航信息、位置以及各个传感器数据实时传输，5G 应用到车联网就能在瞬间处理大量数据并及时做出应对之策。

2018 年 9 月，北京市房山区政府与中国移动联手打造了国内首个 5G 自动驾驶示范区，建设了首条 5G 全覆盖的自动驾驶车辆测试道路，可提供 5G 智能化汽车试验环境，满足科技创新企业所需的高速边缘计算平台、高精度定位等研发和测试环境需求。

2018 年 6 月，厦门交通运输局与大唐移动签署 5G 智能网联战略合作框架协议，在厦门市快速公交系统上建设全国首个商用级面向 5G 的智能驾驶系统，实现一旦配备的驾驶员出现突发状况，系统可触发应急决策接管车辆，为乘客提供更安全的智能服务，推动厦门 BRT 最终实现自动无人驾驶。

10.5.4　5G 的发展趋势

1. 全球 5G 建设步伐加快

目前，全球主要国家均在加快 5G 实验和商用计划，力图争取 5G 标准与产业发展的主导权。中国、美国、德国、韩国、日本都在极力推动 5G 的商用计划。我国在 2013 年由工信部、发改委和科技部联合成立了 IMT-2020（5G）推进组，全力推动 5G 标准制定，2020 年 5G 标准制定完成。

2. 产业融合实现飞速突破

5G 技术在消费、生产、销售、服务等各行业的渗透，进一步加强了新型信息化和工业化的深度融合，将引发产业领域的深层次变革；同时将推动研发、设计、营销、服务等环节向数字化、智能化、协同化方向发展，实现工业领域全生命周期、全价值链智能化管理。

3. 5G 商用

在当前的 5G 发展规划中，各国都在极力更新自己的 5G 商用时间表，美国在 2018 年分别推出了 5G 网络商用服务和 5GHome 服务。我国 3 大基础电信运营商为抢占先机均已开展前期布局，并于 2019 年 11 月 1 日正式上线了 5G 商用套餐。目前，5G+移动医疗、5G+超高清直播、5G+机器人等领域都有开拓和应用。

4. 6G 技术探索成为趋势

6G，从定义上讲是指第六代移动通信系统，是 5G 系统后的延伸。从体验上讲，有人认为，6G 网络的速度将比 5G 快 100 倍，几乎能达到 1Tbit/s，网络延迟也可能从毫秒级降到微秒级。现阶段 5G 技术已开展商用，各国 6G 技术的探索已提上日程，多国预计 2030 年 6G 将投入使用。未来，在我国整体科技实力持续提升的背景下，相信我国在 6G 技术的创新领域仍能做到领先甚至引领。

10.6 区块链

10.6.1 区块链的概念及特点

区块链（Blockchain）概念最早诞生于 2008 年，是一项由多方共同维护，使用密码学保证传输和访问安全，能实现数据一致存储、难以篡改、防止抵赖的分布式共享账本技术。区块链整合了点对点网络、密码学、共识机制、智能合约等多种技术的集成创新，来提供一种不可信网络中进行信息与价值传递交换的可信通道。2015 年，《经济学人》将区块链称为“构建信任的机器”。

区块链的设计理念，体现出了超出传统业务系统框架的鲜明优势，它所具有的去中心化、开放透明、不可篡改、匿名、可追溯等特点在众多领域具有广泛的应用空间。

1. 去中心化

区块链里所有节点都记账，业务逻辑靠加密算法维护，实现基于共识规则的自治，不需要一个中心化组织或者精简和优化现有中心组织。

2. 开放透明

区块链技术是开源的，除交易各方的私有信息被加密外，区块链数据对所有人开放，任何人都可以通过公开接口查询区块链上的数据和开发相关应用，整个系统开放高度透明。

3. 不可篡改

任何人都无法篡改区块链里面的信息，除非控制了 51%的节点，或者破解了加密算法，而这两种方法都是极难实现的。

4. 匿名

由于区块链各节点之间的数据交换必须遵循固定的、预置的算法，因此区块链上节点之间不需要彼此认知，也不需要实名认证，而是基于地址、算法的正确性进行彼此识别和数据交换。

5. 可追溯

区块链是一个分布式数据库，每一个节点数据都被其他人记录，所以区块链上每个人的数据或行为都可以被追溯和还原。

10.6.2 区块链的分类

区块链包括公有链、联盟链和私有链 3 种，其中公有链是指完全开放的区块链应用，公众不用经过任何许可即可在公有链发布消息，其特点是去中心化、完全透明，因此难以监管。联盟链和私有链要有一定授权许可才能参与区块链应用，由特定联盟和部门进行运营管理，因此并不是完全去中心化的，是一种可控、可信的区块链。由于私有链较为封闭，应用场景较为局限。

目前，联盟链是区块链创新的主阵地，我国大力发展区块链技术也主要是聚焦在联盟链的应用创新方面。联盟链兼顾公有链的去中心化和私有链的高效，同时可兼容现有规则体系并实现有效监管，是区块链技术最主要的应用落地方向。

图 10-10 展示了区块链的不同链在参与者、记账人、突出特点、场景应用方面的差异。

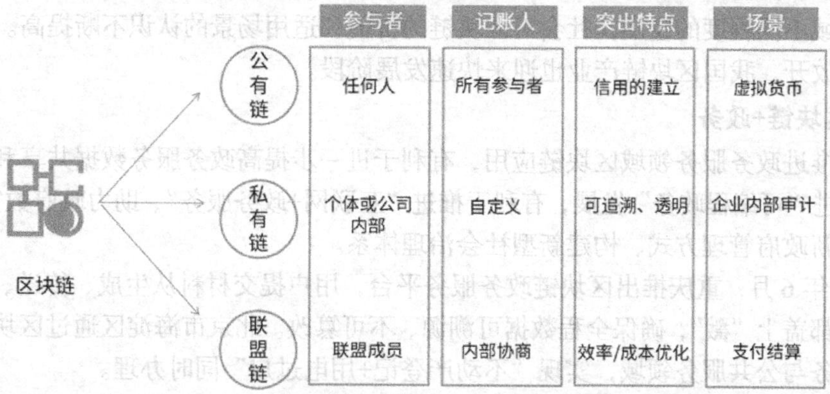

图 10-10　3 大链之间的差异

10.6.3　区块链技术分层系统架构

一般来说，区块链系统由数据层、网络层、共识层、激励层、合约层和应用层组成。

1. 数据层

数据层封装了底层数据区块以及相关的数据加密和时间戳等基础数据与基本算法。

2. 网络层

网络层包括分布式组网机制、数据传播机制和数据验证机制等。

3. 共识层

共识层主要封装网络节点的各类共识算法。

4. 激励层

激励层将经济因素集成到区块链技术体系中来，主要包括经济激励的发行机制和分配机制等。

5. 合约层

合约层主要封装各类脚本、算法和智能合约，是区块链可编程特性的基础。

6. 应用层

应用层主要封装了区块链的各种应用场景和案例。

图 10-11 展示了区块链技术分层和每层所涉及的关键技术及应用。

10.6.4　区块链的应用现状

据相关数据显示，截至 2019 年 8 月全球各国政府推动的区块链项目数量达 154 项，全球区块链产业累计投融资规模达 103.69 亿美

图 10-11　区块链技术分层系统架构

元。虽然区块链产业前景广阔，但在具体应用方面，共识机制、分布式存储、数据库、安全性等技术不够成熟，仍有很多地方需要探索和改进。

目前，区块链技术经过 1.0 至 3.0 的升级，已在全球领域内实现政务、食品安全、司法等多个领域不同程度的应用，社会对区块链的价值和适用场景的认识不断提高。随着政策的进一步放开，我国区块链产业也迎来快速发展阶段。

1. 区块链+政务

大力推进政务服务领域区块链应用，有利于进一步提高政务服务数据共享和业务协同效率、促进“可编程政务”发展，有利于推进“互联网+政务服务”、助力政府数字化转型，有利于创新政府管理方式、构建新型社会治理体系。

2019 年 6 月，重庆推出区块链政务服务平台，用户提交材料从生成、传送、存储到使用的全程都盖上“戳”，确保全程数据可溯源、不可篡改。北京市海淀区通过区块链技术打通政务服务与公共服务领域，实现“不动产登记+用电过户”同时办理。

2. 区块链+食品安全

利用区块链技术的可溯源性，一方面，可以实现建立食品溯源体系的目标，一旦有食品安全事故发生，任何人均可回溯到每个交易节点，从而发现问题所在；另一方面，可提供一种标准化的记账方式，统一食品从产至销的所有记账环节，进而切实实现食品监管、食品溯源。

食链（Food Chain）是链农（Farmlink）打造的去中心化食品溯源平台，致力于实现基于区块链的国际食品安全认证标准。食链从源头获取数据开始，利用物联网的数据获取能力，将每个环节的信息上链，用户用扫二维码的方式获得相对应环节的信息，包括什么时候养殖、用什么饲料、物流环节的具体保存温度、运输路线、真实包装日期（之后没法修改）、经销商名称等，真正实现为产品打上“安全戳”，保障食品的安全质量。

3. 区块链+司法

区块链“牵手”司法是为了解决电子证据的生成、存储、传输、提取和验证问题。

2018 年 9 月，杭州互联网法院正式上线了全国首个司法区块链平台。该平台建立以后，将实现审判全程上链，从起诉到档案管理等关键环节全部盖上区块链的戳印（可信时间、可信身份、可信流程等关键信息），并向区块链的全体节点实时进行管控。同时，该平台也是全国首个跨地域、跨法院、跨层级的司法链联盟，对于深化司法体制改革、推动审判能力和审判体系现代化具有重要意义。在推动长三角区域一体化发展层面上，它实现了数据一体化、信用一体化、市场一体化和司法一体化。

10.6.5 区块链的发展趋势

1. 区块链与实体经济间的结合将更加注重应用落地

随着区块链技术的不断升级，技术创新及应用将成为区块链产业发展的重要方向，与行业场景深度融合的主题将一马当先，成为未来 10 年的弄潮儿和造浪者，价值互联网逐渐渗透至日常生活和实体经济中。未来区块链技术创新由概念验证向应用探索，技术体系由单一向多元化、体系化发展，标准规范的重要性日趋凸显，资本市场从狂热追捧向注重应用落地，产业生态将随着政策体系健全、技术成熟与落地场景增多而不断完善。

2. 结合行业特征改造的区块链应用场景将不断涌现

随着区块链技术的不断升级和创新，越来越多的人将认识到区块链的本质，区块链技术的创新将回到更加理性的轨道。去中心化、多方协同、不可篡改性等特性将受到行业领域的高度重视，部分创新能力较强的行业将先在联盟链取得突破，并打造出一批批独具行业特色的区块链应用。

3. 区块链与新型技术间的深度融合将推动经济发展

随着物联网、大数据、人工智能等新一代信息技术的不断更迭，同时也伴随着新型技术间的融合和协同发展，将驱动区块链技术更为成熟，技术应用范围也得到大幅度提升，从而逐渐改变未来社会的工作生活方式，并且大幅度地提高生产、生活效率。其中，跨学科、跨领域高新技术间的同步发展，可降低产业和社会发展的成本，推动经济高质量发展。

4. 跨链间的互联互通将引领区块链技术的创新应用

随着区块链行业应用的快速增长及区块链底层平台的多样化发展，链与链之间数据共享与互通日益重要，多链并行、跨链互通成为发展趋势。文化娱乐、电子存证、食品溯源等各领域应用将互联互通，数据在这些领域、这些链条间的安全流转，将给基于区块链技术开展场景间的协同创新和融合带来极大的机遇和挑战。

10.7　量子信息

10.7.1　量子信息的概念及特点

量子（Quantum），这个概念最早是由德国物理学家普朗克在 1900 年提出的。所谓量子，其实就是能量的最基本携带者，是构成物质的最基本单元。量子有超出我们常规认识的一些奇妙特性，其不可分割性、量子态叠加性、不可复制性、量子纠缠等独特的现象和特性，具有重要的技术创新价值和潜力。

1. 不可分割性

量子是构成物质的最基本单元，是能量、动能等物理量的最小单位，具有不可分割性。

2. 量子态叠加性

由于微观特性，量子状态可以叠加，即一个量子能够同时处于不同状态的叠加，也就是指一个量子系统可以同时处于不同量子态的叠加上。

3. 不可复制性

克隆一个东西首先要测量这个东西的状态，但是量子通常处于极其脆弱的“叠加态”，一旦测量就会被改变形状，不再是原来的状态，因此无法完全克隆。

4. 量子纠缠

量子纠缠是一种量子效应，当两个微观粒子处于纠缠态时，不论分离多远，对其中一个粒子的量子态做任何改变，另一个粒子会立刻感受到，并做出相应的改变。

量子信息技术（Quantum Informatisson Technology）是以量子系统“状态”所依据的量子理论、信息理论和计算机理论为基础，通过量子的各种相干特性（如量子态叠加性、量子纠缠和不可复制性等），进行计算、编码和信息传输的全新信息方式。量子信息技术能够突破传统计算机发展的瓶颈，更为高效地进行信息编码、传输和计算，形成远超过现有计算机的运算处理能力和安全性。

量子比特（Qubit）是量子信息技术计算和处理信息的基本单元，量子比特是相对比特而言的，比特是经典计算机中表示信息量的基本单位，是一种由电脉冲表示 1 或 0 的二进制单元，构成计算机的基础。与经典比特不同的是，一个量子比特能同时表示 0 和 1 两个状态。在量子比特位数是 n 时，量子比特的存储容量是传统信息位的 2 的 n 次方倍，量子计算速度是传统计算速度的二的 n 次方倍，这一特性使量子计算机能够形成高密度储存和并行计算能力，设计出更加高效的算法。

10.7.2 量子信息的应用现状

量子信息技术是当今世界上具有颠覆性的前沿技术之一，已经成为高新技术的重要领域。量子技术正在应用于量子计算机、量子通信、量子测量等多个领域。图 10-12 展示了量子信息技术的主要应用领域。

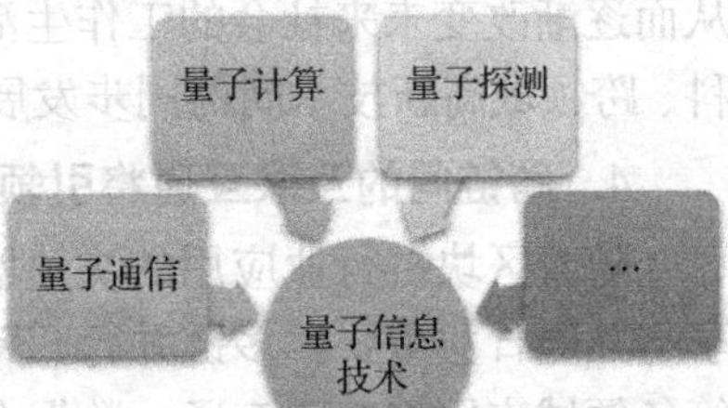

图 10-12 量子信息技术的 3 大应用领域

1. 量子计算

量子计算是一种遵循量子力学规律调控量子信息单元进行计算的新型计算模式，主要研究量子计算机和适合于量子计算机的量子算法。它是利用量子叠加原理，基于量子相干特性，以远超传统电子计算机的速度实现复杂计算。

2015 年 5 月，IBM 在量子计算上获取两项关键性突破，开发出四量子位原型电路（Four Quantum Bit Circuit），成为未来 10 年量子计算机的基础。另外一项是可以同时发现两项量子的错误类型，分别为比特翻转与相位翻转，不同于过往在同一时间内只能找出一种错误类型，使量子计算机运作更为稳定。2016 年 8 月，美国马里兰大学学院市分校发明了世界上第一台由 5 量子比特组成的可编程量子计算机。

2. 量子通信

量子通信是量子信息技术的一个重要分支，它利用量子力学原理对量子态进行操控，在两个地点之间进行信息交互，可以完成经典通信所不能完成的任务。在量子信息技术的发展中，量子通信也作为排头兵走在了最前面，成为量子信息学最先的突破点和产业化方向。

我国在 2008 年研制出了 20km 级的 3 方量子电话网络，2009 年构建了一个 4 节点全通型量子通信网络，大大提高了安全通信的距离和密钥产生速率，同时保证了绝对安全性。同年，“金融信息量子通信验证网”在北京正式开通，这是世界上首次将量子通信技术应用于金融信息安全传输。2014 年我国远程量子密钥分发系统的安全距离扩展至 200km，刷新世界纪录。2016 年 8 月 16 日，我国发射一颗量子科学实验卫星“墨子号”，连接地面光纤量子通信网络，并力争在 2030 年建成 20 颗卫星规模的全通型量子通信网。

3. 量子探测

量子探测技术具备突破传统探测技术性能极限的应用潜力，目前各国的研究主要集中在量子雷达、量子导航、量子传感和量子成像等专业领域。量子雷达属于一种新概念雷达，是将量子信息技术引入经典雷达探测领域，提升雷达的综合性能。量子导航是将量子探测技术引入陀螺及惯性导航领域，使其具有高精度、小体积、低成本等优势和不依赖卫星的全空域、全时域无缝定位导航新能力。量子传感是将量子叠加的原理作用于传感领域，使传感器具有更高的测量精度。量子成像是利用、控制（或模拟）辐射场的量子涨落来得到物体的图像，使图像获取快速、真实、准确。

2008 年美国麻省理工学院的劳埃德（Lloyd）教授首次提出了量子远程探测系统模型。2013 年意大利的洛佩瓦（Lopaeva）博士在实验室中实现量子雷达成像探测，证明其有实战价值的可能性。我国首部基于单光子检测的量子雷达系统由中国电科 14 所研制，中国科学技术大学、中国电科 27 所以及南京大学协作完成。不过专家表示，量子雷达想要实现工程化可能还有比较漫长的路要走。

10.7.3 量子信息的发展趋势

1. 理论与关键技术待突破，领域发展前景各异

量子信息技术研究和应用探索发端于 20 世纪 90 年代，目前总体处于基础科研向应用研究转化的早期阶段，其技术发展演进和应用产业推广既具有长期性，又存在不确定性。总体而言，真正具有改变游戏规则和颠覆性意义的“杀手级应用”尚未出现，各领域新兴技术的商业化应用和产业化发展的路线有待进一步探索。

2. 我国具备良好的实践基础，机遇与挑战并存

我国在信息技术领域的研究和应用虽然起步稍晚，但与国际先进水平没有明显的代差，在量子计算、量子通信和量子探测 3 大技术领域均有相关研究团队和工作布局。近年来，在科研经费投入、研究人员和论文发表数量、研究成果水平、专利申请布局、应用探索和创业公司等方面具备较好的实践基础和发展条件。我国已经成为全球量子信息技术研究和应用的重要推动者，是推动量子信息技术发展和演进的重要力量。量子信息技术的发展和应用具有重要性和长期性，并且机遇与挑战并存。

本章小结与知识延伸

本章简要介绍了新一代信息技术——大数据、云计算、人工智能、物联网、5G、区块链、量子信息的概念、特点、应用现状及未来发展趋势。大数据技术使人类采集汇聚数据、分析利用数据的能力空前提升，同时大数据促进数据资源日益成为同土地、资本一样的新型生产要素，也是未来发展数字经济的关键生产要素。云计算诞生于 2006 年，经过 10 多年的发展，已经成为信息化领域的主流计算储存模式，是处理业务、汇聚数据、分析数据的主要平台工具，也是支撑数字产业化、产业数字化的通用平台。作为引领科技革命和产业革命的“仿人”技术，人工智能不断突破人类在感知能力、思考能力、行为能力等方面的极限，正在形成远超出人类能力范围的新生产力。物联网的出现让世界从人人互联向万物泛在互联发展，作为新一代信息技术的高度集成和综合应用，物联网正以全面感知、可靠传递、智能处理为特征，进一步加快着数字世界和物理世界的相互融合。5G 是继 4G 之后速度更快、性能更好的新一代移动通信技术。作为我国为数不多的引领全球信息技术之一，5G 带来的不仅是网速的提升，还会加快万物智能互联，引发众多领域的变革式创新。区块链作为优化生产关系的利器，可直接改变人类社会合作模式、组织机构及运转机制，同时也为解决信任问题、数据资产确权问题、公平合作问题提供有力的创新手段。量子信息是现代信息技术发展的颠覆性前沿技术之一，多国已在量子计算、量子通信、量子探测等领域成功开启了技术创新的钥匙，量子信息技术也为实现“建设科技强国”提供了有效的途径。

“时势造英雄”，但是，反过来说，在任何一个时代，英雄对时代发展、技术创新的引领是非常重要的。2016 年，人工智能 AlphaGO 在围棋比赛中战胜世界顶尖棋手，人工智能自此拉开了序幕。而这一序幕的开启，蕴含了吴恩达、李飞飞、贾杨青等顶尖人工智能科学家的努力和付出，他们就好像给人间盗火的普罗米修斯，成为时代的先行者，技术的缔造者。2017 年，图灵奖获得者姚期智院士主动放弃外国国籍成为中国公民，加入中国科学院信息技术科学部，并且先后成立“清华学堂计算科学实验班”（姚班）和“清华学堂人工智能班”（智班），致力于培养与美国麻省理工学院、普林斯顿大学等世界一流高校本科生具有同等甚至更高竞争力的领跑国际的新一代信息技术人才。2019 年，5G 时代的来临，让华为后来者居上，3 147 项的 5G 标准专利，让华为在 5G 领域一骑绝尘，而从这一刻起，世界的格局彻底发生了变化，互联网产业也开始逐渐向我们国家倾斜。新一代信息技术时代已经到来，而这一时代的繁荣，不仅需要像姚期智院士这样的时代先行者，还需要像华为这样的技术缔造者。

参考文献

[1] 教育部高等学校大学计算机课程教学指导委员会. 大学计算机基础课程教学基本要求[M]. 北京：高等教育出版社，2016.

[2] 刘莉，马浚，石彦军，等. 大学计算机基础教程[M]. 北京：机械工业出版社，2015.

[3] 何显文，钟琦，尹华. 大学信息技术基础[M]. 北京：电子工业出版社，2017.

[4] 陈晓云. 大学计算机基础[M]. 北京：高等教育出版社，2010.

[5] 司宏伟，冯立昇. 世界超级计算机创新发展研究[J]. 科学管理研究，2017，35（04）：117-120.

[6] 刘江玲，侯昊辰，范永青. 关于信息化的冷思考[J]. 情报科学，2013，31（08）：157-160.

[7] 汤小丹，梁红兵，哲凤屏，等. 计算机操作系统[M]. 西安：西安电子科技大学出版社，2014.

[8] 谌卫军，王浩娟. 操作系统[M]. 北京：清华大学出版社，2012.

[9] 安德鲁·S.塔嫩鲍姆，赫伯特·博斯. 现代操作系统（原书第4版）[M]. 陈向群，译. 北京：机械工业出版社，2017.

[10] 神龙工作室. Word/Excel/PPT 2016办公应用——从入门到精通[M]. 北京：人民邮电出版社，2016.

[11] 凤凰高新教育. Office 2016完全自学教程[M]. 北京：北京大学出版社，2017.

[12] 谢希仁. 计算机网络（第7版）[M]. 北京：电子工业出版社，2017.

[13] 安德鲁·S.塔嫩鲍姆，戴维·J.韦瑟罗尔. 计算机网络（原书第5版）[M]. 严伟，潘爱民，译. 北京：清华大学出版社，2012.

[14] 詹姆斯·F.库罗斯，基思·W.罗斯. 计算机网络——自顶向下方法（原书第6版）[M]. 陈鸣，译. 北京：机械工业出版社，2014.

[15] 许志强，邱学军. 数字媒体技术导论[M]. 北京：中国铁道出版社，2015.

[16] 崔向平. 多媒体课件制作理论与实训[M]. 北京：国防工业出版社，2015.

[17] 沈鑫剡. 计算机网络安全[M]. 北京：人民邮电出版社，2011.

[18] 刘建伟，王育民. 网络安全——技术与实践（第3版）[M]. 北京：清华大学出版社，2017.

[19] 郭启全，等. 网络安全法与网络安全等级保护制度培训教程[M]. 北京：电子工业出版社，2018.

[20] 熊辉，赖家材，闵万里. 党员干部新一代信息技术简明读本[M]. 北京：人民出版社，2020.

[21] 国家信息中心. 信息化领域前沿热点技术通俗读本[M]. 北京：人民出版社，2020.